Klassische Texte der Wissenschaft

Reihenherausgeber
Prof. Dr. Dr. Olaf Breidbach
Prof. Dr. Jürgen Jost
Prof. Dr. Armin Stock

Die Reihe bietet zentrale Publikationen der Wissenschaftsentwicklung der Mathematik, Naturwissenschaften, Psychologie und Medizin in sorgfältig edierten, detailliert kommentierten und kompetent interpretierten Neuausgaben. In informativer und leicht lesbarer Form erschließen die von renommierten WissenschaftlerInnen stammenden Kommentare den historischen und wissenschaftlichen Hintergrund der Werke und schaffen so eine verlässliche Grundlage für Seminare an Universitäten, Fachhochschulen und Schulen wie auch zu einer ersten Orientierung für am Thema Interessierte.

Kärin Nickelsen
(Hrsg.)

Die Entdeckung der Doppelhelix

Die grundlegenden Arbeiten von Watson,
Crick und anderen

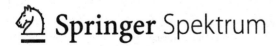

Springer Spektrum

Herausgeber
Kärin Nickelsen
München, Deutschland

Klassische Texte der Wissenschaft
ISBN 978-3-662-47149-4   ISBN 978-3-662-47150-0 (eBook)
DOI 10.1007/978-3-662-47150-0

Die Deutsche Nationalbibliothek verzeichnet diese Publikation in der Deutschen Nationalbibliografie; detaillierte bibliografische Daten sind im Internet über http://dnb.d-nb.de abrufbar.

Springer Spektrum
, korrigierte Publikation 2017
Abdruck der Originaltexte mit freundlicher Genehmigung von Rockefeller University Press
• Avery, Oswald T.; Colin M. MacLeod, Maclyn McCarty (1944): Studies on the Chemical Nature of the Sub-
stance Inducing Transformation of Pneumococcal Types: Induction of Transformation by a Desoxyribonucleic
Acid Fraction Isolated from Pneumococcus Type III, Journal of Experimental Medicine 79 (2): 137–158
• Hershey A, Chase M (1952): "Independent functions of viral protein and nucleic acid in growth of bacterio-
phage" (PDF), J Gen Physiol 36 (1): 39–56
SpringerNature
• Watson JD, Crick FH (1953): A Structure for Deoxyribose Nucleic Acid , Nature 171, 737-738
• Watson JD, Crick FH (1953): Genetical implications of the structure of deoxyribonucleic acid, Nature 171,
964–967
• Wilkins MHF, Stokes AR, Wilson HR (1953): Molecular structure of deoxypentose nucleic acids, Nature 171,
738–740
• Franklin R, Gosling RG (1953): Molecular configuration in sodium thymonucleate, Nature 171, 740–741

Planung: Stefanie Wolf

Gedruckt auf säurefreiem und chlorfrei gebleichtem Papier

Springer Spektrum ist Teil von Springer Nature
Die eingetragene Gesellschaft ist Springer-Verlag GmbH Deutschland
Die Anschrift der Gesellschaft ist: Heidelberger Platz 3, 14197 Berlin, Germany

Inhaltsverzeichnis

Einführung in die Texte

Kärin Nickelsen

1.1 Vorbemerkungen

Die Entdeckung der Doppelhelix-Struktur der DNA (auf deutsch DNS = Desoxyribo-nukleinsäure) im Jahr 1953 galt lange als eines der bedeutendsten wissenschaftlichen Ereignisse des 20. Jahrhunderts.[1] Nichts weniger als das Rätsel des Lebens hätten die beiden Protagonisten dieser Episode gelöst, James D. Watson und Francis H. Crick. Nichts weniger hätte ihr Aufsatz von 1953 eingeläutet als einen epochalen Wandel in der Erforschung des Lebens. Es waren nicht zuletzt die Protagonisten selbst, die zu diesem Narrativ beitrugen.[2] Die Entschlüsselung der Doppelhelix-Struktur wurde zum Gründungsmythos: zum fulminanten Auftakt einer neuen Disziplin, der Molekularbiologie, die damit zugleich die Engführung ihres Forschungsprogramms auf Molekulargenetik legitimierte.[3]

Mit etwas Abstand betrachtet war die Entdeckung der Doppelhelix-Struktur bei weitem nicht das Erdbeben mit Langzeitwirkung, als das man diese Episode später inszenierte. Die Molekularbiologie, die ihre disziplinäre Tradition auf dieses Ereignis zurückführte, war ein kurzlebiges Phänomen, denn ihr eingeschränkter Bestand an Methoden und Konzepten hielt der Dynamik des Feldes seit den 1980er Jahren nicht stand. Das Gen als Angelpunkt der Forschung wurde abgelöst vom Genom, der Gesamtheit der Gene; und selbst dessen Einfluss wird in jüngerer Zeit zunehmend flankiert von dem Proteom,

---

[1] Kommentare und Korrekturen zu einem ersten Entwurf dieser Einleitung verdanke ich (in alphabetischer Reihenfolge) Robert Meunier, Caterina Schürch, Marina Schütz und Dana von Suffrin.
[2] Siehe z. B. Watson (1968), Crick (1990), Cairns et al. (1992).
[3] Siehe z. B. Abir-Am (1985).

Die Originalversion des Kapitels wurde revidiert. Ein Erratum ist verfügbar unter:
DOI 10.1007/978-3-662-47150-0_8

K. Nickelsen (✉)
München, Bayern, Deutschland
E-Mail: K.Nickelsen@lmu.de

© Springer-Verlag GmbH Deutschland 2017
K. Nickelsen (Hrsg.), *Die Entdeckung der Doppelhelix*, Klassische Texte der Wissenschaft,
DOI 10.1007/978-3-662-47150-0_1

der Gesamtheit der Proteine einer Zelle, oder von dem Metabolom, der Gesamtheit aller Stoffwechselprozesse. Watson und Cricks Entdeckung, dass die DNA eine Helix-Struktur aufweist, scheint wissenschaftlich heute kaum noch signifikant. Im Zentrum steht vielmehr die Frage danach, wie die Basensequenz der DNA, helikal organisiert oder nicht, mit anderen strukturellen und funktionalen Elementen von Kern und Zelle interagiert, und wie dieses Zusammenspiel die Ausprägung organismischer Eigenschaften beeinflusst.

Trotzdem ist die Doppelhelix noch heute in Wort und Bild allgegenwärtig, als Ikone des Zeitalters der Lebenswissenschaften. Allein das ist hinreichend, das wissenschaftshistorische Interesse immer wieder auf ihre Entdeckung und spätere Rezeption zu richten.[4] Zu ihrer Zeit waren die Arbeiten von Watson und Crick sowohl als Beitrag zum Verständnis des Vererbungsmechanismus als auch für die Molekularisierung der Lebenswissenschaften im allgemeinen wesentlich. Insofern gelten ihre Aufsätze zur Doppelhelix-Struktur aus dem Jahr 1953 zu Recht als Klassiker der Wissenschaftsgeschichte. Auf Superlative oder Exklusivität muss man dafür nicht zurückgreifen: Beides ist im Rahmen einer so komplexen historischen Entwicklung, wie sie die Lebenswissenschaften im 20. Jahrhundert durchliefen, für einzelne Episoden kaum zu rechtfertigen. Eine angemessene Lektüre der Aufsätze von Crick und Watson erfordert daher ihre Einbettung in den breiteren wissenschaftshistorischen Kontext. Dazu sind heute sehr gute Voraussetzungen gegeben, denn die Geschichte der Molekularbiologie, wie auch die Geschichte der Vererbung insgesamt, wurden in jüngerer Zeit intensiv erforscht. Verwiesen sei etwa auf das breit angelegte Projekt *A Cultural History of Heredity*, bis 2011 geleitet von Hans-Jörg Rheinberger und Staffan Müller-Wille am Max-Planck-Institut für Wissenschaftsgeschichte in Berlin, in dessen Rahmen neue Standardwerke entstanden.[5] Die vorliegende Einleitung will diese Werke nicht verdoppeln. Anliegen der folgenden Seiten ist es vielmehr, zu einer Neu-Lektüre einiger Aufsätze auf dem Weg zur DNA-Struktur einzuladen, deren Kontext vor dem Hintergrund der neueren Forschung erläutert wird.[6] Im Zentrum steht dabei die Frage, wie zu verschiedenen Zeitpunkten des letzten Jahrhunderts über Gene, ihre Natur und ihre Rolle in der Vererbung nachgedacht wurde.

Die Einleitung beginnt mit einer Annäherung an den Begriff des Gens, der im Zuge der so genannten Wiederentdeckung der Mendelschen Regeln um 1900 in die Wissenschaft eingeführt wurde. Der zunächst nur funktionale Begriff des Gens wurde bald überlagert von einem auch materiellen Begriff des Gens, indem man Gene auf Chromosomen lokalisierte. Damit wurde die molekulare Struktur der Gene zu einem relevanten For-

---

[4] Nelkin and Lindee (1995).

[5] Müller-Wille and Rheinberger (2009), Müller-Wille and Rheinberger (2012); als deutsche Einführung: Rheinberger and Müller-Wille (2009). Immer noch lesenswert ist das entsprechende Kapitel von Hans-Jörg Rheinberger im deutschen Standardwerk zur Geschichte der Biologie, siehe Rheinberger (2000b). Klassische Werke der älteren Literatur sind z. B. Olby (1994), Judson (1996); eine Kritik des hierin angebotenen Narrativs zweier „Schulen", die sich in den Personen Watson und Crick zu einer fruchtbaren Synthese verbanden, findet sich in Abir-Am (1985).

[6] Um die Einleitung sprachlich eingängiger zu gestalten, wurden englische Zitate von der Autorin übersetzt bzw. es wurde aus einer bereits vorliegenden deutschen Übersetzung zitiert. Die Referenz verweist stets auf das englische Original.

schungsgegenstand. Als Methode der Wahl, um diese Frage zu bearbeiten, empfahl sich die Röntgenkristallographie, die zunehmend für die Analyse biologisch relevanter Makromoleküle eingesetzt wurde. Doch war es nicht die Nukleinsäure, die man dafür in den Blick nahm. Bis in die frühen 1950er Jahre war die überwiegende Mehrheit in der Wissenschaft davon überzeugt, dass Proteine die Träger des Erbguts sind.

Zwei schon klassische Experimentalstudien bereiteten der DNA als Erbsubstanz die Bühne; beide Publikationen sind in diesem Buch nachgedruckt und werden aus wissenschaftshistorischer Perspektive erläutert: Dies sind *erstens* die Arbeiten von Oswald T. Avery und seinen Mitarbeitern, publiziert im Jahr 1944, in denen die Autoren dafür argumentierten, dass die stabile Transformation von Bakterien durch ein Agens induziert wurde, das in allen Eigenschaft der DNA glich; *zweitens* die Studie von Alfred Hershey und Martha Chase aus dem Jahr 1952, in der gezeigt wurde, dass die Replikation von Bakteriophagen in ester Linie von der DNA dieser Phagen abhängt. Mit diesen Arbeiten war die Dominanz der Proteine noch nicht beseitigt, aber das Interesse an der DNA geweckt.[7]

Vor diesem Hintergrund beschreibt die Einleitung dann den Weg zur Entdeckung der Doppelhelix in den Jahren 1950 bis 1953, an der verschiedene Personen und Forschungsgruppen beteiligt waren: Rosalind Franklin und Maurice Wilkins am King's College, London; Francis Crick und James D. Watson am Cavendish Laboratory in Cambridge; und schließlich, vor allem in der Rolle des gefürchteten Konkurrenten, Linus Pauling am Caltech, Pasadena. Die Episode ist bis heute weithin bekannt durch die autobiographische Darstellung von Watson, die im Jahr 1968 als *The Double Helix* erschien. Daher wird auch dieses Buch vorgestellt sowie die heftige Debatte, die sich daran vor und nach seiner Publikation entzündete. Schließlich wird schlaglichtartig und an wenigen Beispielen die weitere, rasante Entwicklung der molekulargenetischen Forschung skizziert, die sich schon bald von der Doppelhelix selbst entfernte. Dazu gehört das Meselson-Stahl Experiment, in dem der Nachweis für den Mechanismus der DNA-Replikation erbracht wurde; die Entschlüsselung des so genannten „genetischen Codes", an der Francis Crick maßgeblich beteiligt war; die Aufklärung der Proteinbiosynthese, in der man die wesentliche Funktion der Gene sah; ein knapper Blick auf die Folgen der „rekombinanten DNA" und die Anfänge der Gentechnologien und die Entwicklung von dem Fokus auf die Struktur der DNA auf ihre Sequenz. Den Abschluss der Einleitung bildet eine kurze Einordnung der Doppelhelix-Episode in ein größeres Bild, wie es sich aus einer inzwischen post-genomischen Perspektive darstellt. Denn das „Jahrhundert des Gens", wie Evelyn Fox-Keller das 20. Jahrhundert bezeichnete, ist unwiderruflich vergangen,[8] und die Gene haben ihre dominante Stellung als Forschungsobjekt verloren. Doch vor dem Niedergang stand der Aufstieg, und diesem wendet sich die Einleitung im Folgenden zu.

---

[7] Hagemann (2007) beschreibt, wie bereits vor diesen Experimenten in Mutationsstudien mit UV-Strahlen gezeigt wurde, dass mutagene Wirkung v. a. mit Strahlen erzeugt wurden, deren Wellenlänge im Absorptionsspektrum der Nukleinsäuren lagen. Eine Bedeutung dieser Substanz für die Veränderungen wurde daher vermutet, v. a. in Knapp et al. (1939), doch wurde diese Vermutung international kaum zur Kenntnis genommen und wenige Jahre später (1944) von Edgar Knapp selbst in einem Vortrag wieder relativiert.

[8] Fox Keller (2001a).

1.2   Was ist ein Gen und woraus besteht es?

1.2.1   Das Gen wird geboren

„Gene" gibt es erst seit 1909. Es war der dänische Botaniker Wilhelm Johannsen, der diesen Begriff einführte, auf der Suche nach einer Bezeichnung für die zellulären Ursachen von Eigenschaften, ihrer Veränderung und ihrer Weitergabe über Generationen hinweg.[9] Die Erforschung dieser Phänomene hatte im Laufe des 19. Jahrhunderts erheblich an Relevanz gewonnen, und zwar vor allem mit Blick auf die Züchtung von Nutztieren und Saatgut: ein Bereich der Landwirtschaft, der in diesem Zeitraum zunehmend professionalisiert wurde. Welche Eigenschaften für Schafe, Weizen und Weinreben wünschenswert waren, stand dabei weitgehend außer Frage. Doch die traditionellen Praktiken der Züchtung, um diese Eigenschaften hervorzubringen, schienen verbesserungsfähig. An die Stelle einer jahrzehntelangen Abfolge von Versuch und Irrtum sollten gezielte Maßnahmen treten – dazu aber musste man zunächst verstehen, nach welchen Regeln sich Eigenschaften vererben und verändern. Die Arbeit von Gregor Mendel, mit der die Geschichte der Genetik üblicherweise beginnt, ist in eben diesem Zusammenhang zu sehen. Doch war es erst die so genannte „Wiederentdeckung" seiner Befunde im Jahr 1900, die den Aufstieg der klassischen Genetik einleitete, welche das Feld in der ersten Hälfte des 20. Jahrhunderts dominierte. Diese Meilensteine der Geschichte der Genetik werden in den nachfolgenden Abschnitten erläutert.

Gregor Mendel und die Faktoren der Vererbung

Noch heute sind die drei so genannten „Mendelschen Regeln" Teil des Schulunterrichtes. In gängiger Formulierung sind dies: *erstens*, die Uniformitätsregel, die besagt, dass Eltern, die hinsichtlich eines Merkmals „reinerbig" sind, in erster Generation Nachkommen erzeugen, die alle dieselbe Ausprägung des Merkmals aufweisen; *zweitens*, die Spaltungsregel, der zufolge aus Kreuzungen zwischen Individuen, die mit Blick auf ein Merkmal nicht „reinerbig" sind, Nachkommen hervorgehen, die verschiedene Ausprägungen des Merkmals aufweisen, und zwar in statistisch definierter Häufigkeitsverteilung; *drittens*, die Unabhängigkeitsregel, nach der die Anlagen für verschiedene Merkmale unabhängig voneinander vererbt und rekombiniert werden können. Erläutert werden diese Regeln üblicherweise anhand Mendels eigenem Untersuchungsobjekt, nämlich an der Blüten- und Fruchtfarbe der Erbsen. Nur selten wird bei Einführung dieser Regeln mit hinreichendem Nachdruck betont, dass sie nur für diploide Organismen gelten (also für Organismen mit doppeltem Chromosomensatz), und auch dort bei weitem nicht für alle Merkmale. Doch es ist richtig, dass der Aufstieg des „Gens" eng mit der Geschichte dieser Regeln verbunden ist, daher beginnt auch die vorliegende Einleitung an dieser Stelle. Die Benennung der Regeln erinnert an Gregor Mendel, einen Augustinermönch in Brünn, eine Stadt in Mähren, damals Teil des Habsburger Reiches. Mendel wurde zu einem der Heroen

---

[9] Johannsen (1909).

der Wissenschaftsgeschichte. Oft wird er als autodidaktischer Eremit beschrieben, der in einem entlegenen Klostergarten am Ende der zivilisierten Welt die Blütenfarben einer Unmenge von Erbsen auszählte. Und obwohl Mendel dabei zu revolutionären Befunden kam, so die immer noch gängige Geschichte, wurden die Ergebnisse dieses genialen Außenseiters von der Fachwelt übergangen. So mussten die Regeln im Jahr 1900 – symbolträchtig: an der Schwelle des neuen Jahrtausends – von etablierten Wissenschaftlern wiederentdeckt werden, bevor man ihre Relevanz anerkannte. Dies erst bahnte den Weg zu einem tiefgreifenden Verständnis der Vererbung.

An dieser Geschichte ist manches falsch, anderes verzerrt und vieles missverständlich. Mendel war durchaus kein ungebildeter Außenseiter. Vielmehr hatte er in Wien ein naturwissenschaftliches Studium durchlaufen, was vom Abt des Klosters nachdrücklich unterstützt und gefördert wurde – schließlich war das Augustinerkloster, in dem Mendel lebte und arbeitete, eng eingebunden in den agrarwissenschaftlichen Aufschwung der Region Mähren. In der Tat war die Gegend zu diesem Zeitpunkt hinsichtlich Agrikultur, Züchtung und Industrie eine der fortschrittlichsten in Europa.[10] Mendel nutzte für seine Studien Methoden, die in diesen Kontexten entwickelt worden waren. Nicht zufällig untersuchte er Erbsen: Diese pflanzen sich selbstbestäubt fort und eignen sich damit zur Generierung reiner Linien. Züchtern war dieser Umstand seit langem bekannt. Für sie war das Problem, das Mendel lösen wollte, von zentraler Bedeutung: die Frage danach, welche Merkmale bei Hybriden in welcher Häufigkeit zu erwarten waren; und warum es immer wieder Rückschläge gab, d. h. warum Generationen später unerwünschte Merkmale wieder auftauchten, die man eigentlich schon verloren zu haben glaubte. Mendel war also keineswegs angetreten, um ein Problem der Vererbungstheorie zu lösen. Er bemühte sich vielmehr um die Beantwortung einer spezifischen Frage der angewandten Forschung (wenn man diesen Terminus trotz seines Anachronismus verwenden möchte). Mendel untersuchte dazu Tausende von Pflanzen verschiedener Spezies. Er forschte unter anderem an Levkojen, Leinkraut, Habichtskraut und Mais – veröffentlicht hat er jedoch nur seine Arbeiten an Erbsen.[11] Diese allerdings genügten, um ihm einen Platz in der Geschichte der Wissenschaften zu sichern.

Was also untersuchte Mendel bei den Erbsen, und was war daran so außergewöhnlich? Anders als die anderen Züchtungsforscher der Zeit nahm Mendel nicht den Wandel der Eigenschaften in ihrer Gesamtheit in den Blick. Er beschränkte sich auf die Untersuchung einzelner, klar divergierender Merkmale, etwa die Farbe von Erbsen oder die Beschaffenheit ihrer Oberfläche; und er versuchte in aufeinander folgenden Generationen statistisch zu erfassen, in welcher Ausprägung diese Merkmale auftraten. Seine Datensätze dazu gingen in die Zehntausende. Nur auf diese Weise kam Mendel zum Befund der regelmäßigen Zahlenverhältnisse, in denen Merkmale der einen oder anderen Ausprägung auftraten, wenn man Eltern der einen oder anderen Abstammung kreuzte. Mendel erklärte diese Befunde durch einen konzeptionellen Kunstgriff. Er hatte es in seinen Studien zu tun mit

---

[10] Orel (1995), Wieland (2004), Wood and Orel (2006).
[11] Mendel (1865).

Merkmalen, die in zwei Formen auftraten: die Erbsen waren gelb oder grün, ihre Oberflächen glatt oder runzlig. Man könnte doch, schlug Mendel vor, die Existenz von „Faktoren" annehmen, welche die Ausprägung des Merkmals bestimmten. Immer zwei Faktoren sollten für jedes Merkmal vorliegen, z. B. für Erbsenform oder Blütenfarbe. Bei der Kreuzung von zwei Pflanzen würden die Individuen der Tochtergeneration von den Eltern je einen dieser Faktoren erhalten. Die resultierende Faktorenkombination wäre dann bestimmend für die Ausprägung des Merkmals, die Mendel als „dominant" oder „rezessiv" bezeichnete. Sobald einer der beiden Faktoren in der entsprechenden Ausprägung vorlag, sollte sich die dominante Form des Merkmals zeigen, z. B. gelbe Erbsen; wenn hingegen beide Faktoren in der anderen Ausprägung vorlagen, wäre das Merkmal in der rezessiven Form ausgebildet, z. B. grüne Erbsen. (Diese Vorschläge sind mit Vorsicht zu interpretieren. Einiges spricht dafür, dass Mendel hier an unterschiedliche Zelltypen denkt, wenn er von „Faktoren" spricht, nicht an die später hineingelesenen Allele als Genorte auf den Chromosomen.[12])

Mendel publizierte seine Befunde in der Zeitschrift des Naturforschenden Vereins in Brünn; und tatsächlich wurden sie weniger breit rezipiert als sie es verdient hätten. Das lag nicht so sehr daran, dass dies ein abwegiges Publikationsorgan gewesen wäre, wie man lange vermutete. Wir wissen heute, dass die Zeitschrift in einschlägigen Kreisen durchaus gelesen wurde, und dass zudem Mendel selbst für den individuellen Versand des Artikels sorgte (beispielsweise an Charles Darwin). Aber der Kontext und die Fragestellung schienen von den Problemen der zeitgenössischen Naturforschung – etwa von Fragen der Evolutionstheorie und der Entwicklung von Arten – meilenweit entfernt. Es war alles andere als klar, dass hier ein Ansatz vorgestellt wurde, der dazu hätte beitragen können, Darwins Probleme mit der Vererbung vorteilhafter Eigenschaften zu lösen. Zudem erläuterte Mendel seinen Ansatz in einer komplexen, quasi-mathematischen Notation. Überreste davon sehen wir noch heute in der Wahl von Groß- und Kleinbuchstaben für dominante bzw. rezessive Allele. Nur wenige machten sich die Mühe, Mendels Notation zu durchdringen, um den Gehalt und die Implikationen des Beitrags zu verstehen.[13]

Diese Mühe hätte sich jedoch gelohnt, konstatieren wir im Nachhinein, denn Mendels Vorschlag war höchst bemerkenswert – nicht deswegen, weil er versuchte, Eigenschaften mit unterliegenden Ursachen, d. h. inneren Faktoren, in Beziehung zu setzen. Über die so genannten Anlagen von Organismen und deren mögliche Wirkung und Weitergabe nachzudenken, war in der zweiten Hälfte des 19. Jahrhunderts weit verbreitet. Doch im Unterschied zu anderen ging Mendel davon aus, dass sich die Anlagen der Eltern in der Generation ihrer Nachkommen nicht vermischten. Letzteres war eines der Standardmodelle für Vererbung in dieser Zeit, und es erklärte sehr plausibel, warum etliche Eigenschaften in ihrer Ausprägung zwischen den Eigenschaften der Elternteilen lagen, etwa die Körpergröße oder die Hautfarbe. Im Gegensatz dazu schlug Mendel vor, dass die Faktoren (über deren Beschaffenheit und Wesen er nichts weiter äußerte) als solche erhalten blieben und

---

[12] Siehe dazu Müller-Wille and Orel (2007).
[13] Siehe auch z. B. Müller-Wille and Rheinberger (2009).

ohne Veränderung, Fusion oder Mischung weitergegeben wurden. Damit konnte er nicht nur die Häufigkeitsverteilung der Merkmale, sondern auch das Problem der Rückschläge in der Züchtungspraxis erklären. Dieser Vorschlag war in hohem Maße originell und sollte sich als ungemein wirkungsvoll erweisen.

Aufstieg der Transmissionsgenetik

Die Generalisierung von Mendels Idee und die Ausarbeitung ihrer Implikationen über Hybride hinaus erfolgte indessen erst im besagten Jahr 1900. Gleich drei Pflanzenphysiologen stießen unabhängig voneinander auf Mendels theoretischen Ansatz: Carl Correns in Berlin, Hugo de Vries in Amsterdam und schließlich Erich Tschermak-Seysenegg in Wien, letzterer allerdings mit weniger Scharfsinn in der Interpretation.[14] Bleiben wir bei Correns, dessen Arbeiten mit Blick auf die Mendelschen Regeln der Vererbung besonders weitreichend waren. Correns war in seinen Studien an Erbsen auf statistische Regelmäßigkeiten in der Vererbung bestimmter Eigenschaften gestoßen, die mit den Befunden von Mendel übereinstimmten. (Correns hatte bei Carl Nägeli in München studiert, der seinerseits mit Mendel über dessen Erbsen-Experimente korrespondiert hatte. Es ist daher kein Zufall, dass Correns gerade dieses Problem mit diesem Organismus als Forschungsgegenstand wählte und sich dann auf Mendels Regeln bezog.)

Correns gestand Mendel alle Priorität zu; keinesfalls nahm er für sich in Anspruch, die Faktorengenetik erfunden zu haben. Doch nicht nur formulierte Correns die Regeln prägnanter, er löste sie zudem von den spezifischen Eigenschaften der Hybride. So postulierte Correns Annahmen von allgemeiner Gültigkeit: Merkmale werden von unterliegenden Anlagen bestimmt, die paarweise auftreten, unabhängig voneinander vererbt werden, und deren Weitergabe einer regelmäßigen Häufigkeitsverteilung folgt. Was genau man sich unter diesen Anlagen vorzustellen hatte, ließ Correns offen. So schrieb er 1901: „Wir verstehen unter *Anlage* zunächst ganz allgemein den Apparat, durch dessen Anwesenheit in der Eizelle und im Pollenkorn für die Übertragung eines Merkmals der Eltern auf den neuen Organismus gesorgt ist."[15] Doch lokalisierte Correns diese Anlagen klar im Zellkern, insbesondere auf den Chromosomen, während er annahm, dass es außerhalb des Zellkerns, im Zytoplasma, Mechanismen geben musste, die für die Anwendung der Anlagen und somit für die Ausbildung der Eigenschaften sorgten.[16] So schrieb Correns 1901, er sei auf eine Vorstellung gekommen, mit der er nicht hinter dem Berg halten wollte, obschon er wüsste, dass sie als „arge Ketzerei" aufgenommen werden würde:

---

[14] Correns (1900), de Vries (1900). Insbesondere Ernst Mayr wies darauf hin, dass Tschermak den Ansatz von Mendel nicht verstanden habe; er plädierte insofern dafür, dass Tschermak nicht gleichberechtigt neben Correns und de Vries aufgezählt werden sollte. Siehe Mayr (1982), S. 730, sowie Monaghan and Corcos (1986), Monaghan and Corcos (1987).

[15] Correns (1924), S. 277.

[16] Siehe zu Correns vor allem die Forschungsarbeiten von Hans-Jörg Rheinberger, publiziert z. B. in Rheinberger (2000a), Rheinberger (2000c), Rheinberger (2015), aber auch die relevanten Kapitel in Rheinberger and Müller-Wille (2009), Müller-Wille and Rheinberger (2012).

Ich möchte nämlich den Sitz der Anlagen, ohne feste Bindung, in den Kern, speciell die Chromosomen verlegen, und daneben noch ausserhalb des Kernes, im Protoplasma, einen Mechanismus annehmen, der für ihre Entfaltung sorgt.[17]

Damit stand Correns vor einem Problem, das nicht einfach zu lösen war. Wenn er die Anlagen in den Zellkern und dort auf die Chromosomen verlagerte, wie konnten sie dann noch die Ausprägung von Eigenschaften im Rest der Zelle beeinflussen? Obwohl Correns nicht zu sagen vermochte, wie der von ihm postulierte Mechanismus aussah, blieb seine Vorstellung im Gespräch. Dazu trugen auch die zellbiologischen Arbeiten von Walter Sutton und Theodor Boveri bei. Die beiden Forscher hatten eine typische (Um-)Verteilung der Chromosomen bei Zellteilungen und Fortpflanzung beobachtet. Chromosomen treten in Körperzellen immer in Paaren auf, in Geschlechtszellen hingegen liegen nur einzelne Chromosomen vor. Letzteres hat zur Folge, dass die Zygote nach Verschmelzung zweier Geschlechtszellen wieder je zwei Chromosomen aufweist. Sutton verwies darauf, dass diese Zahlenverhältnisse der Verteilung der Mendelschen Anlagen genau entsprachen.[18]

Doch nicht alle waren von diesem Konzept überzeugt. Wie weitreichend Correns' Vorschläge waren, welchen Gültigkeitsbereich die Mendelschen Regeln hatten, welche Ausnahmen es zu bedenken gab: diese Fragen zu beantworten, wurde zum Forschungsprogramm der folgenden Generationen. Die angemessene Beschreibung und Erklärung von Vererbungsphänomenen entwickelte sich zu einem lebhaften Bereich der Wissenschaft. Die Mendelschen Regeln waren zwar aus der Forschung an Erbsen hervorgegangen, doch richtete sich das Interesse schnell auf die Frage, ob und inwiefern die Befunde auf die Vererbung menschlicher Eigenschaften zu übertragen waren. Als 1906 der erste Lehrstuhl für die Erforschung dieser Fragen und Probleme eingerichtet wurde, schlug der englische Zoologe William Bateson vor, das Forschungsfeld mit einem eigenen, neuen Namen zu belegen. Sein Vorschlag war „Genetik" bzw. *genetics*. Aus der Notwendigkeit, über die Forschungsobjekte dieses Feldes zu sprechen, ohne den notorisch mehrdeutigen Begriff der Anlage zu bemühen, entstand 1909 auf Vorschlag von Wilhelm Johannsen das eingangs bereits erwähnte „Gen". Johannsen bezeichnete weiterhin die Gesamtheit aller Gene eines Individuums als „Genotyp", im Unterschied dazu die Gesamtheit der am Organismus manifesten Eigenschaften als „Phänotyp".[19] Mit diesen Begriffen wird heute noch gearbeitet. Doch war Johannsen sehr zurückhaltend darin, das Gen mit spezifischen Annahmen zu verknüpfen:

Das Wort *Gen* ist völlig frei von jeder Hypothese; es drückt nur die sichergestellte Tatsache aus, daß jedenfalls viele Eigenschaften des Organismus durch in den Gameten [d. h. Geschlechtszellen] vorkommende besondere, trennbare und somit selbständige ‚Zustände', ‚Grundlagen', ‚Anlagen' – kurz, was wir eben *Gene* nennen wollen – bedingt sind. [...] Und wenn wir an eine Eigenschaft denken, welche durch ein bestimmtes „Gen" (durch eine be-

---

[17] Correns (1924), S. 279; zitiert auch in Müller-Wille and Rheinberger (2012), S. 142.
[18] Siehe z. B. Sutton (1903), Boveri (1904).
[19] Siehe z. B. Meunier (2016) für eine genauere Auseinandersetzung mit den Arbeiten von Johannsen.

stimmte Art von Genen) bedingt ist, können wir am leichtesten „*Das Gen der Eigenschaft*" sagen, statt umständlichere Phrasen wie „das Gen, welches die Eigenschaft bedingt" oder derartige Ausdrücke zu benutzen.[20]

Gene waren also für Johannsen diejenigen Faktoren, Elemente, Zustände einer Zelle, die die Ausprägung von bestimmten Eigenschaften bedingten: Allgemeiner ließ sich der Zusammenhang kaum formulieren. Diese Definition unterscheidet sich deutlich von einem Verständnis der Gene, wie es sich in der zweiten Hälfte des 20. Jahrhunderts etablierte, dass nämlich Gene als diskrete Abschnitte der DNA zu verstehen sind. Wie es zu dieser Engführung kam, ist eine der interessanten Fragen an die Historiographie der Genetik des 20. Jahrhunderts.

Was Johannsen in der zitierten Passage weiterhin vorschlug, war eine bestimmte Sprechweise in Bezug auf das Verhältnis von Genen und Eigenschaften. Man könnte doch von dem „Gen der Eigenschaft" sprechen, so Johannsen. Schnell wurde dies variiert zu dem „Gen *für* eine Eigenschaft". Diese letztere Ausdrucksweise sollte sich einbürgern, und sie verband sich rasch und nachhaltig mit der Vorstellung einer direkten Relation zwischen Genen und Eigenschaften. Gene wurden zu spezifischen Ursachen für die Ausprägung spezifischer Merkmale eines Organismus – seien es einfache Merkmale wie Erbsenformen, Augenfarben oder Nasenlängen, seien es komplexe Merkmale wie Musikalität, mathematisches Genie oder Alkoholismus.[21] Dieser reduzierte Blick hatte weitreichende Folgen: Schnell wurde der vermeintlich klare Zusammenhang zur Legitimation eugenischer Eingriffe genutzt. Wenn die Ursache für gesellschaftlich unerwünschte Phänomene – Alkoholismus, Kriminalität, Prostitution, Armut und Krankheit – in der schlechten genetischen Ausstattung der betroffenen Personen lag, hatten pädagogische Maßnahmen keine Aussicht auf Erfolg. Insofern schien es aus dieser Perspektive geboten, Personen mit solchen Eigenschaften entweder zu hospitalisieren und dort zu verhindern, dass sie ihre schlechten Anlagen in die nächste Generationen weitergaben, oder sie durch Sterilisation an der Fortpflanzung zu hindern.[22]

Doch gab es von Anfang an auch Kritiker dieser allzu schlichten Vorstellung von Genen und ihrer Wirkung auf die Eigenschaften eines Organismus. Einerseits zeigte sich, dass die Mehrzahl der Merkmale in ihrer Ausprägung und Vererbung den Mendelschen Re-

---

[20] Johannsen (1909), S. 124.

[21] Die Vorstellung einer simplen Relation von Anlagen zu Eigenschaften bestand bereits lange vor 1909; sie wurde z. B. prominent entwickelt und propagiert von Francis Galton, einem Cousin von Charles Darwin, vgl. etwa Galton (1869), Galton (1883). Mit den Mendelschen Regeln und ihrem begrifflichen und methodischen Inventar gewann diese Position jedoch deutlich an Verbreitung und Popularität.

[22] Zur Eugenik im ersten Drittel des 20. Jahrhunderts gibt es hervorragende Literatur, die hier nicht umfassend zitiert werden kann. Eine immer noch lesenswerte Einführung mit Blick auf Großbritannien und die USA bietet Kevles (1998). Die Geschichte der Eugenik im deutschen Kaiserreich bis in den Nationalsozialismus hinein behandeln z. B. Weiss (1987), Weingart et al. (1988), Weindling (1989) und Weiss (2010). Für ein breit angelegtes, aktuelles Handbuch: Bashford and Levine (2010).

geln nur bedingt oder gar nicht folgte. Hier bestand Klärungsbedarf. Andererseits schien eine Denkweise, die auf mysteriöse, angeborene Faktoren und ihre determinierende Wirkung verwies, alle jüngeren Befunde der Entwicklungsbiologie zu ignorieren – etwa die Einsicht, dass die embryonale Entwicklung dieser oder jener Eigenschaft vom Zusammenspiel einer Vielzahl interner und externer Einflüsse abhing. Einer der schärfsten Kritiker einer reduzierten Faktorengenetik war der US-amerikanische Embryologe Thomas H. Morgan. Sarkastisch merkte er an, wenn ein Mendelianer die Vererbung einer Eigenschaft nicht mit einem Faktorenpaar erklären könnte, würde er einfach zusätzliche Faktoren erfinden, bis schließlich eine Erklärung gemäß Mendelscher Regeln resultierte.[23] Dies brachte eine verbreitete Stoßrichtung der Kritik auf den Punkt.

Doch derselbe Morgan war es dann, dessen Forschung an *Drosophila*-Fliegen dem Konzept der Gene zu nachhaltiger Überzeugungskraft verhalf. Gemeinsam mit seinen Mitarbeitern, darunter Alfred H. Sturtevant, Calvin B. Bridges und Hermann J. Muller, stützte Morgan die immer noch umstrittene Chromosomen-Hypothese von Sutton und Boveri mit neuen Befunden. Morgans Gruppe konnte zeigen, dass bestimmte Merkmale der Fliegen – z. B. eine abweichende Augenfarbe – stets gekoppelt mit ihrem Geschlecht vererbt wurden. Morgans Erklärung war, dass das Gen für Augenfarbe auf dem Geschlechtschromosom lag; so wurde die gekoppelte Vererbung nicht nur plausibel, sondern notwendig. Das überzeugte sogar Morgan selbst. Seine Gruppe begann gezielt (und erfolgreich) nach anderen gekoppelt vererbten Eigenschaften zu suchen und erstellte auf dieser Grundlage „Karten" für die Verteilung der Gene auf den Chromosomen. Grundlage war die Überlegung, dass die Gene von Eigenschaften, die besonders häufig gemeinsam vererbt wurden, nah beieinander liegen sollten. Die Gene von Eigenschaften, bei denen dies selten geschah, lokalisierte man in größerer Entfernung voneinander oder gar auf unterschiedlichen Chromosomen.

Mit diesen Studien von Morgan an *Drosophila* begann die Blütezeit der so genannten Klassischen Genetik, die nach Mustern der Weitergabe von Genen suchte, nach Allelen (wie man die Faktoren jetzt bezeichnete) in dominanter oder rezessiver Ausprägung, nach Erbgängen und nach gekoppelten Merkmalspaaren. Keine Zugeständnisse machte Morgan bei der Wirkungsweise der Gene, mit der schon Correns gerungen hatte. So stellte Morgan klar:

> Zwischen den Merkmalen, die von den Genetikern herangezogen werden, und den Genen, die Mendels Theorie postuliert, liegt das ganze Feld der embryonalen Entwicklung, in der die in den Genen implizierten Eigenschaften im Protoplasma der Zelle expliziert werden.[24]

Dieser unbestreitbare Sachverhalt – dass zwischen Genen und Eigenschaften eine komplexe Phase embryonaler Entwicklung liegt – wurde erstaunlich rasch vergessen oder doch weitgehend ignoriert. Stattdessen etablierte sich eine annähernde Gleichsetzung von Ge-

---

[23] Morgan (1909), S. 365.
[24] Morgan (1977), S. 7. Das Zitat stammt aus Morgans Rede anlässlich seiner Ehrung mit dem Nobelpreis für Medizin oder Physiologie im Jahr 1933.

nen und Eigenschaften. Die Übermittlung eines Gens von einer Generation in die nächste war in diesem Denkrahmen synonym mit der Übermittlung einer Eigenschaft von einer Generation in die nächste. Von diesem zentralen Interesse an den Regeln und Phänomenen der Übermittlung rührt der Name, der sich unter Zeitgenossen für dieses Forschungsfeld einbürgerte: Transmissionsgenetik (*transmittere*, lat. = weitergeben). Dabei konzentrierte sich das Interesse auf die Weitergabe solcher Eigenschaften, die von anderen, als normal angesehenen Eigenschaften abwichen. Es ging nicht um die Erklärung der Tatsache, dass alle Erbsenpflanzen ähnliche Blätter haben, ähnliche Blüten, Früchte und Ranken. Vielmehr wollte man erklären, warum manche Erbsen eine *andere* Farbe hatten. Noch 1942 formulierte in diesem Sinne der britische Genetiker John Burdon Sanderson Haldane:

> Genetik ist der Zweig der Biologie, der sich mit angeborenen Unterschieden zwischen ansonsten ähnlichen Organismen beschäftigt. [...] Wie viele andere Zweige der Wissenschaft war die Genetik deswegen erfolgreich, weil sie ihr Forschungsfeld klar absteckte. Angesichts eines schwarzen und eines weißen Kaninchens fragt der Genetiker, wie und warum diese Kaninchen sich unterscheiden, und nicht, wie und warum sie sich ähneln.[25]

Genetik wurde zum Studium der Abweichung, nicht der Regel; und *en passant* hatte sich bei der neuen Ausrichtung der Genetik auf Chromosomen und ihre Kartierung auch der Genbegriff gewandelt. Johannsens Genbegriff von 1909 war funktional angelegt gewesen. Wie oben beschrieben, hatte er Gene als diejenigen Elemente der Zelle konzipiert, welche die Ausprägung von Eigenschaften bestimmten. Weder waren diese Gene auf bestimmte Substanzen festgelegt, noch waren sie lokalisiert. Das änderte sich mit der Chromosomentheorie der Vererbung: Gene wurden nun zu Orten auf Chromosomen. Damit hatte der Begriff eine materielle Komponente gewonnen, ohne jedoch die funktionale Festlegung zu verlieren. Man konnte nun von dem Gen für rote Augen auf dem Geschlechtschromosom sprechen. Die Zusammenführung dieser beiden Aspekte des Gens in einen Begriff – seine Funktion, d. h. sein Einfluss auf die Ausbildung von Eigenschaften, und seine materielle Natur, gar seine Lokalisierung – führte gerade in der zweiten Hälfte des 20. Jahrhunderts zu erheblichen Missverständnissen darüber, was ein Gen ist und was ein Gen tut.[26]

---

[25] Haldane (1941), S. 11.
[26] Prägnant wurde dieses Problem der unreflektierten Zusammenführung verschiedener Gen-Begriffe von Lenny Moss herausgearbeitet, vgl. Moss (2002).

1.2.2 Biologische Makromoleküle und ihre Struktur

Neben dem Aufstieg der Transmissionsgenetik und dem Gen als ihrem Forschungsobjekt ist für den Weg zur Doppelhelix eine weitere Entwicklungslinie zu betrachten, die parallel und weitgehend unabhängig von den beschriebenen Ereignissen verlief: die Molekularisierung der Biologie, die eng verknüpft war mit der Entwicklung zahlreicher neuer Instrumente und Technologien. Zuweilen wurden diese Technologien sogar als das eigentlich wesentliche Element der sich seit dem zweiten Drittel des 20. Jahrhunderts formierenden Molekularbiologie bezeichnet.[27] Erst der damit verbundene Wandel erbrachte die Voraussetzungen dafür, dass die Strukturen biologisch relevanter Moleküle gefunden werden konnten – etwa im Jahr 1953 die Doppelhelix-Struktur der DNA.

So musste zunächst die Tatsache etabliert werden, dass Moleküle *überhaupt* biologisch wesentlich sind. Das scheint aus unserer Sicht trivial. Doch um 1900 gingen die meisten Wissenschaftler davon aus, dass Lebensprozesse an das so genannte Protoplasma gebunden waren, also an den zähflüssigen, zuweilen als körnig beschriebenen Inhalt von Zellen.[28] Dieses Protoplasma galt als Kolloid, d. h. als eine gelartige Masse aus vielen kleinen Molekülen in Dispersion, die sich in wechselnder Zusammensetzung als Aggregate zusammenfanden. Kolloiden wurden ungewöhnliche chemische Eigenschaften zugeschrieben, womit sich zumindest einige der Phänomene in Zellen geeignet erklären ließen.[29] Die konkurrierende Vorstellung, dass man es in lebenden Zellen mit distinkten, wenn auch sehr großen Molekülen zu tun hatte – mit Makromolekülen, wie sie bald genannt wurden –, konnte sich erst Mitte der 1920er Jahre nach Entwicklung der analytischen Ultrazentrifuge durchsetzen. Es zeigte sich, dass die Zellproteine in der Ultrazentrifuge in klar differenzierter Weise sedimentierten. Das bedeutete, dass sie keine unbestimmten Aggregate waren, sondern einzelne Elemente. Hämoglobin war eines der ersten Moleküle, das auf diese Weise identifiziert und in seinem molekularen Gewicht bestimmt werden konnte. Neben die verschiedenen Zentrifugen, die es bald gab, traten andere analytische Techniken, etwa die Elektrophorese, mit der sich die Bestandteile komplexer Proteinmischungen aufgrund ihrer elektrostatischen Eigenschaften trennen ließen. Später kam das Elektronenmikroskop hinzu. Es zeichnete sich ab, dass die Erforschung der Lebensprozesse eng mit der Erforschung der makromolekularen Ausstattung der Zelle verknüpft war – das war das Ende der Kolloidtheorie des Lebens.

Zu diesem Zeitpunkt, d. h. zu Beginn des 20. Jahrhunderts, war es keinesfalls unumstritten, Lebensprozesse mit Rückgriff auf physikalische und chemische Methoden erklären zu wollen. Doch gewann dieser Zugang bald an Verbreitung und wurde stark gefördert, etwa von der US-amerikanischen Rockefeller Foundation, die verstärkt ab den 1930er Jahren für Projekte dieser Ausrichtung Stipendien und Forschungsgelder vergab.

---

[27] Vgl. zum Folgenden auch Rheinberger and Müller-Wille (2009), Kapitel 7.

[28] Der Begriff wurde 1846 von dem Botaniker Hugo von Mohl vorgeschlagen, um den von Matthias Schleiden verwendeten, unspezifischen Terminus „Schleim" zu ersetzen; von Mohl (1846); zum Begriff: S. 73. In Schultze (1861) findet sich die Anwendung auf tierische Zellen.

[29] Vgl. Olby (1994), Kapitel 1.

Die wichtige Rolle des Forschungsdirektors der Rockefeller Foundation, Warren Weaver, wurde in der Forschungsliteratur oft beschrieben. Auch wurde wiederholt unterstrichen, dass es Weaver war, der den Terminus „Molekularbiologie" prägte und in Umlauf brachte.[30] Während seiner Amtszeit in den Jahren 1932 bis 1955 ermunterte Weaver Physiker und Chemiker, sich mit biologischen Problemen zu beschäftigen, während er auf der anderen Seite Biologen darin unterstützte, vermehrt mit physico-chemischen Methoden zu arbeiten.[31]

Eines der Felder, die von dieser Dynamik profitierten, war die Röntgenkristallographie, die auch für die Strukturanalyse der DNA zentral werden sollte. Die Anfänge dieser Methode liegen im Institut für Theoretische Physik von Arnold Sommerfeld an der Münchner Universität. Hier etablierten die Physiker Max Laue, Walter Friedrich und Paul Knipping im Frühjahr 1912, dass Kristalle als dreidimensionale Gitter verstanden werden konnten, an deren Knoten – den Atomkernen – sich Röntgenstrahlen beugen. Aus dem Beugungsmuster ließ sich die Position der Atomkerne und damit die Kristallstruktur berechnen.[32] Als es in den 1920er Jahren gelang, Proteine zu kristallisieren, wurde die Röntgenkristallographie zu einer Möglichkeit, die Struktur organischer Moleküle zu entschlüsseln. Unter der verbreiteten Annahme, dass die Struktur und die biologische Funktion von Molekülen untrennbar miteinander verbunden waren, wirkte diese Aussicht elektrisierend. Es waren nur wenige, aber bald immens einflussreiche Zentren, an denen mit hohem Aufwand diese Analysetechniken so weiterentwickelt wurden, dass sie auf biologisch relevante Moleküle anwendbar waren. Zu den hauptsächlichen Akteuren gehörten Linus Pauling am Caltech, Pasadena; die Gruppe um Lawrence Bragg im Cavendish Laboratory, Cambridge; John Bernal am Birkbeck College, London; Michael Polanyi und Hermann Mark am Kaiser-Wilhelm-Institut für Faserforschung in Berlin-Dahlem; und William Astbury an der University of Leeds.[33] Die Aufmerksamkeit richtete sich zunächst auf Enzyme. Dies lag insbesondere mit Blick auf die Schlüssel-Schloss-Hypothese der Enzym-Spezifität nahe, worin Struktur und Funktion schon früh aneinander gekoppelt wurden: das Substrat als Schlüssel passte spezifisch in die Enzymstruktur als Schloss, wurde dort ggf. strukturell

---

[30] Schon von Zeitgenossen wurde jedoch bestritten, dass dieser Begriff ein klar umrissenes Forschungsfeld bezeichnete. John Kendrew, berühmt für seine Arbeiten zur Kristallographie biologischer Moleküle, diagnostizierte etwa im Jahr 1970: „Die größte Schwierigkeit in der Diskussion der Geschichte der Molekularbiologie liegt in dem Problem, welche Bedeutung man diesem Ausdruck geben soll, und was für Demarkationslinien zwischen der Molekularbiologie und anderen Bereichen der Biologie gezogen werden können." Zitiert nach Rheinberger (2000b), S. 642.

[31] Grundlegend dazu: Kay (1993). Seither wurde die Bedeutung der Stiftung in vielen Folgestudien untersucht. Hans-Jörg Rheinberger warnte allerdings vor der normativen Kraft der Quellenlage: da die Rockefeller Foundation bereits früh ihre Archive für historische Forschung öffnete, wurde ihr Anteil an dieser Entwicklung intensiv untersucht, was für andere Institutionen nicht in gleicher Weise gilt. Siehe Rheinberger (2007), S. 218–219.

[32] Zu den Konsequenzen der Entdeckung sowie der folgenden Kontroverse zwischen den beteiligten Personen um Rollenverteilung, Priorität etc. siehe Eckert (2012).

[33] Nach Rheinberger and Müller-Wille (2009), S. 214–217.

verändert und löste sich wieder vom Enzym. Aber auch Vitamine und Hormone rückten ins Blickfeld, und seit den 1930er Jahren trat dazu das Gen und seine materielle Struktur.

Der Ansatzpunkt dafür waren die Chromosomen. Inzwischen wusste man, dass die Chromosomen der Zelle aus Chromatin bestehen, d. h. aus einer Verbindung von Proteinen und Nukleinsäuren. 1869 hatte Friedrich Miescher, ein Schweizer Mediziner mit physiologisch-biochemischen Interessen, als erster eine seltsame Substanz aus dem Zellkern weißer Blutkörperchen isoliert. Bei weiterer Suche fand Miescher dieselbe Substanz in vielen anderen Zellkernen und nannte sie „Nuclein", von der lateinischen Bezeichnung „Nucleus" für Zellkern. Die Bedeutung der Substanz war zu diesem Zeitpunkt völlig unklar. In der Tat war der Befund so überraschend, dass der Laborleiter, Felix Hoppe-Seyler, zunächst selbst versuchte, das Ergebnis zu replizieren, bevor er einer Publikation zustimmte.[34]

Heute lässt sich rekonstruieren, dass Miescher eine Mischung aus DNA und Proteinen isoliert hatte. Die „Nukleinsäure" wurde erst später daraus isoliert und entsprechend benannt; die erste Beschreibung ihrer Zusammensetzung aus Zucker und organischen Basen erfolgte in Arbeiten von Albrecht Kossel, ohne dass diese viel Aufsehen erregt hätten.[35] Der Anteil der Nukleinsäuren im Zellkern war so gering, dass sie kaum für maßgebliche Funktionen in Frage kamen, und auch strukturell hielt man Nukleinsäuren für weitgehend uninteressant. Die einschlägigen Arbeiten dazu stammten von dem amerikanischen Biochemiker Phoebus A.T. Levene. Er hatte zwei Nukleinsäuren unterschieden: die Ribonukleinsäure (RNA) und die Desoxyribonukleinsäure (DNA); bei letzterer fehlte dem Ribose-Zucker ein Sauerstoffatom. Levene hatte für beide Typen ihren Säurecharakter etabliert, die chemische Zusammensetzung geklärt sowie die grundlegenden Strukturelemente benannt. Diese waren überschaubar: ein bestimmtes Zuckermolekül, Phosphate und vier verschiedene Stickstoffbasen, nämlich Adenin und Guanin, Purine mit je zwei Kohlenstoffringen, und Thymin (bzw. Uracil in RNA) und Cytosin, Pyrimidine mit nur einem Kohlenstoffring. Die Kombination von Zucker, Phosphat und Stickstoffbase bezeichnete er als Nukleotid, und davon gab es nur vier verschiedene Ausprägungen entsprechend den vier Stickstoffbasen. Die Zusammensetzung der auf diese Weise schlicht strukturierten Moleküle schien (gemäß den verfügbaren Methoden) in allen Lebewesen gleich zu sein, seien es Menschen, Hühner, Fische oder Algen.[36]

Auf diese Befunde gründete Levene die Tetranukleotid-Hypothese. Er ging davon aus, dass Nukleinsäuren eine schlichte, repetitive Struktur aufwiesen, in der sich die vier Nukleotide in festgelegter Reihenfolge abwechselten. Damit war zugleich klar, dass Nukleinsäuren zur biologischen Spezifität nichts beitragen konnten: sie waren überall gleich

---

[34] Zu Miescher und seiner Entdeckung siehe z. B. Dahm (2005), Dahm (2008). Die Publikation des Befundes erfolgte in Miescher (1871); der Kommentar von Hoppe-Seyler, in dem er sein anfängliches Zögern beschreibt, findet sich in Hoppe-Seyler (1871).

[35] Kossel (1879), Kossel (1891).

[36] Siehe für die relevanten Arbeiten z. B. Levene (1919), Levene and London (1929), als Synthese auch Levene and Bass (1931). Erst Ende der 1940er Jahre wies Erwin Chargaff den Befund von Levene zurück und zeigte die artspezifische Variation der DNA; vgl. Chargaff (1950).

und monoton. Für die wesentlichen Funktionen, an denen Chromosomen beteiligt waren, musste demnach ihr Proteinanteil maßgebend sein – insbesondere mit Blick auf die komplexen Vorgänge der Vererbung, der Zell-Regulation oder der embryonalen Entwicklung. Dafür sprach nicht nur die weit größere Vielfalt an Proteinen, die inzwischen bekannt war, und ihre Zusammensetzung aus mehr als zwanzig verschiedenen Aminosäuren. Man hatte außerdem herausgefunden, dass die Proteine im Zellkern artspezifisch variierten. So richtete sich das intellektuelle Interesse wie auch die institutionelle Infrastruktur nahezu überall auf Proteine. Einer der einschlägigen Aufsätze zu der Frage, wo man auf der Suche nach den Genen im Chromosom ansetzen sollte, brachte es auf den Punkt: „Da kommen nur die Proteine in Frage, denn das sind die einzigen, uns bekannten Substanzen, die individuell spezifisch sind."[37] In der Folge wurden zwar Nukleinsäuren röntgenkristallographisch untersucht – schließlich waren auch sie Bestandteil der Chromosomen – doch von Interesse waren sie nur in ihrer Interaktion mit Proteinen. Die ersten (und für lange Zeit auch einzigen) Aufnahmen von DNA-Molekülen präsentierte William Astbury mit seiner Mitarbeiterin Florence Bell in den späten 1930er Jahren, und zwar während eines Symposiums zur Chemie der Proteine.[38] Astbury vermutete, dass die DNA im Chromosom stabilisierend wirkte und die Proteine in ihrer spezifischen Form hielt. Andere Aufgaben konnte man sich angesichts der monotonen Struktur und Zusammensetzung der Nukleinsäuren kaum vorstellen.

Die Arbeit an Chromosomen war mühsam, und alle einfachen Versuche, die Struktur des Chromatin bzw. der darin enthaltenen Proteine zu untersuchen, scheiterten. Eine Alternative zur weiteren Untersuchung von Genen und ihren Eigenschaften bot sich auf einem anderen Feld: in der Viren-Forschung. Viren ließen sich kristallisieren, ihre Erforschung hatte Tradition und war aufgrund ihrer gesellschaftlichen und ökonomischen Relevanz großzügig finanziert. Auch an Bakteriophagen – Viren, die Bakterien befallen und schließlich zerstören – wurde seit ihrer Entdeckung im Jahr 1917 intensiv geforscht, nicht zuletzt in der Hoffnung, die Kontrolle von Phagen könnte dazu beitragen, bakterielle Infektionskrankheiten zu heilen. Spätestens in den 1930er Jahren wurden vor diesem Hintergrund Viren zu einem beliebten Forschungsobjekt der Genetik. Hermann J. Muller, ehemals Mitarbeiter von Morgan, hatte bereits in den 1920er Jahren dafür plädiert, man sollte sich auf Viren konzentrieren, um herauszufinden, was ein Gen ist. Viren, so Muller, wären doch quasi „nackte Gene", nämlich maximal reduzierte Strukturen, die sich erfolgreich vermehrten und dabei, wie Gene, ihre Eigenschaften an die nächste Generation weitergaben.[39] Muller war überzeugt davon, dass Gene materielle Partikel waren, die über zwei charakteristische Eigenschaften verfügten. Dazu gehörte erstens die Autokatalyse, d. h. die Fähigkeit, Prozesse zu initiieren, die zur Replikation ihrer selbst führten; und zweitens die Heterokatalyse, d. h. die Fähigkeit, Prozesse zu initiieren, die zur Bildung

---

[37] Caspersson et al. (1935), S. 369.
[38] Astbury and Bell (1938). Die Aufnahmen waren von mäßiger Qualität. Später wurde klar, dass sie eine Mischung von zwei unterschiedlichen Konfigurationen des Moleküls fotografiert hatten, dadurch blieben die Konturen notwendig unscharf.
[39] Vgl. Kay (1993), S. 110; Carlson (1971).

anderer Stoffe und letztlich zur Ausprägung phänotypischer Eigenschaften führten. (Muller gab damit zudem ein instruktives Beispiel für die Zusammenführung eines materiellen und funktionalen Verständnis der Gene.) Muller etablierte weiterhin die Gene als Einheit von Mutationen. In seiner Arbeit mit *Drosophila*-Fliegen hatte er im Jahr 1927 herausgefunden, dass Mutationen in Organismen induziert werden konnten, wenn man sie einer bestimmten Dosis von Röntgenstrahlen aussetzte. Dabei korrelierte die Häufigkeit der Mutationen mit der Intensität der Bestrahlung. Muller schloss daraus, dass Röntgenstrahlen Mutationen hervorriefen, indem sie molekulare Strukturen irreversibel veränderten.[40] 1946 wurde er für diese Befunde mit dem Nobelpreis ausgezeichnet.

Ungemein einflussreich wurden in diesem Kontext die Arbeiten des amerikanischen Biochemikers Wendall M. Stanley zum Tabak-Mosaik-Virus (TMV), ein Virus, das sowohl Tabak als auch andere Nutzpflanzen befällt und diese stark schädigt. Der Name bezieht sich auf ein typisches Symptom des Befalls, nämlich eine mosaikartige Entfärbung der Blätter. Stanley gelang es, dieses Virus zu kristallisieren, und er beschrieb es (fälschlich) als „autokatalytisches Protein".[41] Mit diesem Begriff der Autokatalyse, also der Fähigkeit, sich selbst zu vervielfältigen, verwies er auf eine der Eigenschaften, die Muller spezifisch den Genen zugeschrieben hatte. Stanleys Befund galt in Windeseile als Nachweis von Proteinen, die über diese Eigenschaft verfügten. Im populärwissenschaftlichen Magazin *Scientific American* hieß es 1938 dazu:

> Hier haben wir eine nahezu unglaubliche, vollkommen neuartige Fähigkeit eines Moleküls: Kopien seiner selbst herzustellen, und zwar aus kleineren Molekülen, die in geeigneten Medien vorliegen. Nur im gigantischen Virusprotein haben wir bisher eine derart bemerkenswerte Eigenschaft entdeckt.[42]

Bald danach hieß es, Stanley hätte die Äquivalenz von Enzymen, Viren und Genen nachgewiesen, und alle diese Entitäten waren, so die Schlussfolgerung, Proteine. Stanley wurde dementsprechend dafür gefeiert, dass er die Grundlage für eine Entschlüsselung der molekularen Natur des Gens gelegt hatte. So schienen Ende der 1930er Jahre alle bekannten Lebensprozesse an Proteine gebunden: Proteine waren Baustoff der Zellen, bargen die biologische Spezifität der Chromosomen, waren Träger des Protoplasma und Grundlage der Immunreaktionen. Sie waren Enzyme und nun auch Gene. Bis in die frühen 1950er Jahre richtete sich daher das Forschungsprogramm der Molekularbiologie nahezu ausschließlich auf die Chemie der Proteine und war damit an die wenigen Standorte gebunden, die über die dafür erforderliche instrumentelle Ausstattung verfügten.

---

[40] Siehe z. B. Müller-Wille and Rheinberger (2009), S. 63–64, sowie Rheinberger et al. (2015).
[41] Stanley (1935), S. 645. Creager (2002) bietet eine historische Analyse der Forschungen am TMV.
[42] Zitiert nach Kay (1993), S. 111.

1.2.3 „Nackte Gene": Bakterien, Viren, Phagen

In der Erforschung der Chromosomen, ihrer Funktion und ihrer strukturellen Elemente trafen sich in den 1930er Jahren die Interessen der Transmissionsgenetik und der Molekularanalyse, sowohl mit Blick auf die Forschungsfragen als auch in dem Versuch, möglichst einfache, methodisch gut zugängliche Experimentalsysteme zu nutzen. An die Stelle von Erbsen und Fruchtfliegen traten Bakterien, Viren sowie, als kleinstmögliches Untersuchungsobjekt, Bakteriophagen. Diese ließen sich um vieles leichter im Experiment kontrollieren als Tiere und Pflanzen. Auch wer Mullers Vorstellung von Viren als „nackte Gene" nicht teilte, musste zugeben, dass bei der Arbeit mit Bakterien und Viren deutlich weniger Störfaktoren im System zu berücksichtigen waren als bei der Arbeit mit höheren Organismen. Zudem waren sie anspruchslos, standen ohne Probleme in immens hohen Zahlen zur Verfügung; und schließlich hatten viele Bakterien, etwa der Spezies *Escherichia coli*, die sich als bevorzugter Experimentalorganismus etablierte, eine Generationsdauer von weniger als einer Stunde. Damit durchlief eine Bakterienkultur in wenigen Tagen so viele Generationen wie die Menschheit seit ihrer nachgewiesenen Existenz. Für Studien zur Weitergabe bestimmter Eigenschaften waren dies unschätzbare Vorteile.

Ein Nebeneffekt dieses Übergangs von höheren Organismen zu Bakterien und Viren als Forschungsobjekte der Genetik war indessen eine radikale Reduktion dessen, was als repräsentativ und paradigmatisch galt. Denn in diesen Studien ging es nicht um ein besseres Verständnis der Mikroorganismen selbst, sondern um Genetik im Allgemeinen. Implizit (zuweilen auch explizit) ging man davon aus, dass Gene und ihre Mechanismen überall gleich waren – dass es also für die Gültigkeit der Befunde keinen Unterschied machte, ob mit Erbsen, Mäusen oder Viren gearbeitet wurde. Die Annahme, dass lebende Systeme auf fundamentaler Ebene gleich sind, also in ihrer Physiologie, Biochemie und Genetik, wurde in der physico-chemisch orientierten Biologie weithin geteilt. Nachdrücklich bekannten sich dazu etwa die Vertreter der *General Physiology*, die sich seit etwa 1900 um den Physiologen Jacques Loeb in den USA formierte und viele der später so einflussreichen Biologen anzog, auch den bereits erwähnten Thomas H. Morgan.[43] Es sollten nicht mehr Tiere, Menschen oder Pflanzen im Zentrum der Forschung stehen, sondern physiologische Prozesse im Allgemeinen. Sehr klar formulierte dies etwa Morgan in einer Beschreibung des Faches für das Studienprogramm am Caltech:

> *General Physiology* unterscheidet sich in ihren Zielen von der traditionellen Physiologie. Während es in der traditionellen Physiologie insbesondere um Menschen und höhere Wirbeltiere geht, umfasst die *General Physiology* den ganzen Bereich lebender Gegenstände und wählt für ein Forschungsprojekt diejenigen Organismen aus, die sich zur Lösung dieses spezifischen Problems am besten eignen.[44]

---

[43] Siehe Pauly (1987) als grundlegende Studie zu Loeb und der General Physiology.
[44] Morgan (1928), p. 103. Zitiert nach Kay (1993), S. 93.

Physiologische Phänomene sollten an denjenigen Organismen untersucht werden, die sich aus Gründen der Zweckmäßigkeit dafür anboten. Die so erzielten Befunde jedoch würden *mutatis mutandis* für alle lebenden Systeme gelten. Diese Vision einer maximalen Einheit der Lebensprozesse in Stoffwechsel und Genetik entwickelte in der ersten Hälfte des 20. Jahrhunderts eine ungeheure Anziehungskraft. Legendär ist die lakonische Feststellung des Genetikers Jacques Monod von 1954: „Alles, was für *E. coli* wahr ist, muss auch für Elefanten wahr sein."[45] Erst in den 1960er Jahren wurde die Genetik davon eingeholt, dass eben doch nicht alle Organismen funktionierten wie das Bakterium *E. coli*. Doch in den 1930er Jahren war diese Suche nach allgemeinen Grundsätzen des Lebendigen neu und verheißungsvoll. Dies galt für die jüngere Generation von Biologen, aber auch für eine Reihe von Physikern und Chemikern. Zu letzteren gehörte der Physiker Max Delbrück (s. Abb. 1.1), der über die Quantenchemie zu Fragen der molekularen Genetik fand. Delbrück war eine der wichtigen Figuren auf dem Weg zur Doppelhelix, er verdient daher besondere Aufmerksamkeit.[46]

1931 hatte Delbrück fünf Monate in Kopenhagen bei Niels Bohr verbracht, und nach allem, was wir wissen, war dieser Aufenthalt prägend für ihn. Kurz zuvor hatte Bohr das so genannte Komplementaritäts-Prinzip formuliert: Zwei verschiedene Betrachtungen desselben Gegenstandes (etwa eines Quantums) können einander methodisch ausschließen, aber sich dennoch in ihrem Gehalt ergänzen und insofern beide gleichermaßen wahr sein. Das bekannteste Beispiel für dieses Prinzip ist der Welle-Teilchen-Dualismus des Lichts. Während Delbrücks Aufenthalt in Kopenhagen hielt Bohr seine berühmte Rede „Licht und Leben" (1932), in der er über die Relevanz des Komplementaritäts-Prinzips für die Erforschung des Lebens und seiner Erscheinungen nachdachte. Denn auch hier würden sich methodisch unvereinbare Zugänge zu einem komplexen Gesamtbild ergänzen, nämlich der physikalische Zugang (der nach den Grundlagen strebt, dabei aber Leben zerstört) und der biologische Zugang (der Lebensprozesse erhält und beschreibt, zu den eigentlichen Ursachen aber nicht vordringt).[47] Seinen Aussagen zufolge war Delbrück fasziniert von der Aussicht, mit physikalischen Methoden das Leben und seine Grundlagen zu untersuchen. Noch im gleichen Jahr nahm er eine Stelle als wissenschaftlicher Mitarbeiter von Lise Meitner und Otto Hahn am Kaiser-Wilhelm-Institut (KWI) für Chemie in Berlin-Dahlem an. Dort hoffte Delbrück Gelegenheit zu finden, den Interferenzen von Physik und

---

[45] Überliefert auf Englisch: „Anything found to be true of *E. coli* must also be true of elephants." Die Geschichte dieses Ausspruchs lässt sich in die 1920er Jahre zurückverfolgen, als der Mikrobiologe Albert J. Kluyver 1926 festhielt: „From the elephant to butyric acid bacterium – it is all the same!"; siehe Friedmann (2004). Kluyver bezog sich dabei auf Stoffwechselprozesse, während Monod in erster Linie an Genetik dachte.

[46] Vgl. zum Folgenden z. B. Olby (1994), Kap. 15. Eine autobiographische Perspektive bietet das Interview, das im Rahmen eines Oral History Projektes mit Delbrück geführt wurde, siehe Delbrück (1978).

[47] Die Rede wurde als Bohr (1933) auf deutsch publiziert. Eine englische Übersetzung wurde ebenfalls veröffentlicht, das dänische Original ist leider nicht erhalten. Zum Einfluss dieser Rede auf Max Delbrück, siehe z. B. McKaughan (2005).

Abb. 1.1 Max Delbrück, ca. 1940, während seiner Zeit an der Vanderbilt University, Nashville

Biologie nachzugehen. Die Kaiser-Wilhelm-Gesellschaft (KWG) förderte in der Tat diese Form des Brückenschlags. Ein hervorragendes Beispiel ist das berühmte Kolloquium von Fritz Haber, der von 1911 bis 1933 als Direktor des KWI für Physikalische Chemie und Elektrochemie wirkte (ebenfalls in Berlin-Dahlem). Im Gegensatz zu den Kolloquien der anderen Institute, wo es vorrangig um die Diskussion interner Projekte ging, trugen bei Haber auch Gastredner vor, und zwar nicht nur aus der Chemie, sondern auch aus Physik und Biologie. Es gehörte zu Habers Programm, die Grenzen zwischen diesen Disziplinen auszuloten und zu hinterfragen. Das Themenspektrum war breit. Zeitgenossen zufolge reichten die Vorträge „vom Heliumatom bis zum Floh".[48] Junge Leute wurden dazu ermuntert, sich an der lebhaften Diskussion zu beteiligen, und Delbrück war regelmäßiger Gast in diesem Kolloquium.

---

[48] Stoltzenberg (1994), S. 442. Stoltzenberg hebt hervor, wie einmalig die von Haber gepflegte Diskussionskultur zu dieser Zeit war und wie sehr dieser Zugang gerade jüngere Wissenschaftler in ihren Interessen und ihrer späteren Arbeitsweise beeinflusste.

Doch im April 1933 trat Haber von seinem Amt zurück. Er entschied sich dafür aus Protest gegen die Kündigung jüdischer Mitarbeiter seines Instituts auf der Grundlage des so genannten „Gesetz zur Wiederherstellung des Berufsbeamtentums" der NS-Regierung. Haber selbst war Veteran des Ersten Weltkriegs und fiel daher zu diesem Zeitpunkt nicht unter die neuen Bestimmungen; er lehnte es aber ab, von diesem Privileg Gebrauch zu machen. Die einschneidenden Folgen dieses Gesetzes für die Wissenschaft in Deutschland sind bekannt. Die Kaiser-Wilhelm-Institute, die bis dahin jüdischen Wissenschaftlern und Wissenschaftlerinnen Karriereoptionen geboten hatten, die ihnen an Universitäten verwehrt wurden, waren besonders betroffen. Der Verlust des Kolloquiums von Haber war eine vergleichsweise unbedeutende Nebenerscheinung. Für Delbrück indessen war der Ausfall dieses Gesprächsforums so entscheidend, dass er stattdessen einen informellen „Club" von jüngeren Wissenschaftlern begründete, der sich in unregelmäßigen Abständen in seiner Wohnung traf.[49] Eines der wesentlichen Resultate dieser Diskussionsrunde war 1935 die „Dreimännerarbeit" von Delbrück mit zwei Berliner Kollegen, dem Genetiker Nikolaj Timofeev-Ressovsky und dem Physiker Karl Günther Zimmer: „Über die Natur der Genmutation und der Genstruktur".[50] Wie bereits erwähnt, hatte Muller 1927 herausgefunden, dass die Bestrahlung mit Röntgenstrahlen in *Drosophila*-Fliegen Mutationen auslöste. Ausgehend von diesem Befund versuchten die drei Autoren zu klären, was eigentlich ein Gen war und wie man sich seine Mutationen vorzustellen hatte. Knapp zusammengefasst lautete ihre Antwort: Gene sind Moleküle, und Mutationen sind Veränderungen der Quanten-Konfiguration innerhalb dieser Moleküle. Gestützt auf eine Analyse der Trefferhäufigkeit bei der Erzeugung von Mutationen durch Röntgenstrahlen präsentierten die Autoren zudem eine erste Abschätzung dessen, wie groß in etwa ein solches Gen sein müsste (ca. 1000 Atome). Der Artikel erregte einiges Aufsehen und wurde zum Anlass eines interdisziplinären Symposiums zu diesem Thema in Kopenhagen.[51] Doch die breite wissenschaftliche Öffentlichkeit erreichten die Thesen der Dreimännerarbeit erst in ihrer (nicht ganz adäquaten) Popularisierung durch den Physiker Erwin Schrödinger. Dies geschah in Gestalt einer Vorlesungsreihe, die Schrödinger im

---

[49] In einer retrospektiven Darstellung beschreibt Delbrück, die offiziellen Seminare seien nach Übernahme des NS-Regimes langweilig („dull") geworden, woraufhin er seinen eigenen, privaten „Club" begründet hätte. Siehe Delbrück (1971), S. 4; zitiert nach Olby (1994), S. 231. Die inhaltliche Verbindung zwischen der Gründung des „Clubs" von Delbrück und dem Ende des beliebten, interdisziplinären Kolloquiums von Haber wurde in der Literatur bisher übersehen.

[50] Timofeeff-Ressovsky et al. (1935). Den Hintergrund dieses Artikels beleuchten z. B. die Beiträge in Sloan and Fogel (2009). Es ist nicht vollständig geklärt, in welcher Beziehung dieser Aufsatz zu einem anderen Beitrag steht, der ebenfalls als „Dreimännerarbeit" bekannt ist: der Aufsatz von Max Born, Werner Heisenberg und Pascual Jordan von 1926, in dem sie die Matrizenformulierung der Quantenmechanik einführten; siehe Born et al. (1926).

[51] Kay (1993), S. 133.

Jahr 1944 unter dem Titel „Was ist Leben?" veröffentlichte.[52] Schrödinger stellte darin die Frage, wie Gene als Atomverbände der postulierten Größenordnung stabil sein konnten. Er schlug als Antwort vor, Gene seien als a-periodische Kristalle zu beschreiben und dementsprechend zu analysieren. Das war ein Ansatz, der eine Reihe von Physikern nach dem zweiten Weltkrieg tief beeindruckte – unter anderem Maurice Wilkins und Francis Crick, zwei der Entdecker der Doppelhelix – und der dazu beitrug, dass sie sich fortan mit Problemen und Phänomenen der Biologie beschäftigten.[53]

1937 wechselte Delbrück mit Unterstützung eines Stipendiums der Rockefeller Foundation von Berlin ans Caltech nach Pasadena. Von Morgans *Drosophila*-Studien war er jedoch wenig beeindruckt. Fliegen schienen Delbrück bei weitem zu kompliziert für sein Anliegen. Die Komplexität und Vielfalt von Lebenserscheinungen interessierte ihn nicht, vielmehr wollte er direkt zu seiner Kernfrage vorstoßen: Wenn Gene Moleküle waren – wie replizierten sich diese Moleküle? Das ließ sich nicht mehr auf der Grundlage statistischer Analysen klären, Delbrück brauchte empirisches Material. Aber das Versuchsobjekt sollte so einfach wie möglich sein; im Idealfall sollte es nichts anders tun, als Gene zu replizieren. Delbrück überlegte, an die bereits erwähnten Studien von Stanley zum TMV anzuknüpfen; doch dann erfuhr er von den Arbeiten des Biochemikers Emory L. Ellis, zu dieser Zeit PostDoc am Caltech. Ellis hatte sich auf die Erforschung der kleinsten bis dahin bekannten Viren spezialisiert: auf Bakteriophagen. Er wollte auf diesem Wege etwas über Virus-Erkrankungen bei Menschen lernen, nicht zuletzt mit Blick auf virus-induzierten Krebs.[54] Mit den Phagen hatte Delbrück gefunden, was er suchte: „Proteinmoleküle, die sich reproduzieren, indem sie die Wirtszelle als Nährmedium nutzen"; und diese Reproduktion war aus seiner Sicht nichts anderes als eine „primitive Gen-Replikation."[55] Delbrück verstand Phagen als Gene ohne organisches System. Damit waren sie ein ideales Forschungsobjekt für einen Physiker auf der Suche nach dem Rätsel des Lebens. Oder, wie Delbrück selbst es ausdrückte, „ein herrlicher Spielplatz für Kinder, die anspruchsvolle Fragen stellen".[56] Obwohl die Phagen denkbar schlicht aufgebaut waren, konnte ein einziges Phagenpartikel sich in 20 Minuten verhundertfachen: Wie schaffte es das?

---

[52] Siehe Schrödinger (1944) für das englische Original; eine deutsche Übersetzung ist z. B. Schrödinger (1989).

[53] Man sollte den inhaltlichen Einfluss von Schrödinger auf die späteren Forschungen allerdings nicht überschätzen, siehe dazu z. B. Perutz (1990). In jüngerer Zeit wurde auch die klassische These von Fleming (1969) relativiert, der die Anfänge der Molekularbiologie auf die erzwungene räumliche – und damit zusammenhängend auch disziplinäre – Migration von Physikern während des NS-Regimes zurückführte.

[54] Zur Wahl von Phagen als Untersuchungsobjekt siehe Summers (1993).

[55] Delbrück (1970), S. 1315.

[56] Delbrück (1945/46), S. 161; zitiert nach Kay (1993), S. 135.

In der Anfangsphase schien ihm das Problem ebenso überschaubar wie die Phagen selbst, doch Delbrück merkte bald, dass dies ein Irrtum war. Einblick in die Replikation der Phagen zu gewinnen, erforderte mühevolle Laborarbeit, deren Methoden es erst noch zu entwickeln galt. Dennoch war Delbrück überzeugt, dass sich der hohe Aufwand lohnte:

> Wahrscheinlich wird sich herausstellen, dass die Lösung [der autokatalytischen Synthese] ganz einfach ist und im Wesentlichen für alle Viren und Gene gleich. Bakterienviren sollten sich dafür eignen, diese Lösung zu finden, weil ihr Wachstum problemlos verfolgt werden kann, und zwar quantitativ und unter kontrollierten Bedingungen. Das Studium der Bakterienviren könnte sich also als der Schlüssel zu grundlegenden Problemen der Biologie erweisen.[57]

Gemeinsam mit Ellis begann Delbrück an der Lösung dieser Probleme zu arbeiten und brachte dabei erfolgreich seine Kenntnis statistischer Methoden ein. Das Ergebnis war eine wegweisende erste Studie zur quantitativen Analyse der Viren-Replikation.[58] Kurz darauf wechselte Delbrück an die Vanderbilt University, Tennessee, wo er seine Phagenstudien ohne Ellis fortsetzte. Einen neuen Kooperationspartner fand er in dem Mikrobiologen Salvador E. Luria, der 1940 vor dem NS-Regime aus Europa geflohen war.[59] Luria war es in Zusammenarbeit mit dem Biophysiker Thomas F. Anderson gelungen, elektronenmikroskopische Aufnahmen von Phagen zu erstellen. (Diese ersten Aufnahmen brachten den Bakteriologen Jacques J. Bronfenbrenner zu dem berühmten Ausruf in kurioser sprachlicher Mischung: „Mein Gott! They've got tails!") Ab 1942 arbeitete Delbrück eng mit Luria zusammen. Sie konnten zeigen, dass bei einer Infektion von Bakterien durch Phagen nicht der gesamte Phage ins Bakterium eindringt (obwohl sie die genaue Differenzierung der Komponenten offen ließen). Als nächstes bestimmten sie die Zeitspanne von der Infektion eines Bakteriums bis zu seiner Auflösung und der damit verbundenen Ausschüttung zahlreicher replizierter Phagen. Schließlich folgte der Nachweis, dass Bakterien Gene haben, was bis dahin sehr umstritten war, und dass diese Gene eine konstante Rate zufälliger Mutationen zeigten.[60] Um das Potential der Phagenforschung breiter bekannt zu machen, begründete Delbrück 1945 den mehrwöchigen Phagen-Kurs in Cold Spring Harbor, einer Forschungsstation auf Long Island. Dieser Kurs wurde zum Erfolgsprojekt. Mehr als zwanzig Jahre lang wurde die Tradition fortgeführt und der wissenschaftliche Nachwuchs in offener, kooperativer Atmosphäre an die Methoden der Phagenforschung herangeführt. Einer der vielen Teilnehmer war James D. Watson, ein Doktorand von Luria, der in späteren Kapiteln dieser Einleitung eine wesentliche Rolle spielen wird. Die Kernfrage blieb weiterhin dieselbe: Wie können Phagen – quasi einzelne Moleküle – sich so

---

[57] Delbrück (1942), S. 30.
[58] Ellis and Delbrück (1939).
[59] Siehe z. B. Luria (1984).
[60] Luria and Delbrück (1943).

schnell und präzise replizieren? Die Antwort auf diese Frage, so hoffte Delbrück, würde zu neuen, fundamentalen Einsichten in die Gesetze der Natur führen.[61]

Doch diese Einsichten blieben aus. So prägte Delbrück die Anfänge der Molekulargenetik vor allem durch methodische Neuerungen und den Aufbau der langfristig kooperativ arbeitenden Phagengruppe: ein loser Verbund von Forschern, die sich dazu verpflichteten, nach gleichen Methoden, unter sich ergänzenden Fragestellungen dieselbe Gruppe von sieben Phagentypen zu erforschen, benannt als T1 bis T7.[62] Mit der Zeit stellte sich heraus, dass eine Erforschung der Replikation von Genen das traditionelle Methodenrepertoire der Biochemie erforderte (das Delbrück weder beherrschte, noch schätzte). Zudem zeigte sich, dass sogar die Phagen komplexer waren als gedacht. In den späten 1940er Jahren wurde klar, dass genetisches Material von einem Phagen zum anderen transferiert werden konnte; und dies geschah in einer Regelmäßigkeit, die sich nicht ignorieren ließ. Delbrück befand, dies sei „hauptsächlich deswegen aufregend, weil es unserer liebevoll gehegten Hoffnung, wir würden eine einfache Situation untersuchen, einen tiefen Schlag versetzt".[63] Er forschte noch einige Jahre auf diesem Feld, doch verlor zunehmend das Interesse. Stattdessen begann Delbrück mit Studien zur Grundlage der Sinneswahrnehmung. Wieder suchte er einen möglichst einfachen Organismus, an dem man diese Fragen untersuchen konnte; und er entschied sich schließlich für Pilze der Gattung *Phycomyces*. Die Phagenforschung überließ Delbrück anderen.

Niedere Pilze hatten etwa zeitgleich mit Bakterien und Phagen auch in die Genetik Eingang gefunden. Besonders prominent wurde dies durch die gemeinsame Arbeit von George W. Beadle (s. Abb. 1.2), ehemals Mitarbeiter von Morgan, und dem Chemiker Edward L. Tatum in den späten 1930er Jahren. Beadle und Tatum suchten eine Antwort auf die komplexe Frage, in welcher Beziehung Gene zu phänotypischen Eigenschaften standen. Bei der Suche nach einem geeigneten Untersuchungsobjekt fiel ihre Wahl auf Schimmelpilze der Gattung *Neurospora*, und auf die Funktionalität ihres Stoffwechsels als leicht zu verfolgendes System von Eigenschaften. Ein großer Vorteil dieses Organismus

---

[61] z. B. Stent (1966). Heute wissen wir, dass der Prozess der Replikation bei weitem nicht so präzise verläuft, wie Delbrück meinte. Vielmehr sorgen zahlreiche Kontroll- und Reparatursysteme dafür, dass die Fehler ausgebessert werden. Manche bleiben bestehen und können als „Mutationen" bezeichnet werden; durch die Redundanz des Systems bleiben diese jedoch in den meisten Fällen ohne Folgen.

[62] Vgl. Rheinberger and Müller-Wille (2009), S. 228. Siehe zur Phagengruppe auch die relevanten Abschnitte in Morange (1998) sowie Judson (1996). Eine Selbstbeschreibung der Phagengruppe findet sich in den Beiträgen der „Delbrück Festschrift", Cairns et al. (1992) (Erstausgabe 1966). Die hierin präsentierte Geschichte der Molekularbiologie hat bei Zeitgenossen erhebliche Irritation hervorgerufen, da sie die früheren oder zeitgleichen Beiträge der Kristallographen schlicht ignorierte. Dennoch dominierte diese Version lange die Historiographie des Feldes; siehe dazu etwa Olby (1994), S. 226.

[63] Delbrück (1949); zitiert nach Olby (1994), S. 240.

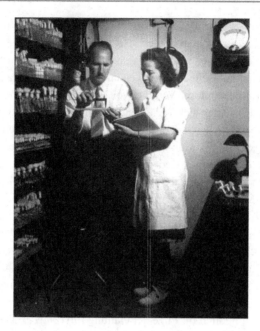

Abb. 1.2 George W. Beadle und eine Assistentin im Neurospora-Lagerraum, 1949. Mit freundlicher Genehmigung des Rockefeller Archive Center

war, dass die Pilze nur einen Satz von Chromosomen hatten statt zwei – sie sind haploid. Damit wurden Änderungen an der genetischen Ausstattung deutlich schneller manifest als etwa bei Fruchtfliegen oder Menschen.

Mit Röntgenstrahlen erzeugten Beadle und Tatum *Neurospora*-Mutanten, die bestimmte Aminosäuren nicht mehr selbst herstellen konnten. Durch Kreuzungsexperimente ließ sich etablieren, dass diese Aminosäuren in Reaktionsketten gebildet wurden, wobei jeder Schritt von einem anderen Enzym katalysiert wurde. Bei den Mutanten fehlte immer mindestens eines dieser Enzyme im System oder es lag in veränderter Form vor und war dadurch nicht funktionstüchtig. Auf dieser Grundlage schlugen Beadle und Tatum eine Beziehung zwischen Genen und Eigenschaften vor, die später als „Ein-Gen-ein-Enzym"-Hypothese bezeichnet wurde: Gene wirkten demzufolge durch die Bildung von Enzymen, die wiederum Eigenschaften erzeugten. Je ein Gen war für ein Enzym zuständig. War ein Gen durch Strahlung beschädigt, konnte das betreffende Enzym nicht mehr gebildet werden, und die von diesem Enzym katalysierte Reaktion im Stoffwechsel (z. B. die Synthese einer bestimmten Aminosäure) fiel aus. Heute wissen wir, dass diese Vorstellung sogar für Schimmelpilze zu schlicht ist und dass sie sich auf höhere Organismen sicher nicht übertragen lässt. In den 1940er Jahren waren diese Versuche der erste konkrete Ansatzpunkt für ein Verständnis des Zusammenspiels von Genen und Eigenschaften, oder präziser ausgedrückt: für die Kontrolle des Stoffwechsels durch die Gene. Klar formulierten dies Beadle und Tatum in einem Aufsatz von 1941: „Vom Standpunkt einer physiologischen Genetik aus gesehen besteht die Entwicklung und Funktionsweise eines Organismus im Wesentlichen aus einem komplexen System chemischer Reaktionen, die auf irgendeine Weise von Genen kontrolliert werden."[64] Die Gene sollten in diesem System entweder selbst als Enzyme wirken oder auf indirektem Wege die spezifische Aktivität von Enzymen festlegen. Die molekulare Identität der so umrissenen Gene war nicht Gegenstand ihrer Untersuchung, doch gingen Beadle und Tatum klar davon aus, dass es sich um Proteine handelte und dass an diesem Punkt alle weitere Forschung ansetzen müsste. In einem Artikel von 1945 fasste Beadle den Stand der Dinge aus seiner Sicht folgendermaßen zusammen:

> Auf der Grundlage ganz unterschiedlicher Evidenz hält man Gene für Nukleoproteine oder glaubt zumindest, dass Nukleoproteine ihre wesentlichen Bestandteile sind. Gene haben die Fähigkeit, sich selbst zu verdoppeln, was wohl bei jeder Zellteilung erfolgt. Wie es zu dieser Selbstverdoppelung kommt, ist eines der ungelösten Probleme der Biologie. Aber man glaubt, dass eine Art Mechanismus beteiligt ist, der Kopien nach einem Vorbild herstellt; und dass auf diese Weise Gene die Bildung ihrer Tochtergene kontrollieren. Wenn es diesen Mechanismus gibt und wenn Gene Proteinkomponenten enthalten, dann ist die Reproduktion der Gene ein Spezialfall der Proteinsynthese.[65]

Gene waren Proteine und die Replikation von Genen damit ein Spezialfall der Proteinsynthese: Das war 1945 kaum umstritten. Und doch war zu diesem Zeitpunkt der Niedergang des Protein-Paradigmas bereits eingeleitet, und zwar mit einem Artikel aus dem Jahr 1944, der in diesem Band nachgedruckt vorliegt: die Studie von Oswald T. Avery und zwei Mitarbeitern zum so genannten „transformierenden Prinzip" der Pneumokokken.

---

[64] Beadle and Tatum (1941), S. 499.
[65] Beadle (1945), S. 660.

1.3 Die Transformation der Pneumokokken

In dieser Episode ging es nicht um Phagen, sondern um Bakterien. Wie rätselhaft diese Mikroorganismen in der ersten Hälfte des 20. Jahrhunderts waren, ist heute nur noch schwer vorstellbar. Dass Bakterien in stabilen Arten auftreten, hatten die Arbeiten von Robert Koch aus den 1880er Jahren gezeigt. Doch erwiesen sich diese Arten als so variabel, dass sie sich konventioneller Systematik nahezu entzogen. Eine auffallende, regelmäßige Variation, die bei einer Reihe von Bakterienarten aus der Gruppe der Streptokokken auftrat, betraf die Gestalt der Kolonien. Diese waren entweder glatt, gewölbt und gleichmäßig geformt, dann waren die Bakterien virulent, also krankheitserregend. Oder die Kolonien waren rau, flach und unregelmäßig, dann waren die Bakterien harmlos. Der Bakteriologe Joseph A. Arkwright hatte 1921 für diese Variationen die Abkürzungen *R* (rough) und *S* (smooth) eingeführt.[66] In der Folge stellte sich heraus, dass nur Bakterien der *S*-Form von einer Schleimkapsel aus Polysacchariden umgeben waren (dieser Schleim führte zur glatten, glänzenden Form der Kolonien). Die Kapsel schützte die Bakterien vor dem Immunsystem der Wirte, daher rührte ihre Virulenz.

Der Mediziner Frederick Griffith, angestellt am *British Ministry of Health* in London, untersuchte in den 1920er Jahren dieses Phänomen an Pneumokokken, den Bakterien, die Lungenentzündung hervorrufen.[67] Diese Bakterien hatte man nach einem Vorschlag des Berliner Bakteriologen Fred Neufeld in vier serologische Typen (I–IV) mit unterschiedlicher Virulenz eingeteilt. Der Status dieser Typen war indessen alles andere als klar: Waren es Varietäten, Unterarten, Arten? Hier setzte Griffith an. Er konnte zunächst bestätigen, dass die Kolonien eines Typs sich entweder als *S*-Form oder als *R*-Form manifestierten. Doch daneben trat ein neuer, zusätzlicher Befund: dass nämlich die *S*-Formen und *R*-Formen eines Typs in beschränktem Maße konvertierten. So konnten *S*-Formen im Laufe mehrerer Generationen ihre pathogene Wirkung einbüßen und als *R*-Formen desselben Typs erscheinen. Zuweilen war diese Entwicklung auch reversibel.[68]

Der überraschendste Befund war jedoch, dass diese Konversionen sich nicht auf den Wandel innerhalb eines Typs beschränkten. Griffith fand, dass *R*-Formen von Typ I sich in *S*-Formen von Typ II verwandeln konnten, wenn die Bakterien sich in Wirtsorganismen vermehrten. Das war neu und unerhört. Einen solchen Wandel hatte bisher noch niemand beschrieben. Griffith hatte Mäuse mit einer Mischung aus lebenden Bakterien der harmlosen *R*-Form (Typ I) und toten Bakterien der gefährlichen *S*-Form (Typ II) infiziert. (Was ihn zu diesem Experiment motivierte, ist unklar. Eine Vermutung ist, dass er die abgetöteten Bakterien – eine schleimige Substanz – beifügte, um die Injektion der lebenden Bakterien zu erleichtern.[69]) Zu seiner Überraschung entwickelten die Mäuse eine Lungenentzündung und starben. Im Blut der Tiere fand Griffith lebende Bakterien

---

[66] Arkwright (1921), S. 55.
[67] Zu Griffith, „the most English of Englishmen", siehe Dubos (1976), S. 132–138.
[68] Siehe Griffith (1922), Griffith (1923). Vgl. zu Griffith auch Olby (1994), S. 170–179.
[69] Dubos (1976), S. 134; McCarty (1985), S. 72–78.

der S-Form (Typ II). Auf unbekannte Weise hatten sich offenbar nicht nur Bakterien aus der R-Form in die S-Form verwandelt, sondern zugleich von einem Typ in einen anderen! Diese neuen S-Form Bakterien (Typ II) waren von anderen S-Form Bakterien (Typ II) nicht zu unterscheiden, weder in ihrer Morphologie noch in ihrer pathogenen Wirkung. Die Veränderung erwies sich zudem als stabil und wurde in Bakterienkulturen über viele Generationen hinweg vererbt. Griffith interpretierte diesen Vorgang als induzierten Transformationsprozess. Die R-Zellen „nutzen die toten Kulturen für die Synthese ihres eigenen Antigens", schrieb Griffith.[70] Er schlug vor, dass die Reste der toten Bakterien als „pabulum" (Urbrei) gedient hätten, aus dem die lebenden Bakterien dann Schleimkapseln bildeten. Die so induzierte Veränderung des Stoffwechsels hätte zugleich die Disposition der Bakterienzellen für einen anderen Typ aktiviert. Griffith sprach sogar von einer „Evolution" eines Typs in einen anderen.

Griffiths Befunde widersprachen auf verwirrende Weise den Arbeiten eines der renommiertesten Immunchemiker der Zeit: Oswald T. Avery (s. Abb. 1.3), affiliiert am Krankenhaus des Rockefeller Institute, New York. Avery war bekannt für seine Forschung zu den chemischen Grundlagen der Wirksamkeit von Krankheitserregern.[71] Er hatte sich mit den Pneumokokken-Typen beschäftigt und etabliert, dass die pathogene Schleimkapsel bei Typ III am stärksten ausgebildet war, bei Typ I am schwächsten. Zudem hatte Avery vermeintlich zweifelsfrei nachgewiesen, dass die Typen sich stets stabil reproduzierten. Griffith hingegen postulierte nun die Möglichkeit eines Übergangs von Typen ineinander, und zwar induziert durch Kontakt der R-Formen eines Typs mit der pathogenen Substanz der S-Formen eines anderen Typs. Verbunden mit der Rede von „Urbrei" und „Evolution" klang dies nach einer wenig überzeugenden Wiederbelebung des Konzepts einer Vererbung erworbener Eigenschaften. Avery weigerte sich zunächst, die Befunde ernst zu nehmen, obwohl sie noch im gleichen Jahr 1928 von einer Gruppe um Fred Neufeld am Robert-Koch-Institut in Berlin bestätigt worden waren.[72] Doch als wenig später auch ein Kollege am Rockefeller Institute, Martin H. Dawson, das Phänomen reproduzierte, konnte Avery es nicht länger ignorieren.[73] Es begann die Suche nach den Ursachen der Transformation oder, in den Worten von Avery selbst, nach dem „transformierenden Prinzip".

Bereits 1931 gelang es Dawson gemeinsam mit einem Kollegen, Richard H.P. Sia, den Transformationsprozess *in vitro*, d. h. ohne Mäuse zu induzieren – doch dann verließ Dawson das Institut.[74] Ein anderer Mitarbeiter von Avery, James L. Alloway, übernahm das Projekt und ging noch einen Schritt weiter in der Reduktion des Systems. Denn es gelang Alloway, S-Form Bakterien behutsam aufzuschließen und durch Mikro-Filtrierung die Bakterienhülle vom Inhalt der Zellen zu trennen. Auch mit diesem „Inhalt", einem

---

[70] Griffith (1928).

[71] Siehe zu Avery z. B. Dubos (1976) sowie die entsprechenden Kapitel in Judson (1996). Die Entdeckung wurde zudem retrospektiv beschrieben in McCarty (1985).

[72] Neufeld and Levinthal (1928); siehe zu dieser Arbeit auch Eichmann and Krause (2013).

[73] Dawson (1928).

[74] Dawson and Sia (1931); siehe auch Dubos (1976), S. 137–138.

Abb. 1.3 Oswald T. Avery, ca. 1937

zellfreien Extrakt, ließ sich die Transformation induzieren.[75] Damit war ein Anfang gemacht, und die nächsten zehn Jahre arbeitete Avery mit verschiedenen Mitarbeitern daran, in diesem Extrakt die relevante Substanz zu identifizieren. Die methodischen Schwierigkeiten waren jedoch enorm. „Versuch du einmal in diesen komplexen Mischungen das aktive Prinzip zu finden!", seufzte Avery im Frühjahr 1943 in einem Brief an seinen Bruder Roy: „Das ist eine Arbeit: jede Menge Kopfschmerzen und Herzeleid."[76] Zudem stockte das Projekt immer wieder durch personelle Unregelmäßigkeiten. Avery war in diesen Jahren nur eingeschränkt arbeitsfähig (retrospektiv wurde bei ihm ein Morbus Basedow diagnostiziert, eine Autoimmunkrankheit der Schilddrüse), und der Mitarbeiterstab wechselte wiederholt. Auch Alloway verließ 1932 das Labor; an seine Stelle trat erst zwei Jahre später der damals 25jährige Colin M. MacLeod.

MacLeod versuchte, die *R*-Formen der Pneumokokken zu isolieren, und wollte auf dieser Grundlage das Transformations-Phänomen untersuchen. Doch 1937 legte er das

---

[75] Alloway (1932).

[76] Brief von Oswald T. Avery an seinen Bruder Roy Avery vom 31. Mai 1943. Der Brief ist als Transkript abgedruckt in Dubos (1976), S. 217–220, und findet sich zudem als Digitalisat mit Teil-Transkription auf der Website der *National Library of Medicine* der USA (*Profiles in Science*), zugänglich unter http://profiles.nlm.nih.gov/ps/retrieve/ResourceMetadata/CCAABV (Zugriff Mai 2016).

Projekt frustriert beiseite. Die Methoden schienen hoffnungslos unzureichend, die Zellen widerspenstig, die Substanz rätselhaft. Erst 1940 nahm MacLeod gemeinsam mit Avery die Arbeit wieder auf, und plötzlich ging es unerwartet schnell voran. Schritt für Schritt verdichtete sich dabei die irritierende Vermutung, dass es sich bei der transformierenden Substanz *nicht*, wie alle dachten, um ein Protein handelte. Doch dann traten die USA in den Krieg ein, und für MacLeod verschoben sich die Prioritäten. Er wechselte 1941 an das Department of Microbiology der New York University School of Medicine, und damit begann sein Aufstieg zu einem der wichtigsten Gesundheitsberater der US Army. Zu diesem Zeitpunkt hatten Avery und MacLeod bereits erste Hinweise auf die Identität der Substanz gesammelt, doch der gesicherte Befund stand noch aus. Hier setzte MacLeods Nachfolger ein: Maclyn McCarty, der dritte Autor des entscheidenden Artikels von 1944.[77] Dieser Artikel wird im Folgenden vorgestellt. Dabei wird nicht chronologisch zwischen verschiedenen Arbeitsphasen differenziert; dazu wäre eine sorgfältige Analyse der Laborprotokolle erforderlich, die hier nicht geleistet werden kann. Vielmehr wird das Vorgehen beschrieben, wie es dem Artikel und flankierenden Quellen zu entnehmen ist.[78]

Der methodische Zugang war in erster Linie enzymologisch. Avery et al. behandelten den zellfreien Extrakt der *S*-Form Bakterien mit Enzymen, die bestimmte Stoffgruppen spalteten und damit gegebenenfalls deaktivierten. Wenn der Extrakt nach einer dieser Behandlungen seine Wirksamkeit verlöre, so war die Annahme der Autoren, hätten sie die transformierende Substanz identifiziert. Als erstes testeten sie den Effekt von Proteasen, d. h. proteinspaltenden Enzymen. Trypsin und Chymotrypsin, zwei der üblichen Proteasen, blieben wirkungslos: der Extrakt war nach wie vor transformierend. Damit wurde es sehr unwahrscheinlich, dass es sich bei der transformierenden Substanz um ein Protein handelte. Allerdings konnten Avery et al. das breit wirksame Pepsin nicht einsetzen. Denn bei den stark sauren pH Werten, unter denen Pepsin wirksam war, hatte die gesuchte Substanz ihre Aktivität bereits ohne Einwirkung von Enzymen verloren. Dieser Umstand gab später Anlass zu Kritik, indem man Avery et al. vorwarf, Proteine nicht jenseits allen Zweifels ausgeschlossen zu haben. Lipasen (Enzyme, die lipidhaltige Substanzen wie Fette spalten) blieben ebenfalls wirkungslos, dasselbe galt für Ribonukleasen, also Enzyme, die Ribonukleinsäuren (RNA) spalten. Ein wichtiger positiver Befund war indessen, dass sich die Substanz durch Behandlung mit Ethanol ausfällen ließ. Dies war ein übliches Verfahren zur Gewinnung von DNA aus Zellextrakten. Der Alkohol wurde tropfenweise zugefügt, bis eine kritische Konzentration erreicht war. In den Worten der Autoren selbst hieß es dazu: „Im Bereich von 0.8 bis 1.0 Volumenprozent Alkohol fällt das aktive Material als Fäden aus, die sich um den Rührstab winden."[79] Handelte es sich bei der transformierenden Substanz um DNA?

Die Autoren prüften diese Vermutung sorgfältig und auf unterschiedliche Weise, denn schließlich war bis dahin nicht einmal etabliert, dass Pneumokokken überhaupt DNA ent-

---

[77] Vgl. Olby (1994), S. 184–185.
[78] Siehe dazu auch Dubos (1976), S. 139–144, sowie die entsprechenden Teile in McCarty (1985).
[79] Avery et al. (1944), S. 143.

hielten. (Die volle Bandbreite der Testverfahren ist dem Artikel selbst zu entnehmen; hier werden nur die wichtigsten Methoden angeführt.) Für einen ersten Test griffen sie auf die Publikationen von Levene zu Nukleinsäuren zurück. Diesen Arbeiten zufolge ließ sich ein DNA-spaltendes Enzym aus der Darmschleimhaut von Hunden gewinnen. Auf anderem Wege war dieses Enzym bisher nicht isoliert worden. Avery et al. behandelten also die transformierende Substanz mit einem Präparat aus Darmschleimhaut – und die Wirksamkeit des *S*-Form Extraktes verschwand. Avery et al. wiederholten diesen Test mit anderen Organpräparaten, um auch unbekannte Enzyme prüfen zu können. Doch wie Avery später an seinen Bruder schrieb:

> Aus einer Vielzahl roher Enzympräparate aus Kaninchenknochen, Schweinenieren und aus der Darmschleimhaut von Hunden sowie aus Pneumokokken und frischem Blutserum von Menschen, Hunden und Kaninchen konnten nur diejenigen die Aktivität unserer Substanz zerstören, die eine aktive Depolymerase enthielten, die authentische, nachgewiesene Proben von Desoxyribonukleinsäure abbauen konnte.[80]

Nur DNA-spaltende Enzyme konnten das transformierende Prinzip deaktivieren! Weiterhin bestimmten die Autoren das Molekulargewicht der fraglichen Substanz und fanden Werte in der Größenordnung des Gewichts von DNA. Dann erhitzten sie die Substanz mit dem Dische-Reagens; dies war ein etabliertes Nachweisverfahren für DNA. Der Test erbrachte ein klar positives Ergebnis. Und zuletzt bemühten sich die Autoren um die entscheidende Gegenprobe. Sie isolierten eine stabile Kultur von *R*-Form Pneumokokken von Typ II und kultivierten sie über dreißig Generationen. Dann fügten Avery et al. sorgfältig gereinigte DNA hinzu, die sie aus *S*-Form Pneumokokken von Typ III gewonnen hatten. In der nächsten Generation führte dies zu voll entwickelten Kolonien von *S*-Form Pneumokokken Typ III, die im Weiteren stabil blieben. Alles deutete darauf hin, dass diese Transformation auf die Wirkung der zugefügten DNA zurückging. So schlossen also Avery et al., dass es sich bei der transformierenden Substanz, die einen dauerhaften Wandel in Pneumokokken verursachen konnte, um DNA handelte.

Im Frühjahr 1943 präsentierte Avery diese Befunde dem Direktorium des Rockefeller Institute. Er rechnete mit Skepsis und Kritik und ließ daher das Manuskript seines Artikels mehrere Monate lang von Kollegen prüfen. Erst im November wurde es endgültig zur Publikation in der Hauszeitschrift des Rockefeller Institute eingereicht, dem Journal of Experimental Medicine. 1944 erschien der Aufsatz als *Studies on the chemical nature of the substance inducing transformation of pneumococcal types*. Eingehend beschrieben die Autoren ihre Bakterienkulturen, den Transformationsprozess sowie die Methoden der Analyse und präsentierten schließlich ihren Schluss: Es handele sich bei der transformierenden Substanz um eine hoch polymerisierte Form von DNA. Zu der Frage, wie diese Transformation zustande kam, äußerten die Autoren sich nicht. Beobachtungen deuteten darauf hin, so schrieben Avery et al., dass das transformierende Prinzip „mit den *R*-Zellen interagiert, was zu einer koordinierten Serie von Enzymreaktionen führt, die in der Syn-

---

[80] Brief an Roy Avery, 1943.

these des Typ III Antigens der Kapsel kulminiert".[81] Weitere Ausführungen finden sich zu diesem Punkt nicht.

Der potentiell weit reichenden Konsequenzen ihres Befundes waren die Autoren sich jedoch bewusst. Sie referierten pflichtschuldig die Interpretation von Griffith, fügten aber gleich hinzu, in jüngerer Zeit wäre das Phänomen eher aus Perspektive der Genetik interpretiert worden: „Die induzierende Substanz wurde mit einem Gen verglichen und das Antigen der Kapsel, das in Reaktion darauf gebildet wird, hat man als Gen-Produkt aufgefasst." Zitiert wurde Theodosius Dobzhansky, zu dieser Zeit bereits eine Eminenz der amerikanischen Evolutionsbiologie, der das Phänomen als Beispiel einer gerichteten Mutation einordnete, indem in diesem Fall „spezifische Mutationen durch spezifische Behandlungen" hervorgerufen wurden. (Obwohl Avery mit dieser Interpretation sympathisierte, erwies sie sich bald als unhaltbar.) Wendell Stanley, der Erforscher des Tabak-Mosaik-Virus, hätte die transformierende Substanz mit einem Virus verglichen, berichteten Avery et al., der Mediziner James B. Murphy indessen mit den Erregern induzierter Tumore. „Welche Interpretation auch immer sich als richtig herausstellen mag, die Divergenz der Einschätzungen zeigt, welche Implikationen das Phänomen der Transformation mit sich bringt in Bezug auf ähnliche Probleme in Genetik, Virologie und Krebsforschung", schlossen die Autoren.[82]

Avery et al. erwogen durchaus die Möglichkeit, dass sie es mit einem Artefakt zu tun hatten. Vielleicht war es nicht die DNA selbst, die biologisch wirksam war, gaben sie zu bedenken. Vielleicht war die Probe verunreinigt oder es gab eine andere Substanz, die untrennbar fest mit der DNA verknüpft war und in dieser Verbindung die beschriebenen Wirkungen hervorrief. Diese Bemerkung ließ sogleich an Proteine denken, die in genau solcher Verbindung mit Nukleinsäuren im Chromosom vorlagen. Doch erwiese sich all dies als nicht gegeben, so die Autoren, dann wären die Konsequenzen in der Tat erheblich:

> Wenn sich herausstellen sollte, dass die biologisch aktive Substanz, die in hochgereinigter Form als das Natriumsalz der Desoxyribonukleinsäure isoliert wurde, das transformierende Prinzip ist, so wie es die vorliegende Evidenz in hohem Maße nahe legt, dann darf für solche Nukleinsäuren nicht mehr nur ihre strukturelle Bedeutung betrachtet werden, sondern man muss auch ihre aktive Funktion bei der Bestimmung der biochemischen Aktivität und den spezifischen Eigenschaften von Pneumokokken berücksichtigen. [...] In diesem Fall muss man anerkennen, dass Nukleinsäuren über biologische Spezifität verfügen, deren chemische Grundlage derzeit unbekannt ist.[83]

Das waren Überlegungen, die alles in Frage stellten, was man bisher über die DNA und ihre Funktionen zu wissen geglaubt hatte. Doch wurden sie von den Autoren so zurückhaltend wie möglich vorgebracht. Insbesondere sprachen sie durchweg in Konditionalsätzen, die die Möglichkeit eröffneten, es könnte sich doch noch alles als Irrtum herausstellen. Auch in dem bereits erwähnten Brief an seinen Bruder Roy schwankte Avery zwischen

---

[81] Avery et al. (1944), S. 154.
[82] Alle Zitate im Absatz: Avery et al. (1944), S. 155.
[83] Avery et al. (1944), S. 155.

der Gewissheit einer revolutionären Entdeckung und der Angst, einer falschen Fährte zu folgen:

> Wenn sich herausstellt, dass wir Recht haben und das ist natürlich ein großes „wenn" – dann bedeutet das, dass sowohl die chemische Natur des auslösenden Stimulus bekannt ist als auch die chemische Struktur der gebildeten Substanz [. . .]. Beide werden in der Folge an Tochterzellen weitergegeben und können nach unzähligen solcher Transfers [. . .] zurückgewonnen werden, und zwar in weitaus größerer Menge als ursprünglich verwendet wurde, um die Reaktionen auszulösen. Klingt wie ein Virus – könnte ein Gen sein. Aber ich befasse mich jetzt nicht mit Mechanismen. Ein Schritt zur Zeit, und der erste Schritt ist: Was ist die chemische Natur des transformierenden Prinzips? Jemand anders kann dann den Rest bearbeiten. Natürlich strotzt das Ganze vor Implikationen. [. . .] Aber heutzutage braucht es schon eine Menge gut dokumentierter Evidenz, um irgendjemanden davon zu überzeugen, dass das Natriumsalz der Nukleinsäure möglicherweise mit biologisch aktiven und spezifischen Eigenschaften dieser Art ausgestattet ist und diese Evidenz versuchen wir jetzt zusammen zu bekommen. Es ist ein großer Spaß, Schaumblasen zu schlagen, aber man bringt sie besser selbst zum Platzen bevor jemand anders es versucht.[84]

Roy C. Avery, ebenfalls Immunologe, war zu diesem Zeitpunkt in Vanderbilt und stand dort in Kontakt mit Max Delbrück, dem er unverzüglich von dem Brief berichtete. Delbrück war damit einer der ersten Wissenschaftler, die außerhalb des Rockefeller Institute von Averys Befunden erfuhren. Retrospektiv schilderte Delbrück, warum Averys Einschätzung in diesem Brief korrekt war, d. h. warum es zu dieser Zeit so schwer fiel, eine biologische Spezifität der DNA zu akzeptieren:

> Alle, die sich damit beschäftigten und darüber nachdachten, standen vor dem Paradox, dass man offenbar einerseits einen spezifischen Effekt mit DNA erzielen konnte, dass aber auf der anderen Seite DNA damals als *dumme* Substanz galt, ein Tetranukleotid, das nichts Spezifisches tun konnte. Also musste eine dieser beiden Annahmen falsch sein. Entweder war DNA kein dummes Molekül, oder – das Ding, das die Transformation verursachte, war nicht die DNA.[85]

Die Diskussion über diese Alternativen war bald in vollem Gange. Avery hatte darauf verzichtet, zusätzlich zu dem Artikel eine kurze Notiz in einer der großen Zeitschriften zu publizieren – etwa in *Science* oder *Nature* – trotzdem waren die Ergebnisse bald weithin bekannt. „News does not have to be published in order to travel", bemerkte dazu trocken der Wissenschaftshistoriker Robert Olby.[86] In den USA wurden Averys Befunde im Jahr 1946 auf nicht weniger als drei namhaften Symposien diskutiert. Eines davon war organisiert von der American Chemical Society zu dem Rahmenthema „Biochemical and Biophysical Studies on Viruses". In seinem Vortrag hob McCarty hervor, dass die Ergebnisse ihrer Studie dazu führen könnten, die Ausrichtung der künftigen Viren-Forschung zu verändern: „Wenn man akzeptiert, dass die biologische Spezifität der transformierenden

---

[84] Brief an Roy Avery.
[85] Zitiert nach Judson (1996), S. 40.
[86] Olby (1994), S. 202.

Substanz die Eigenschaft einer Nukleinsäure ist, dann sollten die Ergebnisse der vorliegenden Studie die Aufmerksamkeit auf den Nukleinsäure-Anteil der Nukleoproteine von Viren lenken."[87] Doch auch diese Zukunftsvision blieb im Konditional. Obwohl McCarty und Avery die Technik seither erheblich verfeinert und weiterentwickelt hatten, war es nach wie vor nicht ausgeschlossen, dass es sich bei dem transformierende Prinzip letztlich doch nicht um DNA handelte, sondern um ein mit der DNA verbundenes Protein, das schon in Spuren wirksam war.

Diese Position vertrat insbesondere Alfred Mirsky, ein Kollege von Avery am Rockefeller Institute. Die isolierte DNA könne immer noch ein bis zwei Prozent Protein enthalten, ohne dass herkömmliche Verfahren dies nachweisen, legte er dar. Avery und seine Mitarbeiter hätten für ihre Studie ein komplexes experimentelles System verwendet, das nicht nur ineffizient war, sondern auch unzuverlässig. Trypsin und Chymotrypsin wirkten auf Proteine in Verbindung mit DNA nur dann, wenn diese Proteine bereits ganz oder teilweise denaturiert waren, so Mirsky. Solange die Probe nicht mit Pepsin getestet würde, ließe sich nicht ausschließen, dass eben doch Proteine die Transformation bewirken. Noch im Juni 1947 beharrte er darauf: „Nach dem heutigen Stand des Wissens ginge es über die experimentell belegten Fakten hinaus, würde man behaupten, dass es sich bei dem spezifischen Agens der Transformation von Bakterientypen um Desoxyribonukleinsäure handelt", so Mirsky.[88] Muller vertrat eine ähnliche Position:

> Es mag sein, dass Nukleinsäure in polymerisiertem Zustand irgendwie Energie so umleiten kann, dass eine spezifische, komplexe Form der Gen-Bildung resultiert oder auch besondere Wirkungen der Gene in der Zelle. Aber in welchem Umfang die vorliegende Spezifität tatsächlich vom Polymer der Nukleinsäure selbst abhängt und nicht von den Proteinen, mit denen sie gewöhnlich verbunden ist, muss derzeit als eine offene Frage betrachtet werden.[89]

Diese Stimmen zeigen einerseits, wie schwer es fiel, sich von etablierten Haltungen zu lösen. Man hatte sich jahrzehntelang daran gewöhnt, dass alle wesentlichen Lebensvorgänge auf Proteine zurückgingen, davon war nicht leicht abzurücken. Andererseits gab es tatsächlich methodische Schwächen in der Arbeit von Avery et al., die sich nicht ganz ausräumen ließen. Ausräumen lässt sich indessen die in der Historiographie immer noch auftauchende Meinung, der Aufsatz von Avery et al. wäre von den Zeitgenossen ignoriert worden – unter anderem deswegen, weil Avery im Feld als Außenseiter auftrat und in einer vermeintlich abgelegenen Zeitschrift publizierte. Erst im Nachhinein wäre die Bedeutung des Beitrags erkannt worden – die hiermit suggerierte Parallele zum gängigen Narrativ über Gregor Mendel ist leicht zu erkennen. Davon kann auch bei Avery keine Rede sein. In den Jahren 1945 bis 1954 wurde der Aufsatz von Avery, MacLeod und McCarty nicht weniger als 239mal zitiert, und zwar jedes Jahr in etwa gleicher Häufigkeit.[90] Viele von Averys Zeitgenossen waren begeistert. So schrieb etwa der renommierte Immu-

---

[87] Zitiert nach Olby (1994), S. 197.
[88] Zitiert nach Mirsky (1947), S. 16.
[89] Muller (1947), S. 24.
[90] Deichmann (2004), S. 218.

nologe Frank Macfarlane Burnet in einem Brief vom Mai 1943: „Avery [...] hat gerade eine extrem aufregende Entdeckung gemacht, die, um es mal etwas plump zu sagen, in nichts weniger besteht als in der Isolierung eines reinen Gens in Form von Desoxyribonukleinsäure."[91]

Wer sich jedoch kaum für Averys Befunde interessierte, waren die Mitglieder der Phagengruppe. Einerseits schien es absurd, dass DNA irgendeine wesentliche Rolle spielen sollte. Alle Evidenz sprach dagegen: „Wenn du ein phageninfiziertes Bakterium in frühem Stadium aufbrichst, um nachzuschauen, was man sehen kann, sind Proteinhüllen die ersten Anzeichen von Phagen, die man im Innern des Bakteriums erkennt", erklärte Luria im Nachhinein; „daher hatte ich vorgeschlagen dass dieses Protein vielleicht das genetische Material der Phagen ist." Andererseits schien die Frage nach der chemischen Identität der Gene ohnehin von untergeordnetem Interesse, so Luria:

> Leute wie Delbrück und ich haben nicht nur nicht biochemisch gedacht, wir haben auch irgendwie – und wahrscheinlich zum Teil unbewusst – ablehnend auf Biochemie reagiert. Und auf Biochemiker. Als solche. Das führte zum Beispiel dazu, dass wir der Frage, ob die Gene Proteine waren oder Nukleinsäuren, keine große Bedeutung beimaßen. Das Wichtige war, dass Gene diejenigen Eigenschaften hatten, die sie haben *mussten*.[92]

Die Biochemiker selbst reagierten jedoch sofort. Einer der ersten, der in Reaktion auf den Artikel an Nukleinsäuren zu forschen begann, war Erwin Chargaff an der Columbia University, New York. Chargaff war 1928 aus Österreich in die USA gekommen, und zwar mit sehr gemischten Gefühlen. („I was afraid of going to a country that was younger than most of Vienna's toilets", kommentierte dies Chargaff selbst.[93]). Daher kehrte Chargaff 1930 gerne nach Europa zurück, doch angesichts des Aufstiegs der Nationalsozialisten emigrierte er 1935 endgültig. Nach Kriegseintritt der USA hatte sich Chargaff mit Rickettsien beschäftigt, eine Gruppe äußerst unangenehmer, bakterieller Krankheitserreger. Als er jedoch 1944 den Artikel über die transformierende Substanz las, änderte Chargaff den Fokus seiner Arbeitsgruppe und erforschte fortan die Eigenschaften der DNA. Gemeinsam mit einem Schweizer Post-Doktoranden, Ernst Vischer, suchte Chargaff nach Methoden zur Analyse dieser hoch empfindlichen Moleküle. Das damals neue Verfahren der Papier-Chromatographie schien einen Ansatzpunkt zu bieten. Das Prinzip war schlicht: Man gab DNA in ein Medium, das die Nukleinsäure fragmentierte und in dem sich ihre verschiedenen Bestandteile unterschiedlich gut lösten. Diese Mischung ließ man von Filterpapier absorbieren. Nach dem Trocknen suchte man die Stellen auf, wo die einzelnen Fragmente aus dem Medium ausgefallen waren, schnitt sie aus und analysierte die jeweils vorliegende Substanz. Doch dieses Prinzip in eine zuverlässige Methode zu übersetzen, dauerte mehr

---

[91] Zitiert nach Deichmann (2004), S. 216.

[92] Zitiert nach Judson (1996), S. 43. Delbrück selbst formulierte dies noch drastischer: „Sogar nachdem man angefangen hatte zu glauben, dass es vielleicht doch die DNA ist, war das nicht wirklich so eine wahnsinnig neue Geschichte, weil es nur bedeutete, dass die Träger der genetischen Spezifität eben irgendwelche gottverdammten anderen Makromoleküle waren statt Proteine." Ibid., S. 41.

[93] Chargaff (1970), S. 13. Zu Chargaff siehe weiterhin Abir-Am (1981).

als zwei Jahre. Die Probleme begannen mit der Suche nach einem geeigneten Medium und endeten bei der Frage, wie man die Fragmente später im Filterpapier identifizieren konnte. Nach etlichen methodischen Sackgassen gelang es Chargaff und Vischer die Anteile der verschiedenen Stickstoffbasen mittels UV-Spektroskopie zu quantifizieren.[94] Schon bald konnten sie die Tetranukleotid-Hypothese zurückweisen. Ihre Befunde waren weit entfernt von einem 1:1:1:1 Verhältnis der vier Nukleotide zueinander. Stattdessen zeichnete sich eine andere Regelmäßigkeit ab, die sie aber nicht einzuordnen wussten.

Chargaff präsentierte die Ergebnisse zunächst auf einer Vortragsreise durch Europa. In der nachfolgenden Publikation unterstrich er gleich eingangs, es sei „natürlich vollkommen unsinnig, eine Hierarchie zwischen verschiedenen Bestandteilen der Zelle zu konstruieren und bestimmte Komponenten hervorzuheben, weil sie wichtiger seien als andere". Damit stellte Chargaff sich offensiv gegen die vermeintlich notwendige Entscheidung, ob Proteine oder Nukleinsäuren die wichtigsten Moleküle der Zelle seien – und vertrat damit eine Haltung, an die wir uns im 21. Jahrhundert wieder annähern. Weiterhin kündigte Chargaff in gleicher Tonlage an, er werde, „weil eine Unze Beweis immer noch mehr wiegt als ein Pfund Spekulation", sich aller Mutmaßungen über die Rolle von Nukleinsäuren in der Vererbung enthalten.[95] Sein Fokus lag stattdessen einzig auf der strukturellen Zusammensetzung des Moleküls. Ein wesentliches Resultat der Studie war, dass die DNA von Gewebe zu Gewebe gleich blieb, jedoch artspezifisch in ihrer Zusammensetzung variierte. „Die Ergebnisse widerlegen die Tetranukleotid-Hypothese", hielt Chargaff fest. Eher beiläufig fügte er eine andere Beobachtung an: „Es ist allerdings bemerkenswert – ob es mehr als ein Zufall ist, lässt sich noch nicht beurteilen – dass in allen Desoxypentose-Nukleinsäuren, die bisher untersucht wurden, die molaren Verhältnisse von allen Purinen zu allen Pyrimidinen, das heißt von Adenin zu Thymin und Guanin zu Cytosin, in etwa eins war.[96] Dieses 1:1 Verhältnis von Guanin zu Cytosin, Adenin zu Thymin, das noch nicht einmal Eingang fand in die Zusammenfassung der zentralen Ergebnisse am Ende des Artikels, war in der Tat bemerkenswert und durchaus kein Zufall. Doch das wurde erst Jahre später erkannt.

---

[94] Vischer and Chargaff (1948).
[95] Beide Zitate: Chargaff (1950), S. 201.
[96] Chargaff (1950), S. 206.

1.4 Phagen im Küchenmixer

Betrachten wir zunächst noch einen weiteren Meilenstein auf dem Weg, die Bedeutung der DNA in Vererbungsprozessen zu etablieren. Protagonisten dieser Episode sind der Bakteriologe Alfred Hershey und seine Mitarbeiterin Martha Chase. Hershey gilt neben Max Delbrück und Salvador Luria als Mitbegründer der Phagengruppe. Seit den 1930er Jahren forschte er an der Washington University School of Medicine an Phagen – zu einem Zeitpunkt als Max Delbrück gerade erst entdeckte, dass es Phagen gab. Delbrück und Luria nahmen Kontakt mit Hershey auf, und das war der Beginn einer langjährigen Kooperation und Freundschaft. 1969 erhielten die drei gemeinsam den Nobelpreis für Medizin oder Physiologie, „für ihre Entdeckungen zum Replikationsmechanismus und der genetischen Struktur von Viren".[97] 1950 wechselte Hershey an das Biological Laboratory in Cold Spring Harbor, Long Island.[98] Hier führte er gemeinsam mit Chase die Arbeiten durch, die später als *Blender Experiments*, zu deutsch: „Mixer-Experimente", bekannt wurden, da ein gewöhnlicher Haushaltsmixer darin eine wesentliche Rolle spielte. Hershey und Chase konnten zeigen, dass es die DNA der Phagen ist, die bei der Replikation von zentraler Bedeutung waren, nicht das Protein. Das Ergebnis war die Studie, die als zweiter Aufsatz hier nachgedruckt vorliegt: *Independent functions of viral protein and nucleic acid in growth of bacteriophage.*

Zu diesem Zeitpunkt war bereits bekannt, dass Phagen, ähnlich wie Chromosomen, aus Proteinen und Nukleinsäuren zusammengesetzt waren. Man wusste weiterhin, dass es eine Vielzahl von Phagen gab, die in unterschiedlichen Formen auftraten: Manche waren kugelförmig, andere wie Stäbchen; wieder andere ähnelten Kaulquappen, mit einem dicken Kopf und einem langen dünnen Schwanz. Auch in der Größe gab es erhebliche Unterschiede. Wesentlich für diese Befunde waren vor allem die Arbeiten des bereits erwähnten Thomas F. Anderson, der sich zunehmend als Experte der Elektronenmikroskopie von Bakterien, Viren und Phagen profilierte. Im Laufe der 1940er Jahre erzielte er beeindruckend präzise Aufnahmen. Die Photographien zeigten, dass bestimmte Phagen nur bestimmte Bakterien befielen, indem sie sich an sie hefteten. Dann geschah eine ganze Zeit lang nichts, was man beobachten konnte, bis nach ca. zwanzig Minuten das Bakterium platzte und eine Unmenge neuer, gleichförmiger Phagen ausschüttete. Diese konnten alsdann einen weiteren Infektionszyklus einleiten, sofern passende Bakterien in der Nähe waren. All dies war neu und aufregend – aber Delbrücks ursprüngliche Frage war nicht gelöst: Wie schafften es die Phagen, sich zu replizieren? Wie gelang es ihnen, durch Anheften an ein Bakterium dieses dazu zu bringen, dass es bis zur Selbstzerstörung Phagen produzierte?

---

[97] Vgl. die Website der Nobelpreise, http://www.nobelprize.org/nobel_prizes/medicine/laureates/ 1969/ (Zugriff im Mai 2016).

[98] Zur Geschichte dieses renommierten Labors siehe z. B. Watson (1991).

1949 präsentierte Anderson einen unerwarteten Befund: Wenn man Phagen in hoch konzentrierter Salzlösung hielt, sie dann aber in stark verdünnte Lösung überführte, erlitten sie einen „osmotischen Schock". Elektronenmikroskopische Aufnahmen zeigten, dass die Phagen sich auch dann noch an Bakterien hefteten, doch schienen sie verändert, ihre Köpfe seltsam hohl. Anderson bezeichnete sie als „Gespenster" (*ghosts*), als „leere Kopfmembranen mit angehängten Schwänzen".[99] In demselben Artikel beschrieb Anderson weiterhin, wie durch Einsatz eines Küchenmixers verhindert werden konnte, dass Phagen sich in einer Suspension an Bakterien anhefteten; dieselbe Behandlung bewirkte auch, dass sich Phagenköpfchen nach Anheften wieder vom Bakterium lösten: man musste sie kräftig schütteln. In Andersons eigenen Worten:

> „Man könnte meinen, dass die Kollisionsrate und infolgedessen das Anheften durch heftiges Schütteln der Mischung von Viren und Wirtszellen beschleunigt würde. Hingegen stellte sich heraus, dass sich T_4-Viren [...] in einem Mixer vom Typ *Waring* nicht an den Wirt anheften. Sobald man aber den Mixer ausschaltet, wird das Virus wieder in üblicher Geschwindigkeit angeheftet [...]. Es scheint, dass weder die Virus-Partikel noch die Wirtszellen unter den gewählten Bedingungen durch diese Behandlung beschädigt werden."[100]

Roger Herriott, ein junger Biochemiker an der Johns Hopkins University, bestätigte zwei Jahre später, 1951, den Befund des osmotischen Schocks. Eine Analyse der Gespenster-Phagen ergab, dass sie fast kein Phosphat mehr enthielten, also keine DNA, während vieles dafür sprach, dass der verbliebene Rest aus Proteinen bestand. Offenbar führte der osmotische Schock zu einer Ausschüttung der Phagen-DNA in das Medium. Dennoch waren diese DNA-freien Phagen in der Lage, sich an Bakterien zu heften. Enthusiastisch verkündete Herriott den Anbruch einer neuen Ära: „Dies ist der Beginn einer physischen Trennung der unterschiedlichen biologischen Funktionen eines Virus und ihre Zuordnung zu bestimmten morphologischen und chemischen Eigenschaften."[101] Diese Ankündigung ließ Hershey aufhorchen, und es entwickelte sich eine Korrespondenz zwischen beiden. So schrieb Herriott noch im gleichen Jahr 1951 an Hershey:

> Ich habe darüber nachgedacht – und Sie vielleicht auch – das das Virus sich wie eine kleine Injektionsnadel gefüllt mit transformierendem Prinzip verhalten könnte; dass das Virus als solches gar nicht in die Zelle eindringt; dass nur die Schwänze mit dem Wirt verbunden sind und mit Hilfe von Enzymen vielleicht ein kleines Loch in die äußere Membran schneiden; und dass dann die Nukleinsäure der Virus-Köpfchen in die Zelle strömt.
> Wenn das so ist, drängen sich zwei Experimente auf: (a) man sollte die Bildung von Viren allein mit der Nukleinsäure veranlassen können, wenn man nur wüsste wie man diese in die Zellen bekommt – und das ist natürlich die $64 Frage, und obwohl ich einige Ideen habe, wie man sich der Sache nähern könnte, bin ich nicht sehr stolz auf sie. [(b)] Die andere Sache ist, wenn die oben beschriebene Vorstellung stimmt, dann sollte man die Gespenster[-Phagen] nach der Lyse in den Zelltrümmern finden.

---

[99] Anderson (1949), S. 469.
[100] Anderson (1949), S. 477.
[101] Herriott (1951), S. 754.

Letzteres sollte nicht schwer festzustellen sein. Ich habe Zugriff auf Schwefel-35, um dies zu versuchen, und habe neulich gehört, dass Sie einige Experimente unternommen haben, die sehr ähnlich angelegt sind. Wenn Sie in dieser Richtung bereits arbeiten, werde ich mir etwas anderes suchen, denn es gibt genügend Dinge zu tun. Wenn Sie hingegen an etwas anderem sitzen, würde ich mir gerne das Problem oder die oben geschilderte Idee vornehmen.[102]

Das war ein hervorragender Vorschlag. Und wäre Herriott etwas schneller gewesen mit diesen Experimenten, wäre er heute deutlich bekannter als er es ist. So aber antwortete Hershey, er sei durchaus derselben Meinung wie Herriott, allerdings einen Schritt weiter:

Ich bin auf die harte Tour zu eben dieser Vorstellung von Ihnen gekommen, nämlich indem ich die Schwefel-35 Experimente durchgeführt habe, die Sie planen. [...] Ich glaube, wir haben nun eine zuverlässige Methode dafür entwickelt.[103]

In der Tat hatten Hershey und Chase zu diesem Zeitpunkt bereits die entscheidenden Experimente durchgeführt. Der Einsatz von Schwefel-35, einem radioaktiven Isotop, war dafür zentral. Von der Existenz solcher Isotope hatte man lange gewusst, doch waren sie erst mit Verbreitung der Reaktor-Technologie weithin und preisgünstig verfügbar geworden. Der Einsatz dieser Moleküle, deren Spuren und Verbleib im organischen System man verfolgen konnte (daher die verbreitete Bezeichnung als *Tracer*-Moleküle), war zudem politisch opportun. Nach 1945 war die Regierung der USA überaus bemüht, die Nuklearforschung vom Nimbus der Katastrophe zu befreien. Die Verwendung radioaktiver Isotope in militärfernen Gebieten wie Landwirtschaft, Pflanzenphysiologie oder Medizin wurde daher großzügig gefördert, auch schon vor Dwight D. Eisenhowers berühmter „Atoms for Peace"-Rede im Jahr 1953.[104]

Für die Phagengruppe waren neben dem Schwefel auch die radioaktiven Isotope von Phosphor relevant: Schwefel war Teil der Phagenproteine, Phosphor war Teil der Phagen-DNA. Mit den genannten Isotopen ließen sich also die Hauptbestandteile von Phagen radioaktiv markieren und im System verfolgen. Eine der ersten Publikationen zum Verbleib der Phagen-DNA unter Verwendung radioaktiven Phosphors entstand im Labor des Mikrobiologen Ole Maaløe in Kopenhagen, Dänemark. An den Experimenten war auch James D. Watson beteiligt gewesen, der sich zu dieser Zeit als Gastwissenschaftler in Kopenhagen aufhielt. Eigentlich war er im Labor des Biochemikers Herman Kalckar affiliiert, verbrachte jedoch deutlich mehr Zeit mit Maaløe und den genannten Phagen-Experimenten als mit der Biochemie, für die er ursprünglich gekommen war. Die Resul-

---

[102] Zitiert nach Olby (1994), S. 317–318.
[103] Zitiert nach Olby (1994), S. 318.
[104] Creager (2009) untersucht die Verwendung von radioaktivem Phosphor in der Molekularbiologie, darunter auch bei Hershey und Chase; Creager (2013) betrachtet den Einsatz von radioaktiven Isotopen in den Lebenswissenschaften allgemein. Für die Verwendung radioaktiver Isotope in der Pflanzenphysiologie siehe Nickelsen (2015).

tate waren indessen beschränkt. Maaløe und Watson markierten Phagen, indem sie diese in einem Medium mit radioaktivem Phosphor hielten, und konnten nachweisen, dass der Phosphor gleichmäßig verteilt an die Nachkommengenerationen weitergegeben wurde. Mehr konnten sie mit ihren Methoden nicht ermitteln.[105]

Hershey und Chase wählten einen ähnlichen Ansatz für ihre Studie, nutzten aber zwei unterschiedliche Markierungen gleichzeitig. Die T2-Phagen, mit denen sie arbeiteten, waren sowohl mit radioaktivem Phosphor markiert, der in die DNA integriert wurde, als auch mit radioaktivem Schwefel, der in die Proteine integriert wurde. (Die erforderlichen Isotope erhielten sie von dem Oak Ridge National Laboratory, also von einem der Reaktor-Forschungszentren des US Department of Energy.) Im Sinne der Ankündigung von Herriott ging es Hershey und Chase vor allem um eine Aufklärung der verschiedenen Funktionen der Bestandteile von Phagen. Ein wesentliches Ergebnis hielten sie gleich im ersten Absatz ihres Artikels fest: „Die in diesem Aufsatz dargestellten Experimente zeigen, dass die Ausschüttung der Nukleinsäure des Viruspartikels aus seiner Proteinhülle einer der ersten Schritte beim Wachstum von T2 ist. Danach hat der überwiegende Teil des schwefelhaltigen Proteins keine weitere Funktion mehr."[106] Wie konnten sie das zeigen?

In einem ersten Schritt reproduzierten Hershey und Chase den osmotischen Schock der Phagen. Da die beiden Komponenten, DNA und Protein, mit unterschiedlichen Isotopen markiert waren, ließ sich ihr Verbleib verfolgen: Schwefel-35, und damit das Protein, fand sich nahezu ausschließlich in den Gespenstern-Phagen, also in den entleerten Köpfchen, die an Bakterien hafteten. Phosphor-32, also die DNA, fand sich angehend vollständig im Medium. Die beiden Strukturelemente ließen sich also trennen, und für die Anheftung an das Bakterium war nur das Phagenprotein erforderlich. Was also war die Funktion der DNA? Drang sie womöglich in das Bakterium ein (und bewirkte dort die Phagenreplikation), während die Proteinköpfchen an die Hülle angeheftet verblieben? Genau dies versuchten Hershey und Chase im zweiten Schritt nachzuweisen. Zunächst konnten sie zeigen, dass Phagen-DNA in einem Medium *ohne* Bakterien bei Zugabe von DNA-spaltenden Enzymen nicht angegriffen wurde. Offenbar war das Molekül in diesem Zustand gut verpackt im Inneren der Hülle aus schwefelhaltigem Protein. Was aber passierte bei Anheften an ein Bakterium? Hershey und Chase fügten dem phagenhaltigen Medium Bakterien hinzu. Nach Anheften der Phagen an diese Bakterien zerstörten Hershey und Chase die Bakterien durch Schockfrosten oder starkes Erhitzen, so dass der Zellinhalt ins Medium ausgeschüttet wurde. Es zeigte sich, dass unter diesen Bedingungen Phagen-DNA von zugefügten Enzymen gespalten wurde. Das könnte bedeuten, so die Autoren, „dass auf das Anheften die Ausschüttung der DNA aus der Schutzhülle erfolgt".[107]

---

[105] Siehe Maaløe and Watson (1951) für die Publikation.
[106] Hershey and Chase (1952), S. 39.
[107] Hershey and Chase (1952), S. 43.

Ob diese Vermutung stimmte, prüften Hershey und Chase, indem sie die Phagen vom Bakterium wieder entfernten, kurz nachdem sie sich angeheftet hatten, und dann den Verbleib der Strukturelemente untersuchten. Das war der Arbeitsschritt, in dem der Küchenmixer zum Einsatz kam. Es zeigte sich, dass durch Mixen etwa 80 % des schwefelhaltigen Phagenproteins von den Bakterien gelöst und im Medium nachgewiesen werden konnten. Hershey und Chase folgerten: „Diese Befunde zeigen, dass der größte Teil des im Phagen enthaltenen Schwefels [also des Proteins, K.N.] während der Infektion an der Zelloberfläche verbleibt und an der Vermehrung der Phagen im Inneren der Wirtszelle nicht beteiligt ist."[108] Hingegen konnten nur etwa 30 % der markierten Phagen-DNA im Medium nachgewiesen werden. Die restlichen 70 % hätten nach dieser Interpretation bereits den Weg in die Bakterienzelle gefunden und konnten daher nach Abschütteln der Phagen von der Außenseite der Bakterien im Medium nicht mehr nachgewiesen werden. Nach diesen vorbereitenden Schritten kam der entscheidende Test. Denn wenn es stimmte, dass das Protein im Medium verblieb und also keine Rolle bei der Replikation der Phagen im Inneren des Bakteriums spielte, dann sollte kein radioaktiv markierter Schwefel aus dem Phagenprotein in den replizierten Phagen nachzuweisen sein – wohl aber radioaktiv markierter Phosphor aus der Phagen-DNA. Hershey und Chase ließen keinen Zweifel daran, dass dies der Fall war: „Die beschriebenen Experimente zeigen, dass diese Erwartung korrekt ist."[109] Wenn sich also ein T2-Phage an ein Bakterium heftete, so die Folgerung der Autoren, wurde der größte Teil der Phagen-DNA (mindestens 70 %) in das Bakterium transferiert, während der größte Teil des Proteins (mindestens 80 %) an der Zelloberfläche verblieb und bei der Phagen-Replikation keine Rolle spielte.

Offen blieb dabei die Frage, ob noch anderes schwefelfreies Material, etwa schwefelfreies Protein, in das Bakterium transferiert wurde; ob dieses Material dann an die Phagen-Nachkommen weitergegeben wurde; und ob der Transfer des radioaktiv markierten Phosphors an die Phagen-Nachkommen direkt verlief, also zu jedem Zeitpunkt als Phagensubstanz identifizierbar blieb. Angesichts dieser Unsicherheiten formulierten Hershey und Chase ihre Schlussfolgerung eher vorsichtig und keinesfalls in der Eindeutigkeit, die dem experimentellen Befund retrospektiv häufig zugeschrieben wurde:

> Unsere Versuche zeigen deutlich, dass eine physische Teilung des Phagen T2 in einen genetischen und einen nicht-genetischen Teil möglich ist. [...] Die chemische Identifizierung des genetischen Teils muss allerdings offen bleiben, bis einige der oben aufgeworfenen Fragen beantwortet sind. [...] Das schwefelhaltige Protein ruhender Phagen beschränkt sich auf eine Schutzhülle, die für das Anheften an Bakterien verantwortlich ist und die Injektion der Phagen-DNA in die Zelle bewirkt. Dieses Protein hat wahrscheinlich keine Funktion für das intrazelluläre Wachstum der Phagen. Die DNA hat dabei eine Funktion. Weitere chemische Schlüsse sollten aus den beschriebenen Experimenten nicht gezogen werden.[110]

---

[108] Hershey and Chase (1952), S. 49.
[109] Hershey and Chase (1952), S. 49.
[110] Hershey and Chase (1952), S. 54–56.

Selbst diese Schlussfolgerung war nicht unumstritten – die Qualität der Daten war deutlich schlechter als in dem Experiment von Avery, MacLeod und McCarthy, und Hershey und Chase gaben offen zu, dass sie nichts dazu sagen konnten, ob in Phagen möglicherweise schwefelfreie Proteine enthalten waren. Horace F. Judson, dem wir eine der ersten Darstellungen zur Geschichte der Molekularbiologie verdanken, sparte in seiner Beschreibung nicht mit Kritik: „Das Mixer-Experiment, in all seiner Schlichtheit, wurde in dem Bericht unter einer Fülle von Details, anderen Experimenten und überflüssiger Vorsicht begraben. Der Aufsatz ist ermüdend und unnötig mühsam zu lesen. [...]. Es ist [zudem] eine anerkannte Tatsache, dass das Mixer-Experiment in biochemischer Hinsicht schlampig war."[111] Der ausgezeichnete Ruf des Experiments und seine breite Rezeption gingen in erster Linie darauf zurück, dass Hershey die Befunde schon vor ihrer Publikation über Korrespondenznetzwerke verbreitet hatte, so Judson.

Doch selbst innerhalb der Phagengruppe waren die Reaktionen gemischt. Delbrück schrieb an Hershey, es sei „der beste Aufsatz, den du jemals geschrieben hast, soweit es den Inhalt betrifft, meine ich", und fügte hinzu: „Für einmal bin ich wirklich neidisch." Auch Maaløe in Kopenhagen nannte die Studie in seiner Antwort an Hershey „eine wirklich wunderschöne Arbeit, die uns allen sehr viel zum Nachdenken gibt." Luria hingegen war skeptisch: „Ich glaube immer noch, dass die Chancen recht gut dafür stehen, dass eine ganze Menge Protein in die Zelle eintritt und genetisch wirksam wird, dass aber kein Transfer von Schwefel-35 erfolgt, aus dem einen oder anderen aus einer Fülle möglicher Gründe."[112] Luria war nach wie vor überzeugt davon, dass Proteine bei der Replikation von Phagen die wesentliche Rolle spielten. In der Tat war er zu diesem Zeitpunkt, im April 1952, eingeladen worden, zu genau diesem Thema auf einem Symposium der Society for General Microbiology in Oxford einen Vortrag zu halten. Präsentieren wollte Luria dort eine Zusammenfassung seiner Arbeiten der letzten Jahren.

Doch fiel diese Einladung in die Hochphase der anti-kommunistischen Kampagne des US-Senators Joseph McCarthy, und Luria, der für seine neo-marxistische Vergangenheit bekannt war, wurde das Visum zur Ausreise verweigert.[113] Luria konnte also nicht selbst in Oxford vortragen, sondern ließ sich von einem ehemaligen Doktoranden vertreten, der zu dieser Zeit nicht mehr in Kopenhagen, sondern bereits in Cambridge war: James D. Watson. Doch auch Watson hatte einen langen Brief von Hershey erhalten, in dem dieser seine Experimente und Interpretationen beschrieb. Watson war begeistert, denn dieser neue Befund bestätigte ihn in seiner Überzeugung, dass die DNA viel wichtiger war als gemeinhin angenommen wurde. Nachdem Watson das Manuskript von Luria verlesen hatte, präsentierte er den Teilnehmern des Symposiums zusätzlich die Ergebnisse von Hershey und Chase, setzte sie in Beziehung zu den Experimenten, die er selbst mit Maaløe in Kopenhagen durchgeführt hatte, und hielt fest, deutlich weniger zurückhaltend als Hershey

---

[111] Judson (1996), S. 108.
[112] Sämtlich zitiert nach Olby (1994), S. 319.
[113] Judson (1996), S. 108.

und Chase selbst: „Es ist sehr verlockend, darauf zu schließen, dass das Virusprotein vor allem als Schutzhülle dient und dass die Wahrung der genetischen Spezifität in erster Linie oder gar ausschließlich eine Funktion der DNA ist."[114] Naheliegende Einwände, die sich auf die mögliche Interaktion von Protein und DNA bei der Replikation bezogen, wischte Watson beiseite – er sah diese Interaktion analog zu der Beziehung „von einem Hut zu seiner Hutschachtel".[115]

Nicht nur auf diesem Symposium blieben die meisten Phagenforscher skeptisch. Man hielt es nach wie vor für zweifelhaft, dass DNA die alleinige Trägersubstanz der Vererbung war, selbst wenn retrospektiv verfasste Berichte das Gegenteil behaupteten.[116] Die Befunde von Hershey und Chase waren zwar ein weiterer Hinweis darauf, dass der DNA irgendeine Funktion zukam, die über strukturelle Beihilfe hinausging. Doch wollte sich kaum jemand darauf festlegen, welche Funktion dies sein könnte. Zu groß waren die konzeptionellen Probleme und die experimentellen Unsicherheiten. Erst sehr viel später, als man die DNA von Phagen sicher von der DNA von Bakterien unterscheiden konnte, setzte sich die Deutung durch, dass allein die DNA für die Replikation der Phagen verantwortlich war.[117] Das kam indessen erst nach Aufklärung der Doppelhelix-Struktur der DNA, der wir uns nun endlich zuwenden.

---

[114] Watson (1953), S. 114.
[115] Watson (1953), S. 116.
[116] Siehe etwa Stent (1966).
[117] Vgl. etwa Olby (1994), S. 319–320.

1.5 Die Doppelhelix

1.5.1 King's College, London

Dafür wechseln wir aus den USA nach Großbritannien, und aus der Phagen- und Virenforschung zurück zur strukturorientierten Biophysik. Dieses Gebiet erfuhr nach dem Zweiten Weltkrieg in England einen erheblichen Aufschwung. Bereits verschiedentlich wurde geschildert, wie nach 1945 der Medical Research Council (MRC) an Einfluss gewann und zur zentralen Förderinstitution biophysikalischer Forschung in Großbritannien aufstieg.[118] Zwei der Gruppen, die mit Unterstützung des MRC eingerichtet wurden, waren die Unit for Biophysics am King's College, London, unter Leitung des Physikers John Randall; und die Unit for the Study of Molecular Structure of Biological Systems, im Cavendish Laboratory, Cambridge, unter Leitung des Chemikers Max Perutz. Beide Gruppen spielten eine wesentliche Rolle bei der Entdeckung der Doppelhelix-Struktur der DNA.

Die Gruppe von Randall war im Physics Department des King's College angesiedelt und entwickelte sich in den 1950er Jahren zu einem der größten Forschungszentren für Biophysik in Großbritannien. Eines der Themen, das die Gruppe in ihren ersten Jahren verfolgte, war das Studium von Nukleinsäuren mit optischen Methoden, d. h. UV-Licht, Infrarot-Strahlen, Interferenz-Mikroskopie und Röntgenkristallographie. Damit war unter anderem Maurice Wilkins (s. Abb. 1.4) befasst, einer der engsten Mitarbeiter von Randall. Bis 1945 war Wilkins im *Manhattan Project* involviert gewesen, im Großprojekt zur Entwicklung der Atombombe. Nach dem Krieg gewann er Interesse an der Erforschung biologischer Moleküle und kam daher zu Randall. In einem autobiographischen Rückblick führte Wilkins diesen Wechsel von der Kernphysik zur Biophysik auf sein Entsetzen über die Folgen der Atombombe zurück sowie auf seine Lektüre von Schrödingers „Was ist Leben?" (1944).[119]

Eines der Probleme bei der Arbeit mit DNA-Molekülen, das schon mehrfach erwähnt wurde, war die seit langem bekannte Tatsache, dass DNA in Chromosomen in enger Verbindung mit Proteinen vorlag und sich aus dieser Verbindung nur schwer lösen ließ, ohne das Molekül zu beschädigen. Im Frühjahr 1950 hatte Wilkins das Glück, eine DNA-Präparation des Schweizer Biochemikers Rudolf Signer zu ergattern, die dieser an einem Treffen der Faraday-Society in London an interessierte Teilnehmer verschenkte. Die Präparate waren unerreicht in ihrer Qualität und unter Biochemikern und Biophysikern hoch begehrt.[120] Wilkins fand heraus, dass das Präparat sich zu langen, dünnen Fäden ziehen ließ, die unter dem Mikroskop eine regelmäßige, kristallartige Struktur aufwiesen. DNA schien damit hervorragend geeignet für röntgenkristallographische Untersuchungen, und gemeinsam mit Raymond Gosling, einem Doktoranden am King's College, versuchte sich Wilkins an diesem Projekt. Die größte Herausforderung dabei war die Weiterentwicklung

---

[118] Siehe z. B. de Chadarevian (2002).
[119] Siehe z. B. Wilkins (1962), die „Nobel Lecture" von Wilkins; vgl. auch Olby (1994), S. 328.
[120] Siehe Wilkins (2003), S. 117.

Abb. 1.4 Maurice Wilkins bei der Arbeit an einer Röntgenkristallographie-Apparatur

der Apparatur. Wilkins und Gosling erzielten die besten Resultate, wenn sie die DNA in hoher Luftfeuchtigkeit untersuchten und Wasserstoffgas durch die Kamera leiteten; dafür aber war die Standardapparatur nicht konstruiert. Wilkins' retrospektive Beschreibung dieser Monate vermittelt eindrücklich, welches Maß an experimenteller Kreativität gefordert war, um die damals bekannten röntgenkristallographische Verfahren auf die Analyse der DNA-Struktur übertragen zu können.[121] Schließlich gelang ihnen jedoch eine Reihe recht klarer röntgenkristallographischer Aufnahmen: Die ersten nach Astburys Versuchen gegen Ende der 1930er Jahre.[122]

Wenig später konnte Randall den Kristallographen Alexander Stokes für seine Gruppe gewinnen, der in die Zusammenarbeit mit Wilkins und Gosling einstieg. Stokes hatte bereits mit Viren gearbeitet, war insofern geübt in der Auswertung organischen Materials. 1951 stieß zudem Rosalind Franklin zu der Gruppe, die Erfahrung in der experimentellen Röntgenkristallographie komplexer Kohlenstoffe mitbrachte. Franklin kam mit eigenen finanziellen Mitteln und hatte geplant, an der Analyse von Proteinstrukturen zu arbeiten. Auf Anregung von Wilkins konnte Randall sie davon überzeugen, ihren Fokus stattdessen auf DNA-Moleküle zu verlagern.[123] Nach allem, was wir wissen, sahen Wilkins und Stokes einer konstruktiven Zusammenarbeit entgegen; Wilkins hatte sogar dafür gesorgt,

---

[121] Siehe Wilkins (2003), Kapitel 5.
[122] Siehe Wilkins (2003), S. 121.
[123] Siehe z. B. Wilkins (2003), S. 128. Brief von Randall an Franklin.

dass Gosling in Zukunft von Franklin betreut wurde, die dafür besser qualifiziert war als er.[124]

Als Franklin ihre Stelle am King's College antrat, war Wilkins auf einer Konferenz in Neapel. Hier präsentierte er erstmals die röntgenkristallographischen Aufnahmen der DNA aus der Zusammenarbeit von ihm und Gosling. Das Publikum war beeindruckt (unter anderem James D. Watson, der daraufhin beschloss, in dieses Forschungsfeld einzusteigen). In den folgenden Monaten konnten Wilkins und Gosling etablieren, dass die Aufnahmen regelmäßig ein zentrales „X" aufwiesen; Stokes hielt dies für einen klaren Hinweis auf eine Helix-Struktur des Moleküls. Über diese Interpretation sprach Wilkins im Juli 1951 in Cambridge, auf einer Konferenz zur Röntgenstrukturanalyse (wo ihn Francis Crick hörte, der nicht weniger beeindruckt war als kurz zuvor Watson in Neapel). Erneut waren die Reaktionen überaus positiv – nur Franklin trübte die Stimmung. Mit klaren Worten forderte sie Wilkins hinterher dazu auf, sich aus der Strukturanalyse der DNA herauszuhalten. Wilkins war vor den Kopf gestoßen. Seiner Darstellung zufolge rechnete er aber damit, dass Franklin sich beruhigen würde und begab sich über den Sommer auf eine Konferenzreise in die USA. Unter anderem traf er dort Erwin Chargaff, der sich sehr interessiert zeigte und Wilkins mit weiteren DNA-Präparaten zur Analyse versorgte.

Erst im Nachhinein wurde Wilkins klar, was hinter Franklins Entrüstung steckte. Aus ihrer Korrespondenz mit Randall musste sie den Eindruck gewonnen haben, die Röntgenkristallographie der DNA-Struktur würde in London allein ihr Forschungsgebiet sein. Randall hatte suggeriert, Wilkins und Stokes würden sich in naher Zukunft anderen Themen zuwenden – Franklin sollte dann gemeinsam mit Gosling die Arbeit an der DNA fortsetzen.[125] So schrieb Randall im Vorfeld an Franklin, ohne dies mit Wilkins abgesprochen zu haben:

> Wie ich schon lange vermutet habe, möchte sich Dr. Stokes in Zukunft fast ausschließlich theoretischen Problemen widmen, und diese werden sich nicht notwendigerweise auf die Röntgenstrahl-Optik beschränken. [...] Das bedeutet, soweit es die Experimentalforschung mit Röntgenstrahlen betrifft, wären dort im Moment nur Sie und Gosling [...]. Wie Sie zweifellos wissen, ist Nukleinsäure ein ungemein wichtiger Bestandteil der Zelle, und uns scheint, es wäre sehr wertvoll, dies im Detail zu untersuchen.[126]

Wilkins hatte zu diesem Zeitpunkt gerade seinen ersten Erfolg in der DNA-Strukturanalyse erzielt und keinerlei Absicht, sich aus diesem vielversprechenden Gebiet zurückzuziehen. Er vermutete später, Randall hätte ihn beiseite drängen wollen, um dann selbst einzusteigen und Wilkins' Position zu übernehmen.[127] Ob diese Einschätzung korrekt ist, muss offen bleiben. Unstrittig ist hingegen, dass die resultierenden Spannungen zwischen Wilkins und Franklin die Arbeit am King's College erheblich belasteten.

---

[124] Wilkins (2003), S. 129.
[125] Vgl. Wilkins (2003), S. 144.
[126] Zitiert nach Olby (1994), S. 346.
[127] Wilkins (2003), S. 145–149.

Während Wilkins sich in den USA aufhielt, hatten Franklin und Gosling den experimentellen Aufbau perfektioniert, insbesondere ließ sich nun die Luftfeuchtigkeit des Systems besser kontrollieren. So konnten sie zeigen, dass die DNA in zwei unterschiedlichen Konfigurationen auftrat: Neben einer kristallinen, dehydrierten A-Form gab es eine „parakristalline", stark hydrierte B-Form (mit etwa 92 %iger Wassersättigung). Die Formen ließen sich ineinander überführen, erzeugten jedoch sehr unterschiedliche röntgenkristallographische Bilder. Bis zu diesem Zeitpunkt waren die beiden Formen für die Analyse nicht getrennt worden. Das erklärte die notorisch verschwommenen Konturen röntgenkristallographischer Aufnahmen der DNA.

Als Wilkins die Aufnahmen sah, war er begeistert. Die B-Form zeigte in unerreichter Schärfe das zentrale Kreuz, das Stokes zufolge auf eine Helix-Struktur verwies. Wilkins schlug vor, Franklin, Stokes und er sollten bei der Analyse zusammenarbeiten; doch Franklin wies diesen Vorschlag deutlich zurück. Ihre abweisende Haltung lässt sich zumindest teilweise verstehen, wenn man berücksichtigt, dass Franklin, erstens, mit gutem Grund befand, dass sie in der Kristallographie auf die Hilfe von Wilkins nicht angewiesen war; dass sie, zweitens, den Vorschlag erneut als Eindringen in „ihr" Gebiet werten musste; was Franklin, drittens, um so mehr aufstieß, als sie am King's College von Anfang an um Anerkennung hatte kämpfen müssen. Franklins Briefe aus diesen Jahren zeigen deutlich, wie sehr sie unter der Atmosphäre am King's College litt, die sie als feindlich und abweisend empfand.[128] Wilkins hingegen wusste nichts von Franklins Absprache mit Randall. Aus seiner Sicht war eine Zusammenarbeit nicht nur sinnvoll, sondern auch das übliche Verfahren in Randalls Labor. In seiner Autobiographie beschrieb Wilkins im Gegensatz zu Franklin die Atmosphäre in der Gruppe als außerordentlich kooperativ.[129] Dass diese Missverständnisse nie geklärt wurden, wird meist auf die gegensätzlichen Charaktere zurückgeführt. Während Franklins Auftreten als selbstbewusst, impulsiv und direkt wahrgenommen wurde, wird Wilkins als zurückhaltend beschrieben, als introvertiert und von Franklins Art verunsichert.

Sie einigten sich schließlich mit Randalls Hilfe auf einen Kompromiss. Beide konnten weiter an der DNA-Struktur arbeiten, jedoch nicht gemeinsam. Franklin sollte dafür das Material von Signer nutzen, Wilkins das von Chargaff.[130] Indessen stellte sich heraus, dass die DNA aus dem Labor von Chargaff in so schlechtem Zustand vorlag, dass Wilkins nahezu nichts damit anfangen konnte, was ihn zunehmend frustrierte. Über den Fortgang der Arbeiten von Franklin war er nicht im Bilde und fühlte sich isoliert. Wilkins suchte Gesprächspartner und fand diese in Cambridge, am Cavendish Laboratory: Francis Crick und James D. Watson.

---

[128] Siehe z. B. Maddox (2003b), Kapitel 10, bzw. Watson (1969), S. 165.

[129] Wilkins (2003), z. B. Kapitel 4. Wilkins revisionistisches Anliegen ist hierbei zu berücksichtigen: Ihm musste daran gelegen sein, den Teamgeist des Labors hervorzuheben, um Darstellungen zu widersprechen, die Wilkins einseitig als Trittbrettfahrer beschrieben, der von Franklins Kompetenz profitieren wollte. Die beiden Versionen von Wilkins und Franklin schließen sich indessen nicht aus. Es ist sehr leicht vorstellbar, dass eine Gruppe, die Franklin als abweisend und kalt beschrieb, von den männlichen Kollegen als kooperativ und gemeinschaftlich empfunden wurde.

[130] Vgl. Wilkins (2003), S. 158.

1.5.2   Cavendish Laboratory, Cambridge

Nachdem Watson im Sommer 1951 den Vortrag von Wilkins über die DNA-Struktur gehört hatte, gab er seine Position in Kopenhagen auf. Watson hätte im Labor von Herman Kalckar die Grundlagen der Biochemie lernen sollen, gewann aber nie wirkliches Interesse an diesem Gebiet. Stattdessen hatte er, wie bereits erwähnt, die meiste Zeit mit Ole Maaløe und radioaktiv markierten Phagen verbracht. Mit Unterstützung seines ehemaligen Doktorvaters, Salvador Luria, wechselte Watson daher nach Cambridge, zur MRC-Gruppe am Cavendish Laboratory. Luria hatte in Absprache mit Delbrück befunden, dass Watson, wenn er wirklich die DNA-Struktur entschlüsseln wollte, die Grundlagen der Röntgenkristallographie erlernen musste; und die Gruppe von Perutz war einer der weltweit besten Orte dafür. Dort traf Watson auf Crick (s. Abb. 1.5), mit dem er sich bald hervorragend verstand. Crick kam aus der theoretischen Physik, hatte wie Wilkins nach seinen Erfahrungen im Krieg ein neues Betätigungsfeld gesucht und landete, wie Wilkins, in der Biophysik. Im Herbst 1951 war Crick mit mathematischen Methoden zur Interpretation röntgenkristallographischer Aufnahmen beschäftigt. Er und Watson waren sich einig, dass die Struktur der DNA zu den dringenden Problemen der Zeit gehörte, dass es sich vermutlich um eine Helix handelte und dass sie dieses Problem gemeinsam lösen würden. Das ungleiche Paar, das sie dabei abgaben, ist oft beschrieben worden, aber niemals bei-

Abb. 1.5 Francis Crick (*rechts*), James Watson (*Mitte*) mit Maclyn McCarty (*links*). Reproduziert aus: Lederberg J., Gotschlich E.C. (2005) A Path to Discovery: The Career of Maclyn McCarty. PLoS Biol 3(10): e341. doi:10.1371/journal.pbio.0030341

ßender als von Erwin Chargaff, der im Nachhinein seine Begegnung mit den beiden im Jahr 1952 schilderte:

> Der eine, Mitte der Dreißig, lebhaft, bleich; eine fleischgewordene – oder besser, knochen-gewordene – Karikatur [...]; die hohe erregte Stimme eine nie ermüdende Pikkoloflöte, mit einigen in des Geschwätzes trübem Strom glitzernden Goldklümpchen. Der andere, viel jün-ger, ein dauerndes, eher hinterhältiges Lächeln auf dem noch unentwickelten Gesicht; eine aufgeschossene junge Erscheinung.[131]

Chargaffs Darstellung ist geprägt von der Enttäuschung darüber, dass sein eigener Bei-trag zur DNA-Struktur weitgehend vergessen wurde – nicht zuletzt von Watson und Crick selbst. In ihrer berühmten Publikation von 1953 zitierten sie keinen von Chargaffs sub-stantiellen Aufsätzen zu Nukleinsäuren, sondern nur einen knappen Überblicksartikel, der Chargaffs jahrelangen Bemühungen kaum angemessen widerspiegelte. Dies war um-so bitterer als Chargaff ihnen bei der erwähnten Begegnung mit einem Hinweis auf die regelmäßigen Mengenverhältnisse der Stickstoffbasen entscheidend weitergeholfen hatte (auch wenn die Bedeutung dieses Sachverhalts Crick und Watson zunächst verschlossen blieb). Wie bereits erwähnt, hatte Chargaff herausgefunden, dass Adenin und Thymin so-wie Guanin und Cytosin, also immer ein größeres Purin und ein kleineres Pyrimidin, in DNA-Proben stets im Verhältnis 1:1 auftraten.

Crick und Watson konnten sich für Biochemiker und biochemische Methoden nicht erwärmen – darin folgten sie dem Vorbild der Phagengruppe. Andererseits wollten sie auch nicht röntgenkristallographisch arbeiten, nicht zuletzt deswegen, weil sie die ex-perimentellen Methoden nicht beherrschten. Sie wollten die Struktur der DNA vielmehr durch die Konstruktion dreidimensionaler Modelle finden, nach dem Vorbild des berühm-ten Chemikers Linus Pauling am Caltech, Pasadena. Im Sommer 1951, wenige Wochen bevor Watson nach Cambridge kam, hatte Pauling einen seiner größten Erfolge erzielt: die Aufklärung der α-Helix Struktur von Proteinen.[132] Diese Struktur hatte Pauling nicht mit röntgenkristallographischen Methoden gefunden, sondern mit Modellen, die er auf der Grundlage empirischer Parameter der beteiligten Atome sowie seiner berühmten Theorie chemischer Bindungen konstruierte. Pauling hatte auf diese Weise ein Problem gelöst, an dem alle strukturanalytischen Experten Großbritanniens gescheitert waren, darunter auch die Gruppe in Cambridge um Lawrence Bragg, John Kendrew und Max Perutz.[133] Genau dieses Verfahren, befanden Crick und Watson, war das passende Vorbild für ihr Projekt. Ihre einzige Sorge war, dass Pauling selbst ihnen zuvorkommen könnte.

---

[131] Zitiert nach der Ausgabe Chargaff (1989), S. 143.
[132] Siehe Pauling et al. (1951). Siehe dazu auch Olby (1994), Kapitel 17.
[133] Vgl. Wilkins (2003), S. 159.

1.5.3 Caltech, Pasadena

Diese Sorge war nicht unbegründet. In der Tat hatte Pauling (s. Abb. 1.6) bereits begonnen, sich nach seinem Erfolg mit Proteinen für andere Makromoleküle zu interessieren, unter anderem für die Struktur der DNA.[134] Verglichen mit der Struktur von Proteinen schien dies eine Fingerübung, denn die DNA hatte ja nur vier distinkte Struktureinheiten, die sich allein in ihrer Stickstoffbase unterschieden und kettenförmig zusammengefügt waren. Die Struktur von Guanin hatte Pauling bereits in den frühen 1930er Jahren etabliert: ein flacher Ring. Die anderen Basen schienen ähnlich geformt. Man musste nur noch herausfinden, wie die Basen mit dem Zucker und dem Phosphat verbunden waren und wie sich daraus eine Kette formierte. Nichts daran schien kompliziert. Andererseits hielt Pauling es auch nicht für eine Frage hoher Priorität: 1951 war die DNA bestenfalls ein Nebenschauplatz der aufstrebenden Molekularbiologie.

Dennoch schrieb Pauling im Sommer an Wilkins und bat ihn um röntgenkristallographische Aufnahmen der DNA; er hatte von den neuen Photographien gehört. Wilkins zögerte. Pauling hatte gute Chancen, die Gruppe in London bei der Auswertung ihrer eigenen Aufnahmen zu schlagen – zumal Wilkins vermutete, dass die DNA eine Helix-Struktur aufwies, also genau jene Struktur, mit der Pauling die britischen Kristallographen erst kürzlich überholt und gedemütigt hatte. Pauling wandte sich daraufhin an Randall, doch auch dort erhielt er eine Absage: „Wilkins und die anderen arbeiten derzeit intensiv an der Interpretation der Röntgenaufnahmen der Desoxyribonukleinsäure, und es wäre ihnen gegenüber wie auch dem Aufwand unseres gesamten Labors gegenüber unfair, diese

Abb. 1.6 Linus Pauling, 1947, bei der Untersuchung eines Kristalls. Mit freundlicher Genehmigung des Special Collections & Archives Research Center der Oregon State University

---

[134] Vgl. Hager (1995), S. 396.

an Sie weiterzureichen", antwortete Randall.[135] Pauling war davon wenig beeindruckt und gab also einen Mitarbeitern den Auftrag, entsprechende Aufnahmen der DNA am Caltech selbst herzustellen.

In der Zwischenzeit wandte Pauling sich anderen Fragen zu. Sein Interesse an der DNA verdichtete sich erstmals wieder im Frühjahr 1952. Gemeinsam mit seinem Kollegen Verner Schomaker analysierte und kritisierte er den Vorschlag für die DNA-Struktur, den der Chemiker Edward Ronwin vorgelegt hatte: eine dreifache Helix, bei der die Phosphatketten im Inneren lagen.[136] Doch hatte Ronwin dafür seltsame Phosphatgruppen postulieren müssen (mit fünf statt vier Sauerstoffatomen), deren Existenz fraglich war. „Bei dem Entwurf einer hypothetischen Struktur für eine Substanz muss man darauf achten, dass man angemessene Strukturelemente heranzieht", hielten Pauling und Schomaker dagegen; insofern konnte ihr Schluss nur lauten, die hier beschriebene Struktur „verdiene nicht, ernsthaft in Betracht gezogen zu werden".[137] Einen eigenen, alternativen Vorschlag hatte Pauling zu diesem Zeitpunkt noch nicht, begann jedoch darüber nachzudenken, wie dieser aussehen könnte.

1.5.4 Daten und Modelle: erste Versuche

Das also war das Personentableau im Herbst 1951: eine experimentell arbeitende Gruppe am King's College, die hervorragende Daten zur Struktur der DNA generierte, jedoch nicht zu einer gemeinsamen Interpretation fand; eine theoretisch orientierte Gruppe in Cambridge, die hoch motiviert nach der Struktur der DNA suchte, jedoch weder von experimenteller Röntgenkristallographie, noch von der Biochemie der Nukleinsäuren viel verstand; und schließlich ein hochrangiger Experte in Pasadena, der über alle erforderlichen Kenntnisse verfügte, sich jedoch nur zögerlich für das Problem erwärmte.

Am 21. November 1951 organisierte die Gruppe am King's College ein Kolloquium zu ihrer Forschung über Nukleinsäuren: Franklin, Wilkins und Stokes sollten den Stand ihrer Arbeiten präsentierten. Aus den Aufzeichnungen von Franklin für ihren Vortrag geht hervor, dass sie zu diesem Zeitpunkt bereits eine konkrete Vorstellung von der DNA-Struktur entwickelt hatte. So hob sie hervor, dass die DNA ein Vielfaches ihres Eigengewichtes an Wasser aufnehmen konnte. Dies sei nur möglich, wenn die nicht-polaren Stickstoffbasen im Inneren lägen, die polaren Phosphatgruppen hingegen außen. Zur Anordnung dieser Elemente fasste Franklin zusammen: „Entweder ist die Struktur eine einzige große Helix oder eine kleinere Helix, die aus mehreren Ketten besteht. Die Phosphate liegen außen, so dass Bindungen zwischen den Phosphaten verschiedener Helix-Moleküle durch Wasser getrennt werden."[138] Dies steht in offensichtlichem Widerspruch zu einer späteren Aussage von Watson, dass Franklin eine Helix-Struktur der DNA prinzipiell abgelehnt hätte.

---

[135] Zitiert nach Hager (1995), S. 399.
[136] Ronwin (1951).
[137] Pauling and Schomaker (1952), S. 1111.
[138] Nach Olby (1994), S. 348.

Aus Franklins Laborbüchern geht hervor, dass sie an der Helix-Struktur der B-Form der DNA nicht zweifelte, doch gelang es ihr nicht, die Aufnahmen der kristallinen A-Form mit dieser Interpretation in Einklang zu bringen. Beide Formen sollten jedoch dieselbe Struktur aufweisen.

Watson durfte an diesem Kolloquium teilnehmen, verstand aber von den technischen Ausführungen so wenig, dass er die zentralen Punkte verpasste, insbesondere die oben beschriebenen Eigenschaften der DNA-Struktur, die Franklin zu diesem Zeitpunkt bereits etabliert hatte. Franklins Befunde fanden daher keinen Eingang in das erste Modell, das Watson und Crick in der Folge entwickelten: eine Helix mit drei Strängen; die Phosphate lagen im Zentrum, die Basen waren nach außen gerichtet. Damit ähnelte dieses Modell frappierend dem etwa zeitgleich entwickelten Vorschlag von Ronwin, allerdings ohne die seltsamen Phosphatgruppen. Crick und Watson hatten das Modell aus Draht und mäßig zueinander passenden Metallscheiben konstruiert, die im Labor bereits vorlagen: Überreste aus der Zeit, als John Kendrew an der Struktur von Proteinen gearbeitet hatte, bevor Pauling ihm zuvor kam. Der Umgang mit diesem Material war mühsam, die Statik fragwürdig. Vor allem aber wussten Watson und Crick um die konzeptionellen Schwächen ihres Vorschlags. Phosphatgruppen waren bei neutralem pH Wert negativ geladen, und die gegenseitige Abstoßung dieser Gruppen im Inneren der Helix drohte das Molekül zu zerreißen. Es könnten aber doch positiv geladene Ionen in der Nähe sein, schlugen Watson und Crick vor, etwa Magnesium oder Kalzium, die die negativen Phosphatgruppen neutralisieren würden.

Im Nachhinein befand Crick: „Möglicherweise hätten wir unseren Vorschlag den Leuten vom King's College nicht so früh gezeigt, hätten nicht unsere Kollegen wie John Kendrew darauf bestanden, wir könnten nicht weiter an der Frage arbeiten, ohne sie davon in Kenntnis zu setzen."[139] Der ungeschriebene Verhaltenskodex im England der frühen 1950er Jahre verlangte, dass man sich gegenseitig über laufende Arbeiten und Zwischenergebnisse informierte, vor allem dann, wenn man sich auf ein Feld begab, auf dem eine andere Gruppe bereits arbeitete. Also wurde die Expertengruppe aus London eingeladen, um das Modell von Crick und Watson zu diskutieren. Franklin sah die Schwachpunkte sofort. Sie wies darauf hin, dass positiv geladene Ionen im Zellkern durch angelagerte Wassermoleküle neutralisiert würden. Zudem mussten die Phosphate außen liegen, wie sie in ihrem Vortrag kürzlich erst erläutert hatte. Crick und Watson hatten dieser Kritik nichts entgegen zu setzen: Das Modell war nicht zu retten. Sie wagten stattdessen den Vorschlag, man könne zur Lösung des Problems zusammenarbeiten. Doch daran waren Franklin und Gosling nicht interessiert – verständlicherweise, nach diesem ersten Eindruck. Wilkins hielt sich zurück. Als Bragg von dem Desaster hörte, schickte er Crick wieder an seine theoretischen Modelle der Röntgenkristallanalyse und Watson an kristallographische Studien des TMV. Die DNA-Struktur sollten sie den Kollegen am King's College überlassen, die dafür offensichtlich besser qualifiziert waren.

---

[139] Olby (1994), S. 362.

Dass sie die DNA-Struktur dennoch nicht aus den Augen verloren, zeigen die Briefe, die Watson an Delbrück schrieb, um ihn über seine Fortschritte auf dem Laufenden zu halten. So berichtete Watson im Mai 1952, er und Crick hätten mehrere Wochen damit verbracht, ein Modell der DNA-Struktur zu entwickeln, für den Moment aber die Arbeit unterbrochen, „aus dem politischen Grund, nicht an dem Forschungsproblem eines engen Freundes zu arbeiten. Aber wenn die King's Leute weiterhin nichts tun, werden wir erneut unser Glück versuchen."[140] Die Gruppe am King's College war weit entfernt davon, „nichts" zu tun, wie Watson ihnen unterstellte. Die internen Schwierigkeiten verhinderten jedoch eine konstruktive Zusammenarbeit. Franklin und Gosling hatten inzwischen hervorragende Aufnahmen von der hydrierten Form der DNA erstellt, aus denen eine zweifache Symmetrie klar hervorging (dreifache Ketten schieden damit aus). Franklin rang jedoch immer noch mit den Widersprüchen zwischen den Aufnahmen der A- und B-Form des Moleküls. Wilkins hingegen kämpfte mit seinem schlechten Material, mit den Schwierigkeiten der Apparatur und seiner isolierten Position.

1.5.5 The Plot Thickens: Paulings Fehlschlag

Im Sommer 1952 kam Pauling überraschend nach Europa. Noch wenige Monate zuvor war ihm aus politischen Gründen die Teilnahme an einem Symposium verweigert worden, das die Royal Society in London ihm zu Ehren ausgerichtet hatte. Pauling galt in den USA als Kommunist, und genau wie bei Luria genügte dies anfangs der 1950er Jahre, um ihm die Ausreise zu verweigern. Doch Protestbriefe aus aller Welt, die daraufhin geschrieben wurden, verfehlten ihre Wirkung nicht: Die scharfe Kritik an der Entscheidung, Pauling nicht ausreisen zu lassen, fand nicht nur Eingang in die *New York Times*, sondern auch in die oberen Ränge des US State Department. So wurde schließlich doch ein Pass ausgestellt, und triumphierend konnte Pauling im Juli 1952 an einem Kongress in Paris teilnehmen.[141] Danach fuhr er zu einem Treffen der Phagengruppe in Royaumont. Ein wichtiges Thema dort waren die Mixer-Experimente von Alfred Hershey und Martha Chase. Pauling hörte in Royaumont zum ersten Mal von den Experimenten sowie ihrer Interpretation, dass nicht das Protein, sondern die DNA für die Replikation der Phagen verantwortlich ist.[142] DNA schien interessanter zu sein, als er gedacht hatte. Pauling beteiligte sich intensiv an den Diskussionen um die Bedeutung der DNA, und Watson, der ebenfalls an dem Treffen der Phagengruppe teilgenommen hatte, kehrte alarmiert nach Cambridge zurück.[143]

---

[140] Zitiert nach Olby (1994), S. 368.
[141] Vgl. Hager (1995), S. 408.
[142] Die Ergebnisse von Hershey und Chase stießen allgemein auf großes Interesse. Die Einschätzung von Stent (1966), S. 6, dass die Teilnehmenden „bis dahin wussten, dass Phagen-DNA der alleinige Träger der erblichen Kontinuität des Virus sei" ist indessen deutlich übertrieben.
[143] Vgl. Hager (1995), S. 409.

In der Tat widmete Pauling sich ab November 1952 der DNA-Struktur. In elektronen-mikroskopischen Aufnahmen hatte er das Molekül als lange, dünne Röhren gesehen, und Pauling vermutete sofort eine Helix-Struktur. Seine Laborbücher zeigen, dass er dennoch mit der Lösung kämpfte. „Vielleicht haben wir eine Struktur mit drei Ketten", notierte er; und genau wie Ronwin, Crick und Watson vor ihm verlegte Pauling diese drei Phosphatketten in die Mitte des Moleküls, während die Basen nach außen standen. Paulings Überlegung war, dass auf diese Weise die divergierende Form der Stickstoffbasen für den Verlauf der Helix keine Rolle spielte, ähnlich wie die Seitenketten der Aminosäuren in der helikalen Proteinstruktur. Die Schwierigkeiten waren damit aber nicht gelöst; die Helix schien viel zu dicht gepackt: „Warum liegen die PO_4 in der Säule so eng beieinander?", notierte Pauling ratlos.[144] Doch eine Woche vor Weihnachten schrieb er an den Biochemiker Alexander R. Todd in Cambridge: „Wir glauben, wir haben die Struktur der Nukleinsäuren entdeckt. Die Struktur ist wirklich wunderschön."[145] Crick und Watson hörten davon über ihren Freund und Kollegen Peter Pauling, Paulings Sohn, der seit Herbst 1952 ebenfalls in Cambridge war, und sahen sich in ihren Hoffnungen tief enttäuscht.

Pauling publizierte das Modell mit seinem engen Mitarbeiter Robert Corey im Februar 1953 in den renommierten *Proceedings of the National Academy of Sciences*.[146] „Die Nukleinsäure sind als Bestandteile des lebenden Organismus in ihrer Bedeutung mit den Proteinen vergleichbar", begann der Artikel und fuhr fort: „Es gibt Hinweise darauf, dass sie an den Prozessen der Zellteilung und des Wachstums beteiligt sind, dass sie zu der Weitergabe erblicher Merkmale beitragen und dass sie wesentliche Bestandteile von Viren sind."[147] Verhaltener konnte man die mögliche Relevanz der DNA kaum beschreiben. Pauling selbst erinnerte sich, dass er noch zu diesem Zeitpunkt fast ausschließlich über Proteine nachdachte. Nukleinsäuren waren aus seiner Sicht nur interessant, insofern sie Teil der Nukleoproteine waren: „Immer wenn ich etwas über Nukleinsäure geschrieben habe, habe ich von Nukleoproteinen gesprochen und dachte dabei mehr an die Proteine als an die Nukleinsäure".[148] Im Artikel folgte eine Beschreibung des oben skizzierten Modells: eine Helix mit drei Ketten, wobei die Phosphate in der Mitte lagen und die Basen außen. Pauling und Corey blieben vorsichtig. „Die Struktur erklärt einige Besonderheiten der Röntgenaufnahmen", hielten sie fest, räumten aber sofort ein: „Eingehende Intensitätsberechnungen wurden noch nicht durchgeführt, und man kann die Struktur insofern nicht als erwiesenermaßen korrekt betrachten."[149].

Als sie den Beitrag gelesen hatten, waren Watson und Crick sprachlos. Das Modell des großen Pauling war ebenso falsch wie ihr eigener, erster Versuch. Pauling hatte versucht, das Problem der sich abstoßenden Phosphate mit Wasserstoffbrücken zu lösen. Aber diese Option bestand unter den im Zellkern gegebenen Umständen nicht, denn bei den dort

---

[144] Vgl. Hager (1995), S. 418ff.

[145] Zitiert nach Hager (1995), S. 420.

[146] Pauling and Corey (1953).

[147] Pauling and Corey (1953), S. 84.

[148] Pauling im Jahr 1968; zitiert nach Olby (1994), S. 377.

[149] Pauling and Corey (1953), S. 84.

vorliegenden pH-Werten verloren Phosphatgruppen ihre Wasserstoffatome und waren negativ geladen. Das Molekül war damit notwendig instabil. All das fand sich nicht zuletzt in Paulings eigenem, berühmten Lehrbuch *General Chemistry* (1947) unmissverständlich erklärt. Thomas Hager suchte in seiner Biographie von Pauling eine Erklärung und fand deutliche Worte: „Pauling scheiterte an der DNA aus zwei Gründen: Hast und Hybris."[150] Pauling hatte kaum mehr als eine Woche Arbeitszeit in diesen Vorschlag investiert, ungeachtet der Tatsache, dass er zu diesem Zeitpunkt nur vage Vorstellungen von der Struktur der Nukleotide hatte. Zudem arbeitete er auf der Grundlage unscharfer röntgenkristallographischer Aufnahmen. Trotzdem war Pauling so überzeugt von seinem Vorschlag, dass er nicht einmal Corey nachrechnen ließ, bevor er den Beitrag einreichte. „Sein Durchbruch mit der Alpha-Helix hatte ihm das Vertrauen gegeben, dass er erfolgreich voranpreschen konnte", befand Hager. „Er wollte den Preis, er spielte mit hohem Einsatz, und er verlor."[151]

Als Crick sich für die Übersendung des Sonderdrucks bei Pauling bedankte, konnte er sich eine süffisante Anmerkung nicht verkneifen: „Wir waren sehr beeindruckt von der Genialität der Struktur. Der einzige Zweifel, der mir bleibt, ist, dass ich nicht wirklich sehe, was das Ganze zusammenhält."[152] Bragg war über Paulings Misserfolg so erfreut, dass er Watson und Crick erlaubte, ihre Arbeit an der DNA wieder aufzunehmen. Es war zu verlockend, dieses Mal womöglich Pauling auf seinem eigenen Gebiet zu schlagen; die zu befürchtenden Komplikationen mit den Kollegen am King's College fielen demgegenüber nicht ins Gewicht. Crick und Watson wussten, dass sie nur wenige Wochen hatten, bevor Pauling selbst seinen Fehler entdecken und die richtige Lösung finden würde; also arbeiteten sie fieberhaft an einer Alternative.

Watson und Crick fanden bekanntlich die Lösung als erste. Doch waren sie nicht zuletzt deswegen so schnell, weil sie Zugang zu wesentlichen Ergebnissen von Franklin erhielten, ohne dass diese davon wusste. Dazu gehörte eine kristallklare Aufnahme der B-Form der DNA vom März 1952, die als Photographie Nr. 51 berühmt wurde. Ein geschultes Auge konnte dieser Aufnahme die doppelte Helix-Struktur leicht entnehmen. Gosling hatte die Aufnahme als Teil seiner Dissertation an Wilkins weitergegeben. Als Wilkins von Paulings Fehlschlag hörte und erfuhr, dass Crick und Watson entschlossen waren, wieder in das Rennen einzusteigen, zeigte er ihnen die Aufnahme. „In dem Augenblick, als ich das Bild sah, klappte mir der Unterkiefer runter, und mein Puls flatterte", beschrieb Watson im Nachhinein seine Reaktion.[153] Wilkins räumte später ein, dass es ein Fehler war, dieses Bild ohne Franklins Wissen weiterzureichen. Damals schien es ihm jedoch ohne große Bedeutung: „Ich hatte keine Ahnung davon, dass das Muster Jim irgendwelche neuen Informationen geben würde oder seine Einstellung gegenüber der Helix verändern. Aber ich hatte mich getäuscht."[154]

---

[150] Hager (1995), S. 430.
[151] Hager (1995), S. 430–431.
[152] Zitiert nach Hager (1995), S. 424.
[153] Zitiert nach der deutschen Übersetzung, Watson (1969), S. 134.
[154] Wilkins (2003), S. 218.

Weiterhin hatte Franklin Anfang 1953 für den MRC einen Arbeitsbericht verfasst, den Max Perutz in Cambridge vorliegen hatte. Perutz war Mitglied eines Ausschusses, der dabei helfen sollte, die Laboratorien des MRC zu vernetzen. Der Bericht enthielt etliche noch unveröffentlichte – allerdings in Vorträgen bereits präsentierte – Details von Franklins Arbeit. Ohne Rücksprache mit der Gruppe in London gab Perutz diesen Bericht Watson und Crick zur Einsicht. Die technischen Parameter vermittelten Crick den entscheidenden Hinweis darauf, dass es sich bei der DNA um zwei Helix-Stränge in gegenläufiger Orientierung handelte. Perutz erklärte später, es hätte keinen sachlichen Grund gegeben, diesen Bericht zurückzuhalten; ähnlich wie Wilkins gab er allerdings zu, voreilig gehandelt zu haben: „Mir wurde später klar, dass ich Randall der Höflichkeit halber um Erlaubnis hätte bitten sollen, Watson und Crick den Bericht zu zeigen, aber 1953 war ich unerfahren und nachlässig in administrativen Fragen, und da der Bericht nicht vertraulich war, sah ich keinen Grund, ihn zurückzuhalten."[155] Crick und Watson haben Franklin nie erzählt, dass sie die entscheidenden Hinweise für den Durchbruch aus Franklins Material gewonnen hatten. Dabei war es gerade in diesen Wochen, dass Franklin selbst darauf stieß, wie sich die Strukturen der A-Form und der B-Form in Einklang bringen ließen und aus welcher Perspektive beide Konfigurationen als Helix interpretiert werden konnten. Gemeinsam mit Gosling hatte sie dazu einen Aufsatz geschrieben, jedoch noch nicht eingereicht.

Watson und Crick versuchten derweil mit aller Macht, auf der Grundlage der ihnen nun zugänglichen Informationen die Elemente der DNA – Stickstoffbasen und Zucker-Phosphat-Ketten – in eine Struktur zu bringen. Doch für den letzten Schritt brauchten sie die Unterstützung von Jerry Donohue, einem Freund und Kollegen aus der Chemie, der zu diesem Zeitpunkt mit Crick und Watson das Büro teilte. Donohue hatte bei Pauling studiert. Er war Experte für Strukturchemie, und sein Spezialgebiet waren Wasserstoffbrücken-Bindungen.[156] Donohue wies Watson und Crick darauf hin, dass sie mit der falschen Konfiguration der Basen arbeiteten; diese fand sich zwar in den Lehrbüchern der Zeit, war aber veraltet. Zudem korrigierte Donohue die Positionen der Wasserstoffatome, und plötzlich fügte sich eins ins andere. Immer eine Doppelring-Base war mit einem einfachen Ring kombiniert: Adenin passte zu Thymin, Guanin zu Cytosin. Die Basenpaare wurden über Wasserstoffbrücken stabil gehalten, und die beiden Paarungen hatten eine nahezu identische Form. Man konnte sie problemlos zwischen die Stränge des Zucker-Phosphat-Skeletts einfügen, wie die Sprossen einer gewundenen Leiter. All dies stand in wunderbarem Einklang mit den vorliegenden Daten. Zudem ließ sich erklären, warum die Ketten gegenläufig orientiert waren, denn sie waren in ihrer Konfiguration komplementär.

Das waren die Voraussetzungen des Modells, das Crick und Watson nun konstruierten: „So ungefähr am Mittwoch begannen wir, an dem Modell zu bauen, und am Samstagmorgen waren wir fertig. Bis dahin war ich so müde, dass ich direkt zum Schlafen nach Hause ging", erinnerte sich Crick.[157] Am 12. März 1953 schrieb Watson an Delbrück und be-

---

[155] Perutz (1969), S. 1537.
[156] Hager (1995), S. 425–426.
[157] Crick im Jahr 1968, zitiert nach Olby (1994), S. 414.

schrieb ihre Lösung. Deutlich spricht aus diesen Zeilen, wie Watson zwar hoffte, es wäre ein großer Wurf mit erheblichen biologischen Implikationen, zugleich aber befürchtete, es wäre doch wieder alles falsch[158]:

> Morgen oder so werden Crick und ich eine Notiz an *Nature* schicken und unsere Struktur als mögliches Modell vorschlagen. Dabei werden wir betonen, dass es nur ein vorläufiger Entwurf ist, für den noch kein Beweis vorliegt. Aber ich glaube, das Ganze ist interessant, sogar wenn es falsch ist, denn es präsentiert ein konkretes Beispiel für eine Struktur, die aus komplementären Ketten zusammengesetzt ist. Wenn es zufällig richtig sein sollte, dann vermute ich, dass wir einen kleinen Schritt voran gekommen sein könnten in der Frage, wie die DNA sich selbst repliziert. Aus diesen Gründen (zusammen mit vielen anderen) ziehe ich diesen Typ Modell dem von Pauling vor, denn wenn seines richtig ist, wird es uns so gut wie nichts über die Art und Weise der DNA-Replikation sagen.[159]

Eine großzügige Reaktion auf ihr Modell erhielten Watson und Crick derweil von Wilkins aus London:

> Ihr finde, ihr seid zwei Hunde, aber ihr könntet da wirklich etwas haben. Mir gefällt die Idee. Danke für das M[anuskript]. Ich war etwas angefressen, weil ich überzeugt war von der Bedeutung des 1:1 Purin Pyrimidin Verhältnis. [. . .] Aber es hat keinen Sinn herumzumeckern – ich halte es für eine sehr aufregende Idee, und es geht nicht darum, wer zum Teufel darauf gekommen ist.[160]

Weder Crick noch Watson hätten wohl dem letzten Halbsatz zugestimmt: für sie ging es fraglos und nachdrücklich darum, dass sie darauf gekommen waren und niemand anders. In seiner Autobiographie schilderte Wilkins die Vorgeschichte dieses Briefes. Anfang März 1953 war klar, dass Franklin in Kürze das Labor von Randall verlassen würde; damit hätte die DNA-Analyse (und das Material von Signer) wieder in Wilkins Händen gelegen. Genau zu diesem Zeitpunkt musste er feststellen, dass Watson und Crick ihm zuvor gekommen waren. Als Wilkins das Modell zum ersten Mal sah, kam es zu einem unangenehmen Zusammenstoß, indem Wilkins zwar mit Nachdruck auf die Verdienste des King's College verwies, das Angebot einer geteilten Autorenschaft der Erstpublikation aber ablehnte (denn zum Modell hätte er nichts beigetragen). Den oben zitierten Brief schrieb Wilkins einige Tage später, als er seinen emotionalen Ausbruch bereute.[161] Wilkins bat allerdings im gleichen Brief darum, da er selbst gemeinsam mit Stokes und einem dritten Kollegen, Herbert R. Wilson, das Problem auch schon fast gelöst hatte, dass Crick und Watson die Publikation noch einige Tage zurückhielten, um dann alles nebeneinander zu publizieren: „Ich finde, das ist ein sehr fairer Vorschlag und hoffe, ihr habt nichts gegen die leichte Verzögerung einzuwenden, die das vielleicht für eure eigene Publikation bedeutet." Zudem gab es einen weiteren, für Wilkins überraschenden Aspekt zu bedenken:

---

[158] Watsons erhebliche Zweifel finden sich ausführlich rekonstruiert anhand seiner Korrespondenz mit Delbrück in Holmes (2001), Ch. 1.

[159] Zitiert nach Olby (1994), S. 416.

[160] Wilkins an Crick und Watson, 18. März 1953. Zitiert nach Olby (1994), S. 417.

[161] Siehe Wilkins (2003), Kapitel 8.

„R.[osalind] F.[ranklin] & R.[aymond] G.[osling] haben unsere Ideen von vor 12 Monaten noch einmal aufgewärmt. Es scheint, als sollten auch sie etwas veröffentlichen (sie haben schon alles auf dem Papier). Also mindestens drei kurze Aufsätze in *Nature*."[162]

1.5.6 Die Publikationen

Die drei Artikel erschienen kurz darauf in *Nature*, in der Ausgabe vom 25. April 1953. An erster Stelle stand der konzeptionelle Beitrag von Watson und Crick, dann die empirischen Beiträge vom King's College (die sich in Teilen überlappten): zunächst der Aufsatz von Wilkins, Stokes und Wilson, dann an letzter Stelle der Aufsatz von Franklin und Gosling. In diesem dritten Aufsatz fand sich die bereits erwähnte Photographie Nr. 51. Dieses Triple-Paket war einigermaßen ungewöhnlich: Wer hatte denn nun die Struktur gefunden? Wilkins schrieb später, dass sich dieses Problem in den folgenden Monaten verschärfte: „Fast alle, die der Meinung waren, dass ihre Arbeit zu dem Modell beigetragen hatte, wurden wahnsinnig aufgeregt, auf die eine oder andere Weise. [...] Die einzige Ausnahme war Stokes, aber er sagte später, dass er keine Ahnung hatte, wie unglaublich wichtig DNA war."[163] Im Folgenden werden die Aufsätze kurz vorgestellt; für Details können die Nachdrucke selbst konsultiert werden.

Watson & Crick, April 1953

„Wir möchten eine Struktur für das Salz der Desoxyribonukleinsäure (D.N.A.) vorschlagen. Diese Struktur hat ungewöhnliche Eigenschaften, die von erheblichem biologischen Interesse sind"[164] – der Anfang des kurzen Artikels von Crick und Watson ist weithin bekannt. Aus heutiger Sicht ist dabei bemerkenswert, dass die Abkürzung „D.N.A." aufgelöst werden musste, also auch bei einem Fachpublikum nicht als bekannt vorausgesetzt werden konnte. Bemerkenswert ist weiterhin, dass die Reihenfolge der Autorennamen nicht der neutralen, alphabetischen Ordnung folgte, denn Watson erschien vor Crick. Angeblich hatten die beiden eine Münze geworfen, wer von ihnen bei dem ersten, kurzen Artikel zuerst genannt werden sollte, und Watson gewann. Crick wurde damit Erstautor des zweiten, längeren Aufsatzes, der die Doppelhelix-Struktur detaillierter vorstellen sollte. Diese Entscheidung war folgenreicher als vermutlich von beiden beabsichtigt. Denn bis

---

[162] Wilkins an Crick und Watson, 18. März 1953. Zitiert nach Olby (1994), S. 417.

[163] Wilkins (2003), S. 219.

[164] Watson and Crick (1953), S. 737. Gross (1990), S. 62–64, hält diese Formulierung für bewusst gesetzte Ironie, ebenso wie die Kommentare zu Pauling und Corey bzw. Fraser. Er unterschätzte dabei möglicherweise das Risiko, das Watson und Crick mit diesem Artikel eingingen, und ihre sehr reale Befürchtung, das Modell könne sich doch noch als falsch erweisen. (Damit soll nicht bestritten werden, dass mit hoher Wahrscheinlichkeit jede Formulierung des Artikels bewusst und mit Blick auf ihre Wirkung auf die Leserschaft gewählt wurde.)

heute wird Watson an erster Stelle genannt, wenn von der Doppelhelix die Rede ist.[165] Das
hängt auch damit zusammen, dass die breite Rezeption der Doppelhelix eng mit Watsons
Figur verbunden war. Dazu gehört einerseits seine Autobiographie (s. u.), andererseits die
PR-Abteilung des *Human Genome Project* (HGP). In einer frühen Phase stand das HGP
unter Watsons Leitung, und man verwies regelmäßig auf die Entdeckung der Doppelhelix
als entscheidendes Gründungsereignis. In beiden Fällen spielten die technischen Details
der Struktur und ihrer Funktionalität, die im zweiten Artikel dargestellt wurden, eine un-
tergeordnete Rolle. Doch zurück zum ersten Artikel.

Nach dem verheißungsvollen Einstieg warfen die Autoren einen Blick auf die bereits
vorliegenden Vorschläge. Sie nannten zunächst den Beitrag von Pauling und Corey (1953),
nur um ihn unmittelbar wieder zu verwerfen. Dann kam ein Modell von Bruce Fraser,
das noch nicht publiziert war, aber ebenfalls zurückgewiesen wurde: „Diese Struktur ist
bisher nur vage beschrieben, wir werden sie daher nicht weiter kommentieren", heißt es
im Artikel. Hinter dieser Bemerkung stand wiederum Wilkins. Fraser war ein Doktorand
am King's College gewesen, der 1951 ebenfalls einen Vorschlag für eine Helix mit drei
Strängen entwickelt hatte. Wilkins hatte Fraser damals geraten, mit der Publikation zu
warten, bis der Vorschlag etwas ausgereifter war, und hatte nun ein schlechtes Gewissen:
„Das Ding von Fraser kann irgendwo reingestopft werden, nur dass es wenigstens erwähnt
wird", bat Wilkins seine Kollegen aus Cambridge.[166]

Verwiesen wurde weiterhin auf einen Vorschlag des norwegischen Kristallographen
Sven Furberg, der 1948 am Birkbeck College im Rahmen seines Dissertationsprojektes
die Struktur und Konfiguration von Nukleotiden und Nukleosiden (d. h. Nukleotiden ohne
Phosphatgruppen) untersucht hatte. Davon ausgehend hatte Furberg nicht nur als erster
eine Helix-Struktur der DNA vorgeschlagen, sondern auch versucht, ein entsprechendes
Modell zu konstruieren. Erst 1952 publizierte er Teile dieser Arbeit. Sein Vorschlag war
eine Ein-Strang-Helix, die in ihren Parametern – z. B. mit Blick auf den Windungsab-
stand – deutlich besser zu den Daten passte als alle alternativen Vorschläge bis dato.[167]
Im Gespräch mit Judson erinnerte sich Crick, dass er und Watson über Furbergs Modell intensiv diskutiert hatten, ohne jedoch unmittelbar anknüpfen zu können.[168] Der Vorschlag
von Watson und Crick wich in entscheidenden Punkten von Furberg ab, denn ihr Modell
beinhaltete nicht einen, sondern zwei umeinander gewundene Zucker-Phosphat-Stränge,
dazwischen die Basen im rechten Winkel. Die Anordnung der Basen, so die Autoren, war
dabei das wirklich Neue an dieser Struktur: „Sie sind in Paaren miteinander verbunden,
indem eine individuelle Base von der einen Kette über Wasserstoffbrücken mit einer individuellen Basen der anderen Kette verbunden wird, so dass die beiden nebeneinander

---

[165] Sogar Wilkins sprach in seiner Rede zum Nobelpreis 1962 von der im zweiten Aufsatz vorgestellten „Watson-Crick Theorie der DNA-Replikation" und nannte als Referenz fälschlich Watson
auch für diesen längeren Artikel als Erstautor *vor* Crick; siehe die Literaturliste in Wilkins (1962).
[166] Wilkins an Crick und Watson, 18. März 1953. Zitiert nach Olby (1994), S. 417. Der Name wurde
korrigiert, im Original heißt es fälschlich „Frazer".
[167] Siehe Furberg (1952).
[168] Judson (1996), p. 94.

liegen."[169] Nur zwei Kombinationen waren dabei möglich: Adenin mit Thymin, Guanin mit Cytosin. Das erklärte einerseits die Chargaff-Regel (wobei Watson und Crick nicht auf die Original-Referenz verwiesen, s. o.); andererseits hatte diese Anordnung zur Folge, „dass, wenn die Basenfolge einer Kette gegeben ist, die Folge der anderen Kette automatisch feststeht."

Die Autoren räumten ein, dass sie den empirischen Nachweis für diese Struktur (noch) nicht hatten erbringen können. Mit den bereits vorliegenden Daten sei es aber „weitgehend kompatibel", insbesondere mit dem Material der nachfolgenden Beiträge. „Wir kannten die Ergebnisse, die dort präsentiert werden, nicht im Detail, als wir unsere Struktur entwarfen. Diese beruht hauptsächlich, wenn auch nicht ausschließlich, auf publizierten experimentellen Daten und stereochemischen Argumenten", fügten Watson und Crick hinzu. Diese gewundene Formulierung liest sich nahezu zynisch, wenn man weiß, dass unpubliziertes Material von Franklin ihnen zugänglich und für die Lösung bedeutsam gewesen war. Weitere Angaben dazu, wie Watson und Crick ihre Struktur abgeleitet hatten, worauf sie sich dabei stützten, wie die entscheidenden Parameter bestimmt wurden: Nichts von alledem findet sich in dem Artikel. „Die Struktur wird wie ein Kaninchen aus dem Hut gezogen, ohne irgendwelche Hinweise darauf, wie wir dazu kamen", schrieb Crick zwanzig Jahre später. „Keine Größenordnung wird angegeben (ganz zu schweigen von Koordinaten), außer dass die Basenpaare 34 Å[ngström] voneinander entfernt sind und dass die Struktur zehn Basenpaare pro Windung aufweist."[170] Diese Leerstellen beruhten in erster Linie darauf, dass die entsprechenden Parameter noch nicht vorlagen. Die meisten dieser Details wurden erst später ausgearbeitet und im Laufe des Jahres publiziert.

Es folgte auf diese Beschreibung der vielleicht berühmteste Satz aus dem Artikel, um dessen Formulierung Watson und Crick lange gerungen hatten: „Es ist uns nicht entgangen, dass die spezifische Paarung, die wir vorschlagen, unmittelbar einen möglichen Mechanismus zur Verdopplung des genetischen Materials nahe legt." Dieser Aspekt war das Bestechende an der Doppelhelix: Jeder der Stränge war ein komplementäres Abbild des anderen. Wenn sie getrennt wurden, konnte jeder für sich als Schablone dienen, um die andere Hälfte zu rekonstruieren. Auf diese Weise ließ sich elegant erklären, wie die DNA sich bei Zellteilungen replizierte. Crick und Watson hatten zwar keinerlei Evidenz, um diese Mutmaßung zu untermauern, doch wollte vor allem Crick unbedingt klar stellen, dass sie sich dieser Implikationen bewusst waren, um zumindest die ideelle Priorität zu sichern. „Es war ein Kompromiss, der eine Meinungsverschiedenheit reflektierte", schrieb später Crick, „ich wollte unbedingt, dass der Artikel die genetischen Implikationen erörterte. Watson war dagegen. Er litt regelmäßig unter der Angst, dass die Struktur doch falsch war und dass er sich zum Affen gemacht hatte."[171] So blieb es bei der kurzen Bemerkung, und erst in ihrem längeren Artikel, der vier Wochen später erschien, führten

---

[169] Watson and Crick (1953).
[170] Crick (1974), S. 766.
[171] Crick (1974), S. 766.

Crick und Watson diesen Punkt weiter aus, allerdings auch dort ohne empirische Grundlage (s. u.).[172]

Den Abschluss machten die üblichen Danksagungen. Erwähnt wurde hier zunächst Jerry Donohue, „für ständigen Rat und Kritik, insbesondere mit Blick auf interatomare Abstände". Watson und Crick wussten genau, dass sie niemals die Lösung gefunden hätten, wenn Donohue sie nicht auf die korrekte Basen-Konfiguration hingewiesen hätten. An zweiter Stelle stand die Gruppe vom King's College: „Weiterhin gewannen wir Anregung aus unserer Kenntnis der allgemeinen Stoßrichtung noch nicht publizierter experimenteller Befunde und Ideen von Dr. M. H. F. Wilkins, Dr. R. E. Franklin und ihren Mitarbeitern am King's College, London." Auch diese Bemerkung hinterlässt einen Beigeschmack angesichts der Vorgeschichte; und auch hier fällt die nicht-alphabetische und damit gewertete Reihung von Wilkins und Franklin ins Auge.

Begleitet wurde der knappe Beitrag von einer Skizze, die Cricks Frau, Odile, angefertigt hatte: die erste bildliche Darstellung der Doppelhelix, die seither ikonischen Status gewann (s. Abb. 1.7). Die Bildunterschrift war eindeutig: „Diese Abbildung ist rein schematisch", hieß es dort. Doch das hinderte in der Folge nur wenige daran, diese Skizze als die korrekte, quasi photographische Darstellung der Doppelhelix zu verstehen, so wie sie wirklich aussah. Die drastische Vereinfachung des Moleküls und seiner Bestandteile in dieser Skizze trug dazu bei, die Komplexität der Analyse zu trivialisieren. Eine so schlichte, dabei wunderschöne Struktur zu finden, eine gewundene Leiter mit geraden Sprossen, konnte nicht allzu schwierig gewesen sein. Im Zusammenspiel mit der autobiographischen Darstellung von Watson etablierte sich eine populäre Version der Entdeckungsgeschichte, in der weder die experimentellen Hürden, noch die Probleme der mathematischen Interpretation röntgenkristallographischer Aufnahmen eine Rolle spielten.[173]

Wilkins, Stokes & Wilson; April 1953

„Ziel dieser Mitteilung ist es, auf vorläufige Weise einige der experimentellen Befunde zu beschreiben, die dafür sprechen, dass die Konfiguration von Polynukleotid-Ketten helikal ist und dass sie im natürlichen Zustand in dieser Form vorliegen" – so formulierten Wilkins, Stokes und Wilson das Anliegen ihres Beitrags, der an zweiter Stelle in der Ausgabe von *Nature* am 25. April 1953 abgedruckt wurde.[174] Die Autoren stellten klar, dass DNA in allen Organismen dieselbe Struktur aufwies, nämlich eine um die Längsachse gewundene Helix, die allerdings in unterschiedlichen Konfigurationen auftrat. Für diesen Punkt wurde auch auf den Beitrag von Franklin und Gosling verwiesen, die ja als erste die beiden Konfigurationen identifiziert hatten.

---

[172] Siehe Crick and Watson (1953).

[173] Auch in der vorliegenden Einleitung wurde über diese Details wenig gesprochen, doch sei für diesen Aspekt ausdrücklich auf die häufig zitierte, detailreiche Darstellung von Robert Olby verwiesen.

[174] Wilkins et al. (1953), S. 738.

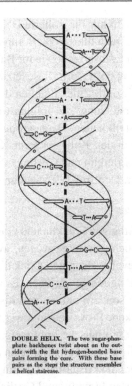

Abb. 1.7 Schematische Abbildung der Doppelhelix, wie sie in dem 1953er Artikel von Watson und Crick eingefügt wurde. Hier ein Nachdruck aus Samuel Devons, „The DNA Trail", Physics Today 21(8), 1968, S. 71. Mit freundlicher Genehmigung des American Institute of Physics

Im Folgenden ging es zunächst um die von Stokes berechneten Beugungsmuster, die eine Helix in röntgenkristallographischen Aufnahmen erzeugen sollte. Dann wurden die tatsächlich erzielten Aufnahmen vorgestellt, in denen sich viele der von Stokes vorhergesagten Merkmale für eine Helix fanden, sowie ihre Interpretation. Der von Furberg als wesentlich erkannte Abstandsparameter der DNA von 34 Ångström hatte sich nur für die innen gelegenen Anteile der Struktur als entscheidend erwiesen (es handelte sich dabei um den Abstand der Basenpaare voneinander), während die außen liegenden Stränge eine kontinuierliche Helix formten: „Das legt nahe, dass die Stickstoffbasen in der Mitte des Helix-Systems wie Pfennigtürme aufgestapelt vorliegen."[175] Mit dieser Formulierung (*pile of pennies*) verwiesen Wilkins, Stokes und Wilson auf einen frühen Vorschlag von Astbury, der diesen Ausdruck geprägt und bereits vermutet hatte, dass die Stickstoffbasen im Inneren einer Helix übereinander gestapelt vorlagen. Allerdings hatte Astbury diese Idee nicht weiter verfolgt.[176] Schließlich gingen Wilkins, Stokes und Wilson darauf ein,

---

[175] Wilkins et al. (1953), S. 739
[176] Vgl. Olby (1994), S. 65–66. Zitiert wird von Wilkins et al. der Beitrag Astbury (1947).

dass die vorgestellten Befunde nicht nur für isolierte DNA, sondern auch für die DNA in lebenden Organismen gültig war. Dazu führten sie Befunde für die Köpfchen von Spermienzellen an, für Forellenlaich und Kalbsbries sowie für Bakteriophagen und das von Avery so benannte „transformierende Prinzip" (s. o.). Diese letzten Befunde wurden indessen nur hastig und ohne Einzelheiten skizziert. Zuletzt kamen die Danksagungen. Randall stand an erster Stelle, „für seine Unterstützung", es folgten Chargaff, Singer und andere, die Material für die Studie bereit gestellt hatten. Dann wurde Watson und Crick gedankt, „für ihre Anregungen", und schließlich den Kollegen samt Kollegin am King's College „für Diskussionen". Genannt wurden Franklin und Gosling, aber auch, ohne weitere Differenzierung, zwei jüngere Mitarbeiter, Geoffrey L. Brown und William E. Seeds.

Franklin & Gosling; April 1953

An dritter Stelle erschien der Beitrag von Franklin und Gosling. Er war der längste und detailreichste in dieser Reihe, möglicherweise deswegen, weil der Aufsatz in großen Teilen bereits zur Publikation vorlag, bevor Watson und Crick die Doppelhelix fanden. Zugleich ist der Beitrag am wenigsten zugänglich geschrieben. Es ging Franklin und Gosling nicht um die breite Fachöffentlichkeit, sondern um ein spezifisches, röntgenkristallographisch geschultes Publikum, das an trockene Prosa gewöhnt war und sich ohnehin mehr für technische Details interessierte als für biologische Implikationen.

Im Artikel wurden zunächst die zwei Konfigurationen der DNA eingeführt, die Franklin und Gosling identifiziert hatten: die kristalline A-Form und die parakristalline, hydrierte B-Form. Für letztere präsentierten Franklin und Gosling die hervorragende Aufnahme Nr. 51, die alle Merkmale einer Helix zeigte. Franklin und Gosling anerkannten, dass Stokes diese Merkmale bereits vorher berechnet und Wilkins auf dieser Grundlage eine Helix-Struktur für das Molekül vorgeschlagen hatte. Sie wiesen aber auch darauf hin, dass Furberg bereits 1949 eine Helix-Struktur für die DNA angenommen hatte – ganz neu war die Vorstellung von Wilkins und Stokes also nicht gewesen, konnte man zwischen den Zeilen lesen. Es fehlte indessen in beiden Fällen die empirische Fundierung, die erst jetzt mit den neuen röntgenkristallographischen Aufnahmen vorlag. Im Folgenden führten Franklin und Gosling aus, welche Parameter und Struktureigenschaften der Helix sie ihren Aufnahmen entnehmen konnten – der Beitrag von Wilkins et al. nimmt sich im Vergleich dazu eher spärlich aus. Zusammenfassend hielten Franklin und Gosling in zurückhaltender Diktion fest:

> Die Struktur ist wahrscheinlich eine Helix. Die Phosphatgruppen liegen auf der Außenseite der Struktureinheit, auf einer Helix mit einem Durchmesser von etwa 20 Å[ngström]. Die Struktureinheit besteht wahrscheinlich aus zwei ko-axialen Molekülen, die in ungleicher Aufteilung entlang der Faserachse verteilt sind [. . .]. Unsere Vorstellungen sind also insgesamt nicht unvereinbar mit dem Modell, dass Watson und Crick in der vorstehenden Mitteilung vorschlagen.[177]

---

[177] Franklin and Gosling (1953), S. 741.

Schließlich folgte auch hier die Danksagung: „Wir danken Prof. J. T. Randall für sein Interesse und Drs. F. H. C. Crick, A. R. Stokes und M. H. F. Wilkins für Diskussionen." Watson fehlte auf prominente Weise in dieser Aufzählung.

Wie erwähnt hatte Franklin zu diesem Zeitpunkt ihren Wechsel bereits eingeleitet. Sie verließ Randalls Labor am King's College, wo sie sich niemals wohl gefühlt hatte, und ging stattdessen an das nahe gelegene Birkbeck College, in die Arbeitsgruppe von John D. Bernal, wo sie sich auf die Erforschung von Pflanzenviren konzentrierte. Franklins Arbeiten zum TMV fanden dort hohe Anerkennung. Sie wurde international bekannt für ihre präzisen Aufnahmen und ihre Interpretationen. Trotzdem steht Franklins Name heute vor allem für ihre unglückliche Rolle in der Entdeckung der Doppelhelix-Struktur; und auch in diesem Zusammenhang wird sie nicht in erster Linie als Wissenschaftlerin wahrgenommen, die entscheidende Befunde beitrug, sondern als Opfer einer Intrige.[178]

Crick & Watson, Mai 1953

Der letzte der im vorliegenden Band nachgedruckten Aufsätze erschien am 30. Mai 1953, also einige Wochen später. „Obwohl ein oberflächlicher Leser leicht die Bedeutung der ersten Serie von Aufsätzen hätte übersehen können", befand Crick im Nachhinein, „konnte man unmöglich über die Auswirkungen unseres zweiten Aufsatzes hinweggehen."[179] Hierin präsentierten Crick und Watson einerseits ihr Modell detaillierter; andererseits entfalteten sie die genetische Bedeutung der Struktur, wie schon der Titel ankündigte: *Genetical implications of the structure of desoxyribonucleic acid.* Ausdrücklich hoben Crick und Watson hervor, dass die Befunde von Wilkins, Stokes und Wilson (1953) darauf hindeuteten, dass die Doppelhelix-Struktur kein Artefakt war, sondern auch in lebenden Zellen in dieser Konfiguration auftrat. Das war naturgemäß eine wesentliche Voraussetzung dafür, überhaupt Aussagen über die Funktionsweise des Moleküls im Organismus ableiten zu können.

Verschiedene Eigenschaften der Doppelhelix-Struktur waren von biologischem Interesse, so Crick und Watson: erstens die Tatsache, dass es sich um ein Molekül mit zwei Ketten handelte (und nicht nur mit einer Kette, wie die Summenformel nahe legte); zweitens die Tatsache, dass diese Ketten über Wasserstoffbrücken zwischen den Basen in spezifischer Paarbildung zusammengehalten wurden. Dabei sei die Reihenfolge der Basen variabel. „Jede beliebige Abfolge von Basenpaaren passt in die Struktur", betonten Crick und Watson mit Nachdruck, und fügten hinzu:

> Es folgt, dass in einem langen Molekül viele verschiedene Kombinationen möglich sind, und es ist daher sehr wahrscheinlich, dass die genaue Abfolge der Basen der Code ist, der die genetische Information trägt.[180]

---

[178] Für Franklins Arbeiten nach ihrem Beitrag zur Doppelhelix, siehe Creager and Morgan (2008).
[179] Crick (1974), S. 767.
[180] Crick and Watson (1953), S. 965.

Von einem Code, in dem die Entwicklung und die Eigenschaften eines Organismus festgelegt sind, hatte schon Erwin Schrödinger im Jahr 1944 gesprochen. Damals hatte er diesen Code in der Struktur der Chromosomen verortet. Die Bezugnahme auf den „Genetischen Code", der in der Abfolge der Stickstoffbasen besteht, fand in den Jahren und Jahrzehnten nach 1953 Eingang in das Standardvokabular der Molekulargenetik und ist bis heute verbreitet. Wie tief diese Ausdrucksweise im Kontext des Kalten Krieges wurzelte, in der ständigen Beschäftigung mit Kryptographie, Kybernetik und beginnender Informatik, haben die Forschungsarbeiten von Lily E. Kay und anderen gezeigt; während beispielsweise Evelyn Fox-Keller herausarbeitete, wie die Rede von einem Code oder auch von einem Programm, das im Organismus nur noch abgelesen wird, eine extrem reduzierte Vorstellung von Entwicklungsprozessen und Organismen prägte.[181]

In der von Kay und Fox-Keller untersuchten Periode wurde der genetische Code vor allem mit dem Mechanismus der Proteinsynthese verbunden (s. u.). Crick und Watson hatten in dem vorliegenden Aufsatz von 1953 zunächst nur die Selbst-Replikation des Moleküls im Blick: Von der Reihenfolge der Basen einer DNA-Hälfte konnte man sicher auf die Reihenfolge der Basen in der anderen Hälfte schließen. Beide Ketten konnten insofern als Schablone zur Replikation des Moleküls dienen:

> Wir stellen uns vor, dass die Wasserstoffbrücken vor der Verdoppelung gelöst werden und die zwei Ketten sich aufwickeln und voneinander trennen. Jede Kette dient dann als Schablone für die Bildung einer neuen Partner-Kette nach ihrem Vorbild, so dass wir schließlich *zwei* Kettenpaare haben, wo es anfangs nur eines gab. Dabei wird zudem die Abfolge der Basenpaare genau dupliziert.[182]

Die Vorstellung, dass sich die DNA durch Ergänzung der Einzelstränge repliziert, war der Doppelhelix-Struktur inhärent. Dabei war es weniger die Helix, die dafür eine Rolle spielte, sondern die immens suggestive, komplementäre Basenpaarung. Die Formulierungen, die Crick und Watson im Folgenden wählten, um die mögliche Funktionsweise zu beschreiben, können auch heute noch in Schulbüchern oder populärwissenschaftlichen Beschreibungen auftauchen. Crick und Watson überlegten, dass es freie Nukleotide im Zellkern geben könnte, die sich bei Trennung der Ketten voneinander in komplementärer Paarung an die Einzelstränge anlagerten und in Bindungen traten, so dass zwei neue Stränge resultierten. Wie dies im Einzelnen geschehen sollte, wussten Crick und Watson nicht zu sagen; sie waren aber zuversichtlich, dass sich diese Details klären ließen. Dazu gehörte beispielsweise die Frage, wie die Bindungen erfolgten: Gab es dafür ein eigenes Enzym? Nicht unbedingt, befanden Crick und Watson, deren Abneigung gegenüber allen biochemischen Details bereits erwähnt wurde: „Ob ein besonderes Enzym für

---

[181] Siehe Kay (2000b) bzw. die deutsche Übersetzung Kay (2000a) sowie Fox Keller (2001a) bzw. Fox Keller (2001b). Aus der Fülle weiterer Arbeiten zu diesem Themenkomplex sei exemplarisch auf Brandt (2004) verwiesen.

[182] Crick and Watson (1953), S. 966.

die Polymerisierung erforderlich ist oder ob die einzelne Helix-Kette, die bereits vorliegt, gewissermaßen selbst als Enzym wirkt, muss sich erst noch zeigen."[183]

Ein anderes Problem ließ sich weniger leicht ignorieren. Die DNA lag in der Zelle als Chromosomen vor, also in einer hochgradig komprimierten Konfiguration, vielfach gewickelt und gewunden und in enger Verbindung mit Proteinen. Einen Einzelstrang der chromosomalen DNA im Zellkern so zu exponieren, dass sich freie, komplementäre Nukleotide anlagern konnten, schien selbst Crick und Watson nicht ganz trivial. Aber immerhin wüsste man doch, dass bei der Zellteilung „eine Menge Aufwickeln und Abwickeln" vor sich ginge. Zwar bezog sich diese Beobachtung bisher auf die Chromosomen, also auf eine deutlich höhere Strukturebene als die DNA, aber, so Crick und Watson, „es spiegelt wahrscheinlich ähnliche Prozesse auf molekularer Ebene". Alle verbleibenden Probleme hielten sie für lösbar: „Obwohl es derzeit schwer vorstellbar ist, wie diese Prozesse ablaufen, ohne dass sich alles miteinander verheddert, glauben wir nicht, dass dieser Einwand unüberwindlich sein wird."[184]

Aus diesen Zeilen sprach einerseits der Enthusiasmus für den eigenen Fund und seine potentiell überragende Bedeutung, andererseits eine atemberaubende Ahnungslosigkeit hinsichtlich der Komplexität zellbiologischer und biochemischer Prozesse. Dennoch fand das Prinzip der Replikation in dieser reduzierten Form Eingang in die Lehrbücher, und es dauerte Jahrzehnte, sich von dem Gedanken zu lösen, die DNA würde „sich selbst" replizieren, indem die Stränge wundersamerweise auseinander gleiten wie ein Reißverschluss, komplementäre Nukleotide sich anlagern und das Ganze sich dann ebenso wundersam wieder zu zwei Ketten zusammenfügt. Wie oben zitiert, hielten Crick und Watson es sogar für möglich, dass dieser ganze Vorgang ohne Enzyme oder andere zelluläre Einflussnahme vonstatten ging. Crick gab später zu, dass er und Watson von einem zu schlichten Bild ausgegangen waren, das in erster Linie ihrer Unkenntnis geschuldet war. Trotzdem gab er zu bedenken: „Im Rückblick finde ich, wir verdienen Anerkennung dafür, dass wir uns durch die Schwierigkeit des Auswickelns, die wir klar eingeräumt haben, nicht behindern ließen."[185] Watson und Cricks Unbefangenheit gegenüber biochemischen Komplikationen trug möglicherweise dazu bei, andere zur Lösung der Probleme zu ermuntern. Sie trug jedoch auch dazu bei, die Vorstellung von der DNA als Meistermolekül zu begründen und den Beitrag der anderen Zellbestandteile zu trivialisieren. Crick und Watson genossen es geradezu, das landläufige Bild der DNA als Hilfsmolekül der Proteine ins Gegenteil zu verkehren: „Die Funktion des Proteins [in den Chromosomen] könnte durchaus darin liegen, dass es das Aufwickeln und Abwickeln kontrolliert oder dass es dabei hilft, die einzelnen Polynukleotid-Ketten in helikale Konfiguration zu bringen, oder es hat irgendeine andere unspezifische Funktion."[186] Die Autoren räumten ein, dass in dieser Beschreibung

---

[183] Crick and Watson (1953), S. 966.
[184] Sämtlich: Crick and Watson (1953), S. 966.
[185] Crick (1974), S. 767.
[186] Crick and Watson (1953), S. 966.

viele Punkte offen blieben. Trotzdem schlossen sie in dem Hochgefühl, eines der wichtigsten Probleme der zeitgenössischen Biologie gelöst zu haben:

> Trotz dieser Unsicherheiten glauben wir, dass die von uns vorgeschlagene Struktur der Desoxyribonukleinsäure dabei helfen könnte, eines der fundamentalen biologischen Probleme zu lösen – die molekulare Grundlage der Schablone für die genetische Replikation.[187]

Der Nobelpreis

1962 wurden Crick, Watson und Wilkins mit dem Nobelpreis ausgezeichnet, „für Entdeckungen zur molekularen Struktur der Nukleinsäuren und zu ihrer Bedeutung für die Weitergabe von Information in lebender Substanz".[188] Der Preis bezog sich also nicht nur auf die Doppelhelix-Struktur der DNA, sondern auch auf die Arbeiten der darauf folgenden Jahre. Dementsprechend waren auch die Nobelpreis-Reden der drei Wissenschaftler angelegt. Watson war noch 1953 ans Caltech, Pasadena, gewechselt und hatte dort vor allem zu Ribonukleinsäuren (RNA) gearbeitet. In seiner Rede ging er auf diese Forschungen ein und erläuterte die Bedeutung der RNA bei der Proteinsynthese.[189] Crick sprach über das Verhältnis von Struktur und Funktion der DNA und über den genetischen Code, an dessen Entschlüsselung er maßgeblich beteiligt gewesen war. Crick stellte dabei in Aussicht, dass dieses Problem, ungeachtet aller Schwierigkeiten, in den nächsten Jahren gelöst werden würde. (Er hatte recht: 1966 war der Code vollständig entschlüsselt.)[190]

Nur Wilkins sprach über die Struktur der DNA und die röntgenkristallographische Analyse ihrer Details, die ihn und eine Reihe von Mitarbeitern noch bis 1960 beschäftigt hatten.[191] Die DNA-Struktur, hob Wilkins hervor, „hat zu der ersten umfassenden Interpretation von Lebensprozessen vermittels makromolekularer Strukturen geführt". Er beschrieb seinen eigenen Weg in Randalls Labor, die ersten Experimente mit Gosling und den weiteren Gang der Ereignisse am King's College bis zu den ersten gelungenen röntgenkristallographischen Aufnahmen. Dieser Durchbruch markierte für Wilkins einen Wendepunkt:

> Sobald wir gute Beugungsmuster von DNA-Fäden erzielt hatten, war ein enormes Interesse geweckt. In unserem Labor hat Alex Stokes eine Theorie der Beugung helikaler DNA entwickelt. Rosalind Franklin (die einige Jahre später verstarb, auf dem Höhepunkt ihrer Karriere) machte sehr wertvolle Beiträge zur Röntgenkristallanalyse.[192]

Neben Stokes wurde also auch Franklin erwähnt, ohne jedoch ihre „wertvollen Beiträge" näher zu charakterisieren. So fehlte der Hinweis darauf, dass es Franklin war, die

---

[187] Crick and Watson (1953), S. 966.
[188] Vgl. die offizielle Webseite, http://www.nobelprize.org/nobel_prizes/medicine/laureates/1962/ (Zugriff Mai 2016).
[189] Watson (1962).
[190] Crick (1962).
[191] Wilkins (1962).
[192] Wilkins (1962).

gemeinsam mit Gosling die besten Aufnahmen der DNA erzielt hatte; dass sie die hydrierte Form der DNA identifiziert hatte, an der sich die helikale Struktur zeigte; und dass
es ihre Berechnungen waren, die schon früh etablierten, dass die Phosphatgruppen des
Moleküls an der Außenseite lagen. Erst in den Danksagungen am Ende der Rede wurde
Franklin wieder erwähnt, allerdings nach Randall und den Mitarbeitern von Wilkins und
erneut ohne Spezifizierung ihrer Leistungen: „[Ich danke] meiner verstorbenen Kollegin
Rosalind Franklin, die durch ihre große Kompetenz und Erfahrung im Umgang mit der
Beugung von Röntgenstrahlen so viel zur anfänglichen Erforschung der DNA beigetragen
hat."[193]

Wie dieser Bemerkung zu entnehmen ist, war Franklin zu diesem Zeitpunkt bereits tot:
Im Alter von nur 37 Jahren erlag sie einem Karzinom. Dadurch wurde das Nobelpreis-
Komitee von der unangenehmen Aufgabe entbunden, unter den vier maßgeblich beteiligten Personen eine von der Auszeichnung auszuschließen. Denn nach den immer noch
gültigen, schon damals jedoch unzeitgemäßen Regeln kann der Nobelpreis in einem Jahr
in einer Sparte an nicht mehr als drei Personen vergeben werden. Zudem werden keine
Leistungen posthum ausgezeichnet. Ob Franklin unter anderen Umständen eine der drei
Personen gewesen wäre, die 1962 ausgezeichnet wurden, bleibt offen, darf aber bezweifelt
werden (ohne die Leistung von einem der drei anderen in Frage stellen zu wollen). Die
misogyne Atmosphäre in den Naturwissenschaften der 1950er und 1960er Jahre geht aus
den Quellen deutlich hervor. Doch fand sie zu besonders eindrucksvoller Form in Watsons
autobiographischem Bericht der Episode, der im Folgenden vorgestellt wird.

1.5.7 Honest Jim

Gerade der erste Aufsatz von Watson und Crick wurde anfangs nur vergleichsweise selten
zitiert. Zwar war die Doppelhelix-Struktur in der Fachwelt schnell bekannt und akzeptiert; aber von der überwältigenden Präsenz in Wissenschaft und Öffentlichkeit, die der
Doppelhelix später zukam, war zu diesem Zeitpunkt nichts zu spüren.[194] Das lag nicht zuletzt daran, dass die erwähnte Fachwelt sehr überschaubar war. Watson selbst schätzte im
Nachhinein, dass das Publikum für die Aufklärung der DNA-Struktur anfangs der 1950er
Jahre etwa fünfzig Personen umfasste: fünfzehn in England, fünf oder sechs in Frankreich,
der Rest über die Welt verstreut.[195] Auch von der Presse wurde die Meldung nur zögerlich
aufgenommen. Ritchie Calder, ein Freund von Lawrence Bragg und Wissenschaftsredak-
teur des *News Chronicle*, brachte Ende Mai die Schlagzeile: *Why You Are You: Nearer the*

---

[193] In der Festschrift anlässlich des vierzigsten Jahrestags der Entdeckung der Doppelhelix findet
sich demgegenüber eine ausdrückliche Würdigung von Franklins Leistungen in der Ansprache von
Francis Crick: „Zuallererst möchte ich Sie an Rosalind Franklin erinnern, deren Beiträge in diesen
Treffen zum 40. Jahrestag der Entdeckung bisher nicht hinreichend anerkannt wurden". Anschließend beschrieb Crick, worin diese Beiträge von Franklin bestanden. Crick (1995), S. 198.
[194] Siehe z. B. Olby (2003), der von einem „quiet debut" sprach.
[195] Nach McElheny (2004), S. 65.

Secret of Life. Eine ähnliche Meldung erschien in der *New York Times*. Damit hatte man eine Ausrichtung der medialen Inszenierung gefunden, auf die bis heute zurückgegriffen wird, die DNA als Schlüssel zur eigenen Identität sowie zum Geheimnis des Lebens im Allgemeinen. Doch wurden weder die Namen der beteiligten Wissenschaftler genannt, noch ging die Meldung inhaltlich in die Tiefe.[196]

Gegen Ende der 1950er Jahre wurde die weitreichende Bedeutung der Entdeckung klarer, als man herausfand, dass die Struktur der DNA, insbesondere die Basensequenz, eng mit dem Mechanismus der Proteinsynthese zusammenhing (s. u.).[197] Nach verbreiteter Einschätzung hat die Entdeckung der Doppelhelix-Struktur diese Entwicklungen indessen nicht ausgelöst; vieles spricht dafür, dass der Doppelhelix ihre hohe Bedeutung erst *im Zuge* dieser Entwicklungen gewann.[198] Was deutlicher zur Bekanntheit der Doppelhelix und ihrer Entdeckung beitrug, und zwar weit über die Wissenschaft hinaus, war die autobiographische Darstellung von Watson, die 1968 als *The Double Helix* erschien. Vor seiner Drucklegung zirkulierte das Manuskript unter dem Titel *Honest Jim*, inspiriert von einem Bestseller der 1950er Jahre, *Lucky Jim* (1954) von Kingsley Amis. Doch traf dieser Titelvorschlag nicht auf Zustimmung und wurde verworfen.[199] Bereits vor Fertigstellung des Manuskripts stand das Buch unter Vertrag bei dem renommierten Verlagshaus Harvard University Press. Als sich jedoch abzeichnete, dass sowohl Crick als auch Wilkins vehement gegen eine Publikation opponierten (s. u.), zog sich der Verlag aus Angst vor Reputationsverlust zurück. Letztlich wurde das Buch 1968 bei Atheneum, New York, publiziert sowie bei Weidenfeld & Nicolson in Großbritannien. Seither hat es zahlreiche Auflagen durchlaufen und wurde in viele Sprachen übersetzt.[200]

Watson beschrieb darin den Weg zur Entdeckung der Doppelhelix-Struktur aus seiner damaligen Perspektive: *A personal account of the discovery of the DNA*, lautete der Untertitel. Auf den ersten Blick erschien dies als Ausweis einer authentischen und damit zuverlässigen Binnensicht auf die Ereignisse. Bereits im Vorwort deutete Watson jedoch eine alternative Lesart an: „Ich bin mir darüber klar, daß die anderen Beteiligten große Teile dieser Geschichte anders erzählen würden", hieß es dort. Er hätte sich bemüht, so Watson, seine ersten, persönlichen Eindrücke wiederzugeben, ohne diese mit späteren

---

[196] Die zurückhaltende Reaktion der Presse ist nur retrospektiv erstaunlich. In den 1950er Jahren gab es nur wenige Wissenschaftsjournalisten und nur wenige Publikationsorte für solche Meldungen. Erst gegen Ende der 1960er Jahre entwickelte die Presse ein Interesse an wissenschaftlichen Erfolgen, und die Wissenschaftler ihrerseits ein Interesse an journalistischer Berichterstattung. Siehe z. B. Yoxen (1985), S. 167–168.

[197] Für einen breiteren Überblick siehe z. B. Morange (1998).

[198] Dafür argumentiert z. B. de Chadarevian (2002), S. 162.

[199] Siehe z. B. de Chadarevian (2002), S. 164. Inhaltlich gibt es durchaus Parallelen zwischen den Büchern von Watson und Amis: Auch der Held in *Lucky Jim* wurde als Ikonoklast inszeniert, der zur Freude der Leserschaft gegen die verstaubten Traditionen des englischen Wissenschaftssystems rebellierte. Auch in diesem Roman ist zudem die sexistische und misogyne Grundhaltung der Erzählung, insbesondere gegenüber intellektuell erfolgreichen Frauen, nicht zu übersehen.

[200] Siehe für Details zur Vorgeschichte sowie zur Publikation des Buches auch Gann and Witkowski (2012), Appendix 4, S. 283–299, sowie Friedberg (2005).

Einsichten anzureichern. „Viele meiner Bemerkungen können daher einseitig und unfair erscheinen", gab er zu, „aber das kommt ja oft vor, da wir Menschen oft unüberlegt und vorschnell entscheiden, ob wir eine neue Idee oder Bekanntschaft mögen oder nicht".[201] Für Watson legitimierte die Kennzeichnung des Buches als persönlicher Bericht eine radikale Subjektivität, die nicht in der Pflicht stand, andere Perspektiven zu berücksichtigen oder die Darstellung der Sachverhalte anhand unabhängiger Quellen zu prüfen.

Diese radikale Subjektivität zahlte sich aus – buchstäblich. Das Buch wurde ein Bestseller, und zwar nicht zuletzt deswegen, weil Watson bewusst polemisierte und den nachfolgenden Skandal mit voller Absicht heraufbeschwor. Ein Gutteil der Kritik an dem Buch richtete sich gegen die Darstellung von Wissenschaft als einer Tätigkeit, die ebenso tief in menschliche Alltäglichkeiten involviert ist wie jeder andere Beruf. Heute kann das niemanden mehr überraschen, doch 1968 hatte der Mythos des rationalen, asketischen, allein der Wahrheit verpflichteten Wissenschaftlers noch Überzeugungskraft. Von der Darstellung einer Entdeckung, die mit einem Nobelpreis ausgezeichnet wurde, hatte man anderes erwartet als die kontingente Folge von Versuch, Irrtum, Intrige und glücklichem Zufall, die Watson präsentierte. Wissenschaftler, die sich mehr für Tennis und Mädchen interessierten als für Experimente, waren in der zeitgenössischen Vorstellung nicht vorgesehen; gleiches galt für das Bild von Wissenschaft als skrupelloser Wettbewerb, in dem man auch vor ethisch zweifelhaften Handlungen nicht zurückschreckte, um den Preis zu gewinnen.[202] Der zweite, hauptsächliche Ansatzpunkt für Kritik war Watsons grotesk überzeichnete Darstellung der Figuren. Er schrieb das Buch als einen Wissenschaftsthriller, mit einem Personeninventar, das in erster Linie den Erfordernissen der Dramaturgie entsprach, weniger der historischen Realität. Ausgeflaggt und gelesen wurde es indessen als ein Tatsachenbericht, der Figuren so schilderte, wie sie wirklich waren. Dieses Spannungsverhältnis sorgte für Konflikt.

Der Tonfall des Buches wurde gleich mit dem ersten Satz angeschlagen, in dem es hieß: „Ich habe Francis Crick nie bescheiden gesehen. Mag sein, daß er es in Gesellschaft anderer Leute ist – ich jedenfalls hatte nie Gelegenheit, diese Eigenschaft an ihm festzustellen."[203] Auf den folgenden Seiten wurde Crick als ein nicht nur seltsamer, sondern auch anstrengender Zeitgenosse eingeführt, der durch Geschwätzigkeit, übersteigertes Selbstwertgefühl und wieherndes Gelächter hervorstach, weniger durch wissenschaftliche Leistung. Wilkins blieb demgegenüber eine blasse Figur, bis auf sein schwieriges Verhältnis zu Franklin. Auf Franklins Beschreibung hingegen verwendete Watson einige Mühe:

---

[201] Watson (1969), S. 15.

[202] Auch dies kann ein Grund dafür sein, dass Wilkins in seiner Autobiographie wiederholt den hervorragenden Teamgeist in Randalls Labor hervorhob. Man darf zumindest vermuten, dass dies einen Kontrapunkt setzen sollte gegen das von Watson evozierte Bild der Wissenschaft; siehe Wilkins (2003). Auch Francis Crick hob nach 1970 hervor, die Entdeckung der Doppelhelix wäre ein Beispiel für den *kooperativen* Charakter der Wissenschaft; z. B. Crick (1995).

[203] Zitiert wird auch im Folgenden nach der deutschen Ausgabe Watson (1969), hier: S. 20.

Ich nehme an, daß Maurice anfangs noch die Hoffnung hatte, Rosy werde sich beruhigen. Doch brauchte man sie nur anzusehen, um zu wissen, daß sie nicht leicht nachgeben würde. Sie tat ganz bewußt nichts, um ihre weiblichen Eigenschaften zu unterstreichen. Trotz ihrer scharfen Züge war sie nicht unattraktiv, und sie wäre sogar hinreißend gewesen, hätte sie auch nur das geringste Interesse für ihre Kleidung gezeigt. Das tat sie nicht. Nicht einmal einen Lippenstift, dessen Farbe vielleicht mit ihrem glatten schwarzen Haar kontrastiert hätte, benutzte sie, und mit ihren einunddreißig Jahren trug sie so phantasielose Kleider wie nur irgendein blaustrümpfiger englischer Teenager.[204]

Als „Rosy" bezeichnete Watson diese Person, die mit Rosalind Franklin nur wenig gemein hatte. Eingeführt wurde sie (fälschlich) als Wilkins' neue Mitarbeiterin. Randall hätte sie nach London geholt, um Wilkins' Forschungen zu fördern; doch Rosy, so Watson, „dachte nicht daran, sich als Maurices Assistentin zu betrachten."[205] Das in diesen Passagen entworfene Bild von Franklin – das Stereotyp eines unattraktiven, schnippischen, sich selbst überschätzenden Blaustrumpf – bleibt für den restlichen Text bestimmend. Darauf aufbauend schilderte Watson, ohne Gefühle des Unbehagens erkennen zu lassen, wie er und Crick an die Photographie Nr. 51 und an Franklins Arbeitsbericht gekommen waren, und wie ihnen beides in die Hände spielte, um als erste das Rätsel der DNA-Struktur zu lösen. In Watsons Darstellung erschien dieses Vorgehen als legitime Rettung wichtiger Daten, die in den Händen von Franklin ungenutzt geblieben wären. Denn durch die kategorische Ablehnung der Helix-Struktur (die Watson ihr fälschlich zuschrieb) hatte Franklin sich als inkompetent für die Interpretation ihrer eigenen Aufnahmen erwiesen. Gerade diese Teile des Buches erregten Anstoß. Zwar hatte Watson in einem Epilog nachgeschoben, er und Crick hätten später Franklins „Aufrichtigkeit und Großmütigkeit" schätzen gelernt und besser verstanden, welchem Widerstand intelligente Frauen sich ausgesetzt sahen; doch an den kritischen Punkten änderte das wenig. Die Literatur hat sich wiederholt mit der Frage auseinandergesetzt, welchen Beitrag Franklin nun wirklich geleistet hatte und ob sie tatsächlich selbst die Doppelhelix gefunden hätte. Diese Frage kann hier nicht geklärt werden. Auch wurde zu Recht unterstrichen, dass Franklin nicht zur feministischen Ikone taugt.[206] Watson hingegen für seine sexistischen Pointen auf Kosten von Franklin scharf zu kritisieren, war bereits Zeitgenossen ein Bedürfnis.

Franklin konnte sich nicht mehr zur Wehr setzen, aber Crick und Wilkins waren gekränkt und erzürnt. Insbesondere Crick empfand das Buch als Vertrauensbruch und unzulässigen Übergriff in seine Privatsphäre. Watson hatte das Typoskript bereits 1966 zur Durchsicht an Crick geschickt. Zu diesem Zeitpunkt war jedoch seine Frau Odile schwer erkrankt und Crick nicht imstande, den Text zu prüfen. So reagierte er zunächst nur auf

---

[204] Watson (1969), S. 28.
[205] Watson (1969), S. 28.
[206] Diese Interpretation wurde z. B. in der Biographie Sayre (1975) nahe gelegt; eine Gegendarstellung ist z. B. Maddox (2003a). Wenig hilfreich ist dabei der Hinweis, Franklin hätte entgegen Watsons Darstellung immer Lippenstift getragen – als wäre dies von Bedeutung. Siehe z. B. Maddox (2003b), worin wiederholt auf Franklins weibliche Eleganz hingewiesen wird (englisches Original: Maddox (2002)).

den Titel: *Honest Jim* lehnte er ab. *Base Pairs*, Watsons nächster Vorschlag, gefiel Crick um nichts besser: „Alle werden uns beide mit zumindest einem dieser Paare identifizieren und ich sehe wirklich nicht, warum ich der Veröffentlichung eines Buches zustimmen sollte, in dem ich als „niederträchtig" bezeichnet werde."[207] (Damit bezog sich Crick auf die Doppeldeutigkeit des englischen Terminus *base*: Es ist einerseits die Bezeichnung der chemischen Basen, die in der Doppelhelix-Struktur eine so zentrale Rolle spielen, andererseits ist es ein Adjektiv der Bedeutung „niederträchtig" oder „gemein". Es ist davon auszugehen, dass Watson bewusst mit dieser Doppeldeutigkeit hatte spielen wollen.) Schließlich blieb Watson bei dem neutralen Titel *The Double Helix*, der auch dem Verlag am besten gefiel. Watson schickte Crick und anderen eine überarbeitete Fassung, verbunden mit der Bitte, ein Formular zu unterschreiben, in dem sie sich mit der Publikation einverstanden erklärten. Damit begann eine heftige Kontroverse. Nicht nur Crick sprach sich gegen die Veröffentlichung aus, auch Wilkins und Kendrew äußerten scharfe Kritik und kündigten rechtliche Einspruchnahme an.

Wilkins schrieb am 6. Oktober 1966, er könnte einer Publikation nicht zustimmen. Er unterstützte zwar das Anliegen, auch neuere Episoden der Wissenschaft bekannt zu machen und historisch zu untersuchen, doch sollte dies professionell geschehen, nicht in dieser Form:

> Das Buch würde wissenschaftlichen Laien ein verzerrtes und unvorteilhaftes Bild von Wissenschaftlern vermitteln. Die DNA-Geschichte ist nicht typisch für wissenschaftliche Entdeckungen; um nur eine Sache zu nennen, sie war in ungewöhnlichem Maße belastet mit persönlichen Schwierigkeiten. Die meisten Top-Wissenschaftler sind einigermaßen anständig, aber dein Buch, obwohl es vielleicht nicht deine Absicht ist, wird vielen Leuten den Eindruck vermitteln, Francis sei ein dümmlicher Hyperaktivist, ich ein überkorrekter Trottel und du ein kindischer Exhibitionist. Das wäre nicht fair, keinem von uns gegenüber und auch nicht gegenüber Wissenschaftlern im Allgemeinen.[208]

Wilkins rechnete zudem mit medialer Aufmerksamkeit und hielt fest, er wollte nicht in die Situation geraten, öffentlich erklären zu müssen, Watson wäre ein Exzentriker, den man nicht ernst nehmen könnte. „Und ich möchte auch nicht daneben stehen, wenn Rosalind in Verruf gebracht wird", fügte Wilkins hinzu, „sie war meine Kollegin, und wie angemessen auch immer deine Darstellung von ihr sein mag, ich kann der Veröffentlichung nicht zustimmen: Rosalind würde es sicher nicht tun, wenn sie noch lebte".[209]

---

[207] Crick an Watson, 27.9.1966, zitiert nach Friedberg (2005), S. 43.

[208] Im kaum übersetzbaren Original schreibt Wilkins: „Most top scientists are fairly civilised, but your book, though you may not intend it, give many people an impression of Francis as a featherbrained hyperthyroid, me an overgentlemanly mug and you an immature exhibitionist!" Dieser Brief sowie die folgenden wurden in digitaler Form bereit gestellt durch die *National Library of Medicine*, Francis Crick Papers. Für alle Briefe gilt als letzter Zugriff Mai 2016. Brief von Wilkins an Watson, 6.10.1966, zugänglich unter http://profiles.nlm.nih.gov/ps/access/SCBBLN.pdf.

Einige Tage später, am 10. Oktober 1966, äußerte sich auch Crick: „Widerwillig bin ich zu dem Schluss gekommen, dass ich der Veröffentlichung des Buches nicht zustimmen kann."[210] Das Buch enthielte zu viel Klatsch und Tratsch gegenüber zu geringem intellektuellen Gehalt; außerdem fand Crick es methodisch unseriös: „Du versuchst gar nicht, Literaturverweise und Daten anzugeben oder deine Erinnerungen mit Material aus anderen Quellen zu ergänzen. Du hast dir nicht einmal die Mühe gemacht, Dokumente heranzuziehen, die dir leicht zugänglich sind." In diesem Sinne hätte er auch dem Verlag geschrieben, um die Veröffentlichung zu verhindern.

Watson verteidigte beleidigt sein Konzept. Zudem verwies er auf etwa fünfzig andere Personen, denen er das Typoskript zum Lesen gegeben hatte. Alle hätten ihn zur Publikation ermuntert und daran würde er festhalten: „Ich hoffe also wirklich, dass du wie ein Gentleman, wenn auch ohne Enthusiasmus, die Publikation akzeptierst, damit das hässliche Schauspiel eines Crick-Watson Duells nicht in die Öffentlichkeit durchsickert."[211] Crick erwiderte, er sei dazu keinesfalls bereit; er ging sogar so weit anzufügen: „Ich kann dir versichern, wenn ich gewusst hätte, dass du diese Art von Buch schreiben würdest, die du geschrieben hast, hätte ich niemals mit dir zusammengearbeitet."[212]

Im Januar zeichnete sich ab, dass das Buch, das als Typoskript inzwischen weit zirkulierte, auf jeden Fall veröffentlicht werden würde. Crick und Wilkins einigten sich also darauf, zumindest diejenigen Passagen eliminieren oder verändern zu lassen, die sie beide als besonders abstoßend empfanden.[213] Zu diesem Zeitpunkt hatte auch Bragg das Buch gesehen und Crick zugesagt, er werde ebenfalls darauf drängen, dass gewisse Abschnitte entschärft würden. Unter dieser Bedingung, die Watson akzeptierte, verfasste Bragg schließlich ein Vorwort, das sehr großzügig ausfiel. Viele hielten diese billigenden Worte von Bragg für einen entscheidenden Faktor für den Erfolg des Buches.[214] Die überarbeitete Fassung fand Crick nur „etwas besser". So würden wesentliche Teile ihrer Arbeit fehlen, so Crick, „beispielsweise die Arbeit von Furberg, der die Konfiguration von Zucker und Basen zueinander etabliert hat."[215] Er kritisierte weiterhin die Fülle überflüssiger Details aus Alltag und Privatleben und Watsons nachlässige Art, nur aus seinem Gedächtnis zu schöpfen. Vor allem aber sei die Beschreibung der Episode irreführend in ihrer Darstellung wissenschaftlicher Arbeit:

---

[209] Watson hatte daraufhin – sowie auf Drängen von Joyce Lebovitz, Senior Editor of Harvard University Press – einen Epilog eingefügt, in dem er darlegte, dass er in späteren Jahren seine Meinung über Franklin geändert hatte. Vgl. Friedberg (2005), S. 54. Siehe auch Watson an Wilkins, 28.11.1966, http://profiles.nlm.nih.gov/ps/access/SCBBLB.pdf.

[210] Crick an Watson, 10.10.1966, http://profiles.nlm.nih.gov/ps/access/SCBBLM.pdf.

[211] Watson an Crick, 19.10.1966, http://profiles.nlm.nih.gov/ps/access/SCBBLM.pdf.

[212] Crick an Watson, 1.11.1966, http://profiles.nlm.nih.gov/ps/access/SCBBLG.pdf.

[213] Crick an Wilkins, 19.1.1967; http://profiles.nlm.nih.gov/ps/access/SCBBKT.pdf.

[214] Bragg an Watson, 19. April 1967. Die erste Seite des Briefes ist abgedruckt in Friedberg (2005), S. 40. Pauling war von Braggs Vorwort nahezu ebenso entsetzt wie von Watsons Buch selbst. Siehe Pauling an Bragg, 17.5.1967, http://scarc.library.oregonstate.edu/coll/pauling/dna/people/bragg.html.

[215] Crick an Watson, 25.4.1967; http://profiles.nlm.nih.gov/ps/access/SCBBKN.pdf.

Die meiste Zeit haben wir damit verbracht, schwierige, intellektuelle Diskussionen zu führen, über verschiedene Aspekte der Kristallographie und der Biochemie. Das Hauptmotiv
war, zu verstehen. Wissenschaft wird nicht gemacht, indem man mit anderen Wissenschaftlern klatscht und tratscht, und schon gar nicht, indem man sich mit ihnen herumstreitet. Die
wichtigste Voraussetzung für theoretische Arbeit ist die Verbindung von sorgfältigem Nachdenken und phantasievollen Ideen.[216]

In Reaktion auf diese Zuspitzung der Lage beschloss Harvard University Press, von
einer Veröffentlichung Abstand zu nehmen, und das Buch erschien 1968 bei Atheneum
Press, New York.[217] Erstaunlicherweise hatte die Freundschaft von Watson und Crick trotz
der Zerwürfnisse Bestand. Mit der Zeit verlor Crick sogar seine kategorisch ablehnende
Haltung gegenüber der Presse – und in einer retrospektiven Darstellung von 1974 konnte er sogar über *The Double Helix* scherzen. So schrieb Crick, er würde oft gefragt, ob
er denn nicht auch seine Version der Geschichte publizieren wollte. Tatsächlich hätte er
einmal einen Vortrag dazu gehalten, meinte Crick, doch dabei wäre es geblieben: „Was
ein Buch betrifft, muss ich zugeben, kam ich bis zum Entwurf eines Titels (*Die lockere
Schraube*) und bis zu einem, wie ich hoffte, eingängigen ersten Satz („Jim war immer un-
geschickt mit seinen Händen. Man musste ihm nur dabei zuschauen, wie er eine Orange
schälte...")." Er hätte sich dann aber dagegen entschieden, das Projekt voranzutreiben.[218]
    Der Konflikt zwischen den wissenschaftlichen Protagonisten prägte die Wahrnehmung
der *Double Helix*, bevor das Buch überhaupt erschienen war, und setzte sich in den Rezensionen fort. Das Spektrum reichte von enthusiastischem Beifall bis zu empörter Ab-
scheu.[219] Heftige Kritik an der Darstellung Franklins kam etwa von Aaron Klug, ihrem
engsten Mitarbeiter in späteren Jahren. Er erläuterte Franklins Beiträge zur Strukturanalyse und hob hervor, dass Franklin keinesfalls eine Helix-Struktur ausgeschlossen hatte.[220]
Andere äußerten sich ähnlich; der Biologe André Lwoff etwa bezeichnete Watsons Portrait von Franklin als grausam (*cruel*): „Die Bemerkungen dazu, wie sie sich kleidet, und
zu ihrem fehlenden Charme sind vollkommen inakzeptabel.“[221]
    Besonders interessant sind diejenigen Rezensionen, die sich zu dem von Watson ver-
mittelten Bild von Wissenschaft und Wissenschaftlern äußerten. Erwin Chargaff etwa
vermochte dem Buch (und seinem Autor) nichts Gutes abzugewinnen, erklärte aber ab-
schließend: „Insoweit allerdings Watsons Buch zu einer dringend erforderlichen Entmy-
thologisierung der modernen Wissenschaft beiträgt, ist es zu begrüßen.“[222] Ein anderer

---

[216] Crick an Watson, 25.4.1967; http://profiles.nlm.nih.gov/ps/access/SCBBKN.pdf.
[217] Die näheren Umständen beschreibt z. B. Friedberg (2005), S. 58.
[218] Crick (1974), S. 768. Als Titelentwurf nannte er im Original *The Loose Screw*. Als alternativen,
ebenfalls nicht verwirklichten Titel für Cricks Memoiren schlug Sydney Brenner vor: *Brighter than
a Thousand Jims*, in Anspielung auf das weithin bekannte Buch von Robert Jungk. Siehe Judson
(1996), S. 157.
[219] Eine Auswahl der prominentesten Rezensionen findet sich nachgedruckt in Stent (1981).
[220] Klug (1968).
[221] Lwoff (1981), S. 231.
[222] Chargaff (1968), S. 1449.

Rezensent empfahl sogar *The Double Helix* als therapeutische Lektüre allen denjenigen, die immer noch glaubten, in der Wissenschaft gehe es um Ideale, und Wissenschaftler seien Ritter im Dienste der Wahrheit.[223] Auch der Pionier der Wissenschaftssoziologie, Robert K. Merton, griff diesen Aspekt auf, und auch er las das Buch als Beschreibung tatsächlicher Verhältnisse in der Wissenschaft. An die Stelle eines entrückten, interessenfreien Kosmos hätte Watson die profane Realität gesetzt, in der neben der wissenschaftlichen Arbeit auch Muße und Frivolität ihren Platz fanden. Zudem ginge es keineswegs nur um Erkenntnis; vielmehr war die Suche nach der DNA-Struktur wie Forschung im allgemeinen „verflochten mit den quälenden Freuden von Konkurrenz, Wettstreit und Belohnung".[224]

„Wissenschaft ist eine kompetitive und aggressive Beschäftigung – ein Wettkampf Mann gegen Mann, der Wissen als Nebenprodukt erzeugt", bestätigte der Evolutionsbiologe Richard Lewontin, und fügte hinzu: „Dieses Nebenprodukt ist der einzige Vorteil gegenüber Fußball."[225] Der verbreiteten Meinung, es handele sich um eine populäre Darstellung für die Öffentlichkeit, hielt Lewontin entgegen, weite Teile des Buches seien nur für Personen innerhalb des Wissenschaftsbetriebs verständlich:

> Manches in dem Buch ist einfach zu technisch oder setzte naturwissenschaftliche Bildung voraus. Viele Szenen und Bilder werden nur für Leute mit Erfahrung entworfen. Die Beschreibung von Sir Francis [Crick] im ersten Kapitel, beispielsweise, erinnert uns alle an eine Standardfigur in unserem wissenschaftlichen Dasein: das brilliante, launische, einigermaßen faule Großmaul am Teetisch, das dir immer erklären kann, wie du deine Experimente hättest durchführen sollen und was sie eigentlich bedeuten; das aber selbst offenbar niemals schafft, irgendetwas zum Abschluss zu bringen. Es gibt viele Insider-Witze und Doppeldeutigkeiten, von denen manche sich für diejenigen, die sie verstehen, als ziemlich geschmacklos erweisen.[226]

Doch diese Einschätzung war zu pessimistisch; vielmehr hatte das Buch ganz unterschiedlichen Kreisen etwas anzubieten. Die breite Öffentlichkeit, in der sich Ende der 1960er Jahre wissenschaftskritische Haltungen formierten, konnte es als ikonoklastisches Manifest lesen, als die lange vermutete Wahrheit darüber, wie Wissenschaft wirklich funktionierte (nämlich durch Müßiggang mit einem Genieblitz am Ende, dem durch skrupellosen Datenklau nachgeholfen wurde). Die wissenschaftliche Öffentlichkeit konnte sich an Figuren erfreuen, die reale Personen karikierten, sowie an einer Situationskomik, die sich nur mit entsprechendem Vorwissen erschloss. Es war zudem eine Erfolgsgeschichte, von der alle Wissenschaftler träumten – vom linkischen Post-Doktoranden zum Nobelpreisträger in Stockholm.

---

[223] Lear (1981), S. 195.
[224] Merton (1981), S. 213–214.
[225] Lewontin (1981), S. 186.
[226] Lewontin (1981), S. 186.

Und in der Tat lässt sich *The Double Helix* wohl am geeignetsten als ein Märchen verstehen, das real verbürgte Ereignisse und Figuren verarbeitete, aber keinesfalls dokumentarischen Ansprüchen genügt. Die Hauptfiguren, auch der junge Watson selbst, sind konstruiert. Der Gang der Ereignisse folgt dem vorgegebenen Masterplot, nicht einer authentischen Schilderung von 18 Monaten intensiver Forschung. Alan Gross las *The Double Helix* als eine Version der Grimmschen „Bienenkönigin", worin der jüngste Sohn, der Dummling, trotz widriger Umstände und gegen alle Erwartung derjenige ist, der den Preis davon trägt:

> In dieser Lesart sind Linus Pauling und Rosalind Franklin die furchterregenden Erwachsenen oder älteren Geschwister und Watson ist der Dummling: Pauling verkörpert Watsons Ehrfurcht, Franklin seinen Verdruss. Die Hilfe von Crick, Wilkins und Donohue, die schließlich zu dem Geistesblitz führt, der es Watson erlaubte, die Struktur aufzuklären, findet ihre Parallele in den Tieren, die in der „Bienenkönigin" dem Helden zur Hilfe eilen; der Nobelpreis entspricht der Hand einer wunderschönen Prinzessin und dem Erbe des Königreichs.[227]

In diesem Sinne bleibt *The Double Helix* ein interessantes Dokument. Das Buch ist ein eindrucksvolles Beispiel dafür, wie man zum Zeitpunkt seiner Niederschrift über Wissenschaft schrieb, um einen Skandal zu erregen; wie mit Motiven und Erwartungen gespielt werden konnte, welche Aspekte zur Zielscheibe des Spottes wurden. Es bietet insofern reiches Quellenmaterial für einen Blick in die späten 1960er Jahre. Der Wissenschaftshistoriker Edward Yoxen vertrat die These, wir hätten es hier mit einer Selbstbeschreibung der sich formierenden Molekularbiologie zu tun: Watson hätte *The Double Helix* in erster Linie verfasst, um eine neue Form wissenschaftlicher Forschung zu propagieren, die den alten, traditionellen Zugängen überlegen war: „Es wurde so entworfen, dass Studenten es gerne lesen, in der Hoffnung, dass sie sich dann vielleicht der neuen Disziplin anschließen."[228] Beunruhigend ist indessen, dass das Buch immer noch verbreitet als Quelle für den tatsächlichen Entdeckungsprozess anfangs der 1950er Jahre genutzt wird. Dies gilt sogar für die ausdrücklich revisionistisch angelegte Biographie von Franklin, die Brenda Maddox vorlegte: Über weite Strecken bezieht sie sich für ihre Rekonstruktion der Ereignisse auf *The Double Helix*.[229] Dass dies methodisch und inhaltlich zweifelhaft ist, sollte klar geworden sein.

---

[227] Gross (1990), S. 59.
[228] Yoxen (1985), S. 138.
[229] Maddox (2003b).

1.6 Nach der Doppelhelix

Soweit also ein Blick auf Ereignisse und Publikationen in unmittelbarem Zusammenhang mit der Doppelhelix. Doch wurde bereits erwähnt, dass sie ihre zentrale Bedeutung in Wissenschaft und Öffentlichkeit erst in den Jahren nach 1953 gewann, und zwar paradoxerweise im Zuge von Erfolgen der Molekulargenetik, die von der Helix-Struktur der DNA weitgehend unabhängig waren. Diese können hier nicht umfassend nachgezeichnet werden, doch wird immerhin auf einzelne, wesentliche Episoden verwiesen. Dazu gehen wir zurück in die 1950er Jahre.

1.6.1 Meselson, Stahl und das schönste Experiment der Biologie

In ihrem zweiten, längeren Artikel von 1953 hatten Crick und Watson einen möglichen Mechanismus zur Replikation der DNA skizziert (s. o.): die zwei Einzelstränge sollten sich öffnen, komplementäre Basen könnten sich anlagern und Bindungen eingehen, so dass zwei identische Doppelstränge resultierten. Jeweils eine Hälfte dieser Stränge wäre neu gebildet, die andere Hälfte wäre „alt". Es war unstrittig, dass dies eine brilliante Idee war und erheblich zur Überzeugungskraft der Doppelhelix-Struktur beitrug. Es war ebenso unstrittig, dass Crick und Watson keinerlei Evidenz dafür hatten, dass diese Idee richtig war. Sie nutzten stattdessen suggestive Diagramme und Metaphern, etwa den seither gängigen Vergleich mit einem Reißverschluss, und verwiesen darauf, dass die Einzelheiten noch geklärt werden würden.[230] Nicht alle fanden dies überzeugend.

Max Delbrück hatte Watson schon in seinen ersten Briefen zur Doppelhelix darauf hingewiesen, dass es immens schwierig wäre, die eng umeinander geschlungenen Doppelstränge für eine Replikation zu entwinden.[231] Im Mai 1954 präsentierte Delbrück eine Alternative: Die DNA-Stränge könnten in einer Folge von Einzelreaktionen durchtrennt werden, im Abstand von etwa zehn Nukleotiden; das Molekül würde sich für diesen Bereich entwinden, und neu synthetisierte DNA-Fragmente könnten an die alten Abschnitte binden.[232] Die Replikation würde damit stückweise erfolgen und zwar alternierend mal am einen, mal am anderen Strang. Wenig später brachte ein jüngerer Kollege Delbrücks, Gunther Stent, eine weitere Alternative in die Diskussion: nämlich die Vorstellung, dass die neuen DNA-Stränge ohne eine Vermischung der Generationen nach Vorbild des al-

---

[230] Watson sprach bereits 1954 davon, der Vorgang erfolge nach dem Reißverschluss-Prinzip („*in zipper-like fashion*"), vgl. Rich and Watson (1954), S. 760.

[231] Siehe dazu auch Holmes (1998).

[232] Delbrück (1954). Dieser Aufsatz ist auch mit Blick auf seine visuelle Argumentationsstrategie interessant: Delbrück nutzte auf diesen wenigen Seiten nicht weniger als drei unterschiedliche diagrammatische Notationen, und die Abbildungen nehmen fast die Hälfte des Beitrags ein.

Abb. 1.8 Matthew Meselson und Franklin Stahl. Im Vordergrund: Mary Stahl. Mit freundlicher Genehmigung von Prof. Dr. Matthew S. Meselson

ten Doppelstranges gebildet würden. Die Experimente, in denen Stent dies nachweisen wollte, brachten jedoch keinen klaren Befund.[233]

In einem Überblicksartikel von 1957 stellten Delbrück und Stent diese drei Vorschläge nebeneinander und unterschieden sie anhand des Verbleibs der alten DNA als dispersiv (Delbrück), semi-konservativ (Crick und Watson) oder konservativ (Stent).[234] Eine Entscheidung wäre möglich, so Delbrück und Stent, wenn man nach mehreren Replikationszyklen eines der folgenden Szenarien nachweisen könnte: (1) Die ursprüngliche DNA läge vollständig und unverändert vor; dann wäre ihre Replikation konservativ. (2) Einzelne Stränge dieser DNA lägen unverändert vor; dann wäre die Replikation semi-konservativ. (3) Oder die ursprüngliche DNA fände sich nur noch in fragmentierter Form: das spräche für eine dispersive Replikation. „Wenn die Ergebnisse nicht so einfach ausfallen, wird es weitaus schwieriger sein, irgendwelche Schlüsse zu schließen", hielten Delbrück und Stent fest.[235]

Es waren zwei junge Wissenschaftler aus dem Umkreis von Delbrück am Caltech, Matthew Meselson und Franklin Stahl (s. Abb. **??**), denen es ein Jahr später gelang, Ergebnisse in genau dieser Prägnanz vorzulegen. Die Vorgeschichte ist lang und alles andere als geradlinig, wie sich in der Monographie von Frederick L. Holmes nachlesen lässt.[236]

---

[233] Stent and Jerne (1955). Bloch (1955) präsentierte einen ähnlichen Vorschlag, der die Histone einbezog. Vgl. auch Holmes (2001), S. 80–84; S. 100–101.

[234] Siehe Delbrück and Stent (1957), worin diese Begriffe geprägt wurden.

[235] Delbrück and Stent (1957), S. 714.

[236] Holmes (2001).

Doch im Nachhinein erscheint das Experiment in seiner Anlage so nahe liegend und im Ergebnis so eindeutig, dass man fast die Leistung der beiden Wissenschaftler vergisst, denen es gelang, diese nur auf dem Papier triviale Idee im Labor umzusetzen. Nicht zuletzt deswegen bezeichnete der Molekularbiologe John Cairns es in einem berühmt gewordenen Interview mit Judson als „das schönste Experiment in der Biologie".[237]

Das Meselson-Stahl Experiment, wie es bald genannt wurde, nutzte zwei wesentliche Technologien der Zeit: schwere atomare Isotope von Stickstoff und die Ultrazentrifuge. Stickstoff ist ein wichtiger Bestandteil der DNA. Üblicherweise tritt er als ^{14}N auf, also als Atom mit sieben Protonen und sieben Neutronen. Es gibt daneben ein etwas schwereres (aber nicht radioaktives) Stickstoffatom mit acht Neutronen, ^{15}N, das ebenfalls von Organismen in Moleküle eingebaut wird. Dieser schwere Stickstoff war eines der ersten Isotope, die Mitte des 20. Jahrhunderts leicht verfügbar waren. Die Idee von Meselson und Stahl war nun, in Bakterien die Bildung von schwerer DNA mit ^{15}N zu induzieren. Zu einem definierten Zeitpunkt würde man die Bakterien in ein Medium mit leichtem Stickstoff, ^{14}N, überführen und die Replikation von diesem Zeitpunkt an verfolgen. Wenn sich dann Szenarien abzeichneten, wie Delbrück und Stent sie entworfen hatten, könnte man zwischen den Replikationsmechanismen unterscheiden. Die Idee war schlicht, die Umsetzung jedoch komplex, insbesondere die Differenzierung unterschiedlich schwerer DNA.[238]

Dafür entwickelten Meselson und Stahl eine neue Anwendung der Ultrazentrifuge. Wenn man hierin geeignete Salzlösungen zentrifugierte (Meselson und Stahl wählten Cäsium-Chlorid), zeigte sich im Gefäß ein Dichtegradient der Lösung: Zum Boden hin war die Konzentration der Lösung am höchsten, während sie nach oben hin kontinuierlich abnahm. Wenn man nun Moleküle gemeinsam mit der Salzlösung zentrifugierte, konzentrierten sich die Moleküle in der für ihre Dichte passenden Schicht der Lösung. Eine schwere DNA würde sich dem Boden des Gefäßes annähern, eine leichte DNA in höhere Schichten steigen. Als experimentellen Organismus wählten Meselson und Stahl das bereits bewährte Bakterium *E. coli* und kultivierten mehrere Generationen in einem Medium mit ^{15}N. Im Dichtegradienten der Ultrazentrifuge sammelte sich ihre DNA an einer charakteristischen, recht tiefen Position. Danach wurden diese Bakterienzellen in ein Medium mit Stickstoff in der leichteren Form ^{14}N transferiert. Meselson und Stahl verfolgten den Verlauf der Zellteilungen unter dem Mikroskop. Zu verschiedenen Zeitpunkten entnahmen sie Proben und verglichen die Dichte der bis dahin gebildeten DNA in einer Ultrazentrifuge mit Referenzproben ganz leichter und ganz schwerer DNA.

---

[237] Judson (1996), S. 163. Im Original heißt es „the most beautiful experiment in biology".
[238] Bereits 1941 hatte der Genetiker John B. S. Haldane vorgeschlagen, das Problem der Gen-Replikation mit schweren Isotopen zu untersuchen, z. B. mit ^{15}N; siehe Haldane (1941), S. 44. Der Ansatz wurde jedoch bis zu den Experimenten von Meselson und Stahl nicht verwirklicht – ob sie von diesem Vorschlag wussten, ist unklar.

Nach einer Generation zeigte die DNA der Bakterien eine intermediäre Dichte, zwischen den beiden Extremen. Bei konservativer Replikation hätte man eine Aufspaltung der DNA erwartet: leichte (neue) und schwere (alte) DNA hätten in gleichen Mengen auftreten sollen, jedoch keine intermediäre DNA. Eine konservative Replikation war damit ausgeschlossen. Die Entscheidung zwischen einer semi-konservativen oder dispersiven Replikation war erst nach der zweiten Generation möglich. Dort fanden Meselson und Stahl tatsächlich eine Aufspaltung zu gleichen Teilen: Es zeigte sich wiederum intermediäre DNA, daneben jedoch auch leichte DNA, die einer reinen ^{14}N-DNA entsprach. Dieses Ergebnis war nicht mehr vereinbar mit einem Modell der dispersiven Replikation. Bei einer semi-konservativen Replikation hingegen wurde genau diese Dichteverteilung erwartet. „Blitzeblank!" beschrieb Meselson diese Resultate anfangs November 1957 in einem Brief an Watson.[239]

Es sollte indes noch ein halbes Jahr vergehen, bevor die Ergebnisse publiziert wurden. Insbesondere Meselson zögerte den Abschluss der Versuchsreihe hinaus, feilte am experimentellen Aufbau und an den Messmethoden. Erst im Frühjahr 1958 und unter massivem Druck von Delbrück begannen Meselson und Stahl an ihrem Artikel zu arbeiten. Gegen Mitte Mai wurde er eingereicht und erschien kurz darauf als *The replication of DNA in Escherichia coli*: ein unspektakulärer Titel für ihre spektakulären Ergebnisse. In nur zwei Sätzen erläuterten Meselson und Stahl den Hintergrund des Experiments und seiner Implikationen:

> Untersuchungen zur Transformation von Bakterien und zur Phageninfektion legen den Schluss nahe, dass Desoxyribonukleinsäure (DNA) Erbinformation tragen und weitergeben kann sowie ihre eigene Replikation steuert. Hypothesen zum Mechanismus der DNA-Replikation unterscheiden sich in ihren Vorhersagen zur Verteilung der Atome der Elternmoleküle auf die Tochtermoleküle.[240]

Davon ausgehend hätten sie den beschriebenen experimentellen Aufbau sowie die Methode der zentrifugalen Dichteanalyse entwickelt, so die Autoren. Wie dies genau aussah, wird in den folgenden Abschnitten entfaltet, gemäß den Konventionen naturwissenschaftlicher Prosa und in auffallend präziser, knapper Diktion. Noch auffallender indessen sind die vielen Abbildungen, in denen Meselson und Stahl ihre Ergebnisse präsentierten. Mit einer speziellen Kameratechnik konnten sie die Proben photographieren und so die Verteilung der DNA im Dichtegradienten ihrer Leserschaft vor Augen führen. Eine Serie von zwölf Aufnahmen, die den zeitlichen Verlauf von Replikationszyklen dokumentiert, war besonders eindrucksvoll: Unverkennbar zeigte sich hier die Entwicklung von einer einzelnen, intermediären Bande zu einer Aufspaltung der Banden im Laufe der Generationen.

---

[239] Zitiert nach Judson (1996), S. 166. „Clean as a whistle!" heißt es im nur schwer übersetzbaren Original; weiterhin schreibt Meselson: „I was all set to send you a collection of verses the overall mood of which is set by the lines: ‚Now N^{15} by heavy trickery / Ends the sway of Watson Crickery...' But now we have WC with a mighty vengeance – or else a diabolical camoflage."
[240] Meselson and Stahl (1958), S. 671.

Für diese Serie kombinierten Meselson und Stahl Resultate von Oktober 1957 sowie Januar und Februar 1958; es handelte sich also um ein Komposit, das aber das Ergebnis eines einzigen, perfekten Messverlaufs suggerierte.[241] Nüchtern fassten Meselson und Stahl zusammen:

> Der Stickstoff jedes DNA-Moleküls ist gleichmäßig auf zwei Untereinheiten verteilt. Nach der Verdoppelung findet sich in jedem Tochtermolekül eine davon. Die Untereinheiten bleiben in nachfolgende Verdoppelungen erhalten.[242]

Prominent abwesend in diesen auswertenden Bemerkungen war jeder Hinweis auf die Doppelhelix und ihre semi-konservative Replikation nach dem Vorschlag von Crick und Watson. Es ist nur die Rede von „Einheiten" (*units*) und „Untereinheiten" (*subunits*), ohne dass die naheliegende Vermutung ausgesprochen wurde, dass es sich bei den stickstoffhaltigen Untereinheiten um die Nukleotidstränge der Doppelhelix handelte. In Gesprächen mit Holmes hob Meselson hervor, dass dies beabsichtigt war: Erstens hätten sie sich strikt darauf beschränken wollen, die Daten sprechen zu lassen; und die Daten sagten nichts über die strukturelle Identität der Einheiten und Untereinheiten.[243] Zweitens hätten sie in diesem Aufsatz vor allem ihre eigene Arbeit präsentieren wollen, um nicht nur als Bestätigung von Crick und Watson gelesen zu werden: „Ich meine, man hätte all das tun können, ohne überhaupt von Watson und Crick zu wissen. Das Experiment war davon unabhängig und daran lag uns sehr viel", erklärte Meselson.[244]

Die Zurückhaltung im Text wurde indessen unterlaufen durch die Diagramme, die Meselson und Stahl ihrem Aufsatz beifügten. In einem ersten Schema skizzierten sie die Weitergabe der markierten Untereinheiten sowie ihre Kombination mit neu gebildeten Anteilen. Meselson und Stahl zeichneten dabei die Untereinheiten als einfache Rechtecke. Auf der gegenüberliegenden Seite skizzierten sie dann die semi-konservative Replikation der DNA, wie Crick und Watson sie vorgeschlagen hatten.[245] Die Analogie der beiden Schemata war schlagend. Niemand konnte übersehen, dass die experimentellen Befunde den semi-konservativen Replikationsmechanismus der DNA auf beeindruckende Weise stützten; und niemand stellte diesen Mechanismus fortan noch in Frage.

---

[241] Siehe dazu auch Holmes (2001), S. 376–377.
[242] Meselson and Stahl (1958), S. 677; Bildunterschrift. Die Bildunterschrift entspricht den drei Thesen, die Meselson und Stahl im Text näher ausführen.
[243] Holmes (2001), S. 384–386.
[244] Holmes (2001), S. 384.
[245] Meselson and Stahl (1958), S. 678.

1.6.2 Genetischer Code und Proteinbiosynthese

Sequenzhypothese und das Zentrale Dogma

Neben der Suche nach dem Replikationsmechanismus rückte in den 1950er Jahren verstärkt die Funktionalität der DNA in den Fokus. Dass sie etwas mit Vererbung zu tun hatte, schien erwiesen – doch wie genau man dies verstehen sollte, war unklar. So äußerte sich etwa Alfred Hershey kurz nach Verkündung der Doppelhelix sehr zurückhaltend zu der Rolle der DNA im Organismus. An dem Symposium in Cold Spring Harbor von 1953 gab er zu bedenken, neue Befunde hätten gezeigt, wie wenig man bisher über die biologische Funktion von Nukleinsäuren sagen könnte. Hershey vermutete zudem, dass sich die DNA „nicht als die einzige Determinante genetischer Spezifität erweisen würde".[246]

Deutlich weniger zurückhaltend war in dieser Hinsicht der Astrophysiker George Gamow, eine schillernde Figur in der Wissenschaftslandschaft der Zeit. Gamow war ukrainischer Herkunft und 1934 in die USA emigriert, nach Stationen in Göttingen, Leningrad, Cambridge, Kopenhagen und Paris. Er war fasziniert von der Doppelhelix und versuchte sie mit einem anderen Bereich molekularbiologischer Forschung zu verknüpfen. Denn ein Jahr zuvor, 1952, hatte der Biochemiker Frederick Sanger in Cambridge die erste vollständige Aminosäuresequenz eines Proteins vorgelegt (Insulin), und es schien, als sei diese Abfolge für jedes Protein spezifisch.[247] Gamow fand dies in hohem Maße suggestiv und publizierte im Februar 1954 eine Notiz in *Nature* zu der Frage, in welchem Verhältnis die Doppelhelix zur Struktur spezifischer Proteine stehen könnte.[248]

Nach dem Vorschlag von Crick und Watson, so Gamow, sollte man die DNA als Nukleotidketten verstehen, also als lineare Abfolge von vier unterschiedlichen Elementen. „Man könnte also die erblichen Eigenschaften eines beliebigen Organismus durch eine lange Zahl beschreiben, die in einem Vier-Ziffern System notiert ist", folgerte Gamow kühn. Er reduzierte damit in einem Handstreich erbliche Eigenschaften auf die Basenabfolge der DNA, und diese auf einen Code aus vier Ziffern. Gamow hielt es weiterhin für gegeben, dass Proteine vollständig durch diese Abfolge bestimmt würden. Er beschrieb sie dafür als Peptidketten aus etwa zwanzig verschiedenen Aminosäuren und fand erneut eine passende Metapher: „Man kann sie als lange ‚Wörter' auf der Grundlage eines 20-Buchstaben Alphabets verstehen". Nachdem er auf diese Weise dreidimensionale Moleküle in lineare Ziffern- und Buchstabenfolgen überführt hatte, stellte Gamow die entscheidende Frage danach, wie die Ziffernfolgen in Wörter und Wortfolgen übersetzt werden konnten.[249] Aus rechnerischen Gründen schlug Gamow vor, dass immer Arrangements aus drei Nukleotiden für eine Aminosäure standen. Dabei könnte die DNA-Struktur selbst

---

[246] Zitiert nach Rheinberger (2000b), S. 654. Siehe Hershey (1953) für den Originalbeitrag, in dem er bilanzierte: „Unfortunately I shall not be able to say anything of consequence about its [the DNA of T2 phage] function" (S. 135).
[247] Sanger (1952).
[248] Gamow (1954).
[249] Gamow (1954), S. 318.

die Anordnung der Aminosäuren vorgeben, indem sie sich spezifisch an die Oberfläche anlagerten und zu einer Kette verbunden wurden.[250] Dieser Vorschlag wurde schnell verworfen; doch hatte Gamow mit seinem Einwurf das Forschungsprogramm der nächsten Jahre formuliert: Nach dem Replikationsproblem war nun das Codierungsproblem zu lösen.

Neben der DNA war inzwischen die RNA zum zentralen Forschungsgegenstand aufgestiegen; so verlagerte etwa auch Watson seine Interessen auf dieses Feld.[251] Vieles deutete darauf hin, dass RNA bei der Synthese von Proteinen eine wichtige Rolle spielte (das hatte Gamow übersehen). Die Arbeiten der Biochemiker Jean Brachet, Torbjörn Caspersson und Jack Schultz hatten bereits in den 1940er Jahren gezeigt, dass die Proteinsynthese im Zytoplasma der Zelle stattfand, nicht im Zellkern. Sie hatten zudem eine hohe Korrelation zwischen aktiver Proteinsynthese und Präsenz von RNA in Zellen nachgewiesen sowie die Assoziation von RNA und Proteinen an mikrosomalen Körperchen (d. h. an den heutigen Ribosomen). Aufzeichnungen in einem Notizbuch von Watson zeigen, dass er bereits im November 1952 über eine vermittelnde Rolle der RNA zwischen DNA und Proteinen nachgedacht hatte.[252] Nun versuchte er die Struktur der RNA zu entschlüsseln, in der Hoffnung, dies würde Hinweise auf ihre Funktionsweise erbringen – allerdings ohne Erfolg.

Ein wesentlicher Beitrag kam vielmehr von Crick. Seit 1954 hatte er mit Watson, Gamow und anderen diese Fragen diskutiert, auch im Rahmen des von Gamow initiierten „RNA-Krawattenclubs" (s. Abb. 1.9): eine Gruppe von zwanzig Personen, innerhalb derer Arbeitspapiere zur Struktur und Funktion von RNA zirkulierten. Bereits 1955 hatte Crick vorgeschlagen, es sollte kleine Moleküle geben, die einerseits Aminosäuren binden, andererseits an spezifischen Orten einer RNA-Schablone andocken. Crick bezeichnete sie als „Adapter-Moleküle".[253] In den nächsten Jahren entwickelte Crick diese Vorstellung weiter und präsentierte sie schließlich im September 1957 der Society for Experimental Biology. Crick skizzierte in seinem Vortrag einen möglichen Mechanismus der Proteinsynthese im Zusammenspiel von DNA, RNA und Aminosäuren. Vieles davon sollte sich bestätigen, selbst wenn Crick großzügig, durchaus auch großspurig über etliche ungeklär-

---

[250] Einen ähnlichen Vorschlag hatte bereits der Biochemiker Alexander Dounce geäußert; vgl. Rheinberger (2000b), S. 655. Auch Linus Pauling unterstützte die Vorstellung einer Proteinsynthese nach dem Vorbild der DNA, als raumbezogene Alternative zum linearen Sequenzmodell; vgl. Strasser (2006).

[251] Watson beschreibt diese Periode im zweiten, deutlich weniger erfolgreichen Teil seiner Autobiographie, Watson (2001).

[252] Vgl. de Chadarevian (2002), S. 181–182; dort findet sich auch eine Reproduktion der Aufzeichnungen.

[253] Siehe Kay (2000a) für Einzelheiten zu diesem Club. de Chadarevian (2002), S. 186–187, unterstreicht, dass Crick zu diesem Zeitpunkt noch nicht von einer Basenpaarung zwischen RNA und Adapter-Molekülen sprach.

Abb. 1.9 Der RNA-Krawattenclub, von *links*: Francis Crick, Alex Rich, Leslie Orgel and Jim Watson

te Schwierigkeiten hinwegging. Zugleich formulierte er theoretische Prinzipien, die für die Molekularbiologie programmatisch bleiben sollten.

„Die Hauptfunktion des genetischen Materials ist die Kontrolle (nicht notwendig auf direktem Wege) der Proteinsynthese", hielt er gleich eingangs fest. Man hätte zwar bisher kaum Evidenz für diese Annahme, so Crick, aber wenn man sich die zentrale Bedeutung der Proteine vor Augen führte, gäbe es keinen Grund für Gene irgend etwas anderes zu tun.[254] Crick schlug vor, dass man diese Beziehung zwischen Genen und Proteinen als Informationsfluss beschreiben sollte. Als Grundlage dafür dienten ihm zwei Prinzipien: die Sequenzhypothese und das Zentrale Dogma.[255] Die Sequenzhypothese besagte, so Crick, „dass die Spezifität eines Abschnitts der Nukleinsäure allein durch ihre Basensequenz ausgedrückt wird, und dass diese Sequenz ein (einfacher) Code für die Aminosäure eines bestimmten Proteins ist." Das Zentrale Dogma dagegen „besagt, dass wenn einmal ‚Information' in ein Protein übersetzt wurde, *kommt sie dort nicht mehr heraus.*"[256] Information verstand Crick dabei als die Festlegung einer Sequenz von Basen oder Aminosäuren. Crick hielt es für möglich, dass solche Information von Nukleinsäure zu Protein sowie von Nukleinsäure zu Nukleinsäure weitergegeben wurde, jedoch nicht von Proteinen zu Nukleinsäuren.

Damit hatte Crick den konzeptionellen Rahmen abgesteckt, innerhalb dessen fortan über die Funktionalität von Proteinen, RNA und DNA nachgedacht wurde. Diese Annahmen waren indes weder originell noch strittig, sondern reflektierten eine verbreitete

---

[254] Crick (1958), S. 138.
[255] Crick (1958), S. 152.
[256] Crick (1958), S. 152. Hervorhebung im Original.

Haltung unter Molekulargenetikern der Zeit. Charakteristisch war die Hierarchie der Moleküle, die hierin festgelegt wurde. Die Basensequenz der DNA definierte vollständig die Aminosäuresequenz der Proteine, und damit auch ihre Form und Funktion. Eine umgekehrte Einflussnahme war ausgeschlossen. Crick klammerte zudem die dreidimensional gefaltete Struktur der Proteine weitgehend aus und erklärte lediglich, die Auffaltung folge aus der Aminosäurensequenz.[257] Damit vereinfachte er das Problem der Proteinsynthese erheblich (sowie in gewisser Weise unzulässig, wie Crick selbst später einräumte).[258]

Auf dieser Grundlage postulierte Crick, dass es im Zytoplasma RNA-Schablonen (*templates*) geben sollte, an denen sich Proteine bildeten; und dass zumindest ein Teil dieser Schablonen unter Kontrolle der DNA im Zellkern synthetisiert wurde.[259] Eine direkte Bindung der Aminosäuren an die RNA-Schablonen hielt Crick für ausgeschlossen. Stattdessen schlug er vor, die Aminosäuren würden von kleineren Molekülen zur RNA-Schablone transportiert: von so genannten Adapter-Molekülen, die an die RNA binden und ihre Aminosäuren in eine bestimmte Reihenfolge bringen. „In der schlichtesten Variante bräuchte man zwanzig Adapter-Moleküle, eines für jede Aminosäure", stellte Crick fest; und vermutete zudem, dass diese Adapter-Moleküle Nukleotide enthielten: „Damit könnten sie sich mit der RNA-Schablone über dieselbe Basenpaarung verbinden, die im Fall der DNA vorliegt".[260] Davon ausgehend skizzierte Crick einen möglichen Verlauf der Proteinsynthese:

> Die Schablone würde vielleicht aus einer einsträngigen RNA bestehen. [...] Jedes Adapter-Molekül, das, sagen wir, ein Di- oder Trinukleotid enthält, würde mit Hilfe eines besonderen Enzyms seine spezifische Aminosäure binden. Diese Moleküle würden dann zu den mikrosomalen Körperchen diffundieren und sich an den passenden Orten durch komplementäre Paarung an die Basen der RNA anlagern, so dass dann eine Polymerisierung [der Aminosäuren] einsetzen kann.[261]

Das war eine beeindruckend weitsichtige Vorstellung, deren Ausarbeitung und Nachweis Crick jedoch gerne anderen überließ. „So viel zu biochemischen Ideen", beendete er diesen Teil seines Aufsatzes; und begab sich nun auf eine abstraktere Ebene. Wenn die lineare Basensequenz der Nukleinsäuren die lineare Aminosäurensequenz im Protein bestimmte, sollte es eine eindeutige Beziehung zwischen beiden geben, so Crick. Damit war er bei dem Codierungsproblem und nutzte die Gelegenheit für eine klare Abgrenzung seiner Interessen von denen der Biochemie. Denn für die Lösung dieses so wichtigen Codierungsproblems hätten sich bisher nur Personen „mit einem Hintergrund in den anspruchsvolleren Wissenschaften" interessiert (wie er selbst), während Biochemiker es ablehnten, sich mit dieser Frage zu beschäftigen: „Sie finden es unfair, Theorien ohne hin-

---

[257] Crick (1958), S. 144.
[258] Vgl. Strasser (2006); siehe auch Crick (1970).
[259] Crick (1958), S. 153.
[260] Crick (1958), S. 155.
[261] Crick (1958), S. 155–156.

reichende experimentelle Fakten zu entwerfen".[262] Kosmologen teilten diese Bedenken nicht, fügte Crick sarkastisch hinzu und skizzierte den Vorschlag von Gamow, dass immer drei Basen (d. h. *triplets*) eine Aminosäure kodieren. Die Einzelheiten dieses Codes seien noch ungeklärt, so Crick, zudem gäbe es keine Evidenz für ein solches Schema; doch war er überzeugt, dass es in den nächsten zehn Jahren gefunden werden würde.

Dieser Seitenhieb auf die Biochemie war bewusst gesetzt und wütende Reaktionen wohl einkalkuliert.[263] Weniger bewusst hatte Crick offenbar die Bezeichnung Dogma gewählt. Im Gespräch mit Judson erklärte Crick, er hätte sich in der Bedeutung geirrt: „Ich dachte, ein Dogma wäre eine Idee, für die es *keine vernünftige Evidenz* gibt. Verstehen Sie?" Er hätte das Prinzip auch als Hypothese bezeichnen können oder, etwas stärker, als Axiom.[264] Doch 1957 sprach Crick von einem Dogma, und mit diesem Begriff gewann die Beschreibung des einseitig gerichteten Informationsflusses eine quasi-religiöse Dimension und erschien als etwas, das nicht angezweifelt werden durfte. Kritik daran setzte indessen erst deutlich später ein und kam vor allem aus der Philosophie.[265] Die Molekularbiologen selbst akzeptierten nicht nur die Bezeichnung als Dogma, sie interpretierten es auch entsprechend rigoros, sogar über Cricks eigene Intention hinaus.[266]

Auch an dem Begriff der Information störten die Molekularbiologen sich nicht. Wie bereits angedeutet, verweist diese Metapher auf den zeitlichen Kontext: geprägt vom Aufstieg der Computertechnologien und vom Kalten Krieg. Gamow versuchte sogar (vergeblich) den Genetischen Code mit Hilfe eines Computers und kryptologischen Verfahren zu entschlüsseln. Lily E. Kay hat diesen Teil der Geschichte rekonstruiert und die Hintergründe und Implikationen der gewählten Metaphorik herausgearbeitet.[267] Die Basenfolge der DNA wurde zum Buch des Lebens, das nur noch gelesen werden musste; das hierin festgelegte Genetische Programm ließ sich verstehen, wie der George Beadle es einmal formulierte, als „Rezept zum Bau einer Person".[268] Die Komplexität der beteiligten

---

[262] Crick (1958), S. 158.

[263] Das Verhältnis von Molekularbiologen und Biochemikern in den 1950er Jahren war komplex. Die getrübte Beziehung von Crick und Watson zu Chargaff wurde schon erwähnt, auch die Herablassung von Delbrück und Luria gegenüber biochemischen Methoden. Auf der anderen Seite waren sie häufig auf die empirische Arbeit der Biochemiker angewiesen. Siehe dazu z. B. Olby (1986), Abir-Am (1992), de Chadarevian and Gaudilliére (1996); letzteres ist die Einleitung zu einem Sonderheft des Journal of the History of Biology zu diesem Thema.

[264] Crick (1988); siehe auch Morange (1998), S. 169.

[265] Die philosophische Literatur zum Genetischen Code und dem Informationsbegriff ist immens. Exemplarisch sei auf den Überblicksartikel Rheinberger et al. (2015) verwiesen; eine ausführliche Auseinandersetzung mit dem Begriff der „Crick-Information" findet sich zudem in Griffiths and Stotz (2013). In beiden Titeln finden sich zudem ausführliche Bibliographien.

[266] Strasser (2006).

[267] Kay (2000b); auch in deutscher Übersetzung verfügbar.

[268] Beadle (1957), S. 399; zitiert auch in Strasser (2006), S. 493.

biochemischen Prozesse sowie der Einfluss anderer Entwicklungsfaktoren gerieten zunehmend in den Hintergrund.[269]

Der biochemische Mechanismus

Und doch waren es die Biochemiker, nicht die von Crick hervorgehobenen Wissenschaftler mit anspruchsvollerem Hintergrund, die den Genetischen Code entschlüsselten. Unabhängig von den Diskussionen im RNA-Krawattenclub versuchten etwa Paul Zamecnik
und Mahlon Hoagland am Massachusetts General Hospital auf experimentellem Wege
den Prozess der Proteinsynthese zu verstehen.[270] Ein spektakulärer Fund war dabei der
Nachweis, dass Aminosäuren sich im Zytoplasma mit kleinen, löslichen RNA-Molekülen
verbinden. Dies bestätigte noch im gleichen Jahr Cricks Postulat der Adapter-Moleküle.[271] Heute kennen wir sie als tRNA (*transfer* RNA), während man die RNA-Schablone
als mRNA (*messenger* RNA) bezeichnet.

Die tatsächliche Entschlüsselung des Codes erfolgte anfangs der 1960er Jahre. Entscheidend waren dabei die Arbeiten von Marshall Nirenberg und Heinrich Matthaei am
NIH in Bethesda.[272] Ab 1960 entwickelten sie ein zellfreies System aus einem Bakteri-
enextrakt, in dem sie kontrolliert einzelne Komponenten der Proteinsynthese variierten.
So konnten sie etwa radioaktiv markierte Aminosäuren zufügen und ihre Integration in
ein Protein prüfen. Mit diesem System gelang Nirenberg und Matthaei im Mai 1961 ein
entscheidendes Experiment. Sie hatten ein Verfahren des Biochemikers Severo Ochoa
weiterentwickelt, um aus freien Nukleotiden künstliche RNA-Sequenzen zu synthetisie-
ren – etwa eine RNA, die nur aus Nukleotiden mit Uracil bestand. (In RNA ersetzt Uracil
die Stickstoffbase Thyamin.) Das auf dieser Grundlage gebildete Protein bestand aus einer einzigen Aminosäure: Phenylalanin. Offenbar stand im gesuchten Code eine Folge
von Nukleotiden mit Uracil für Phenylalanin. Im Herbst 1961 präsentierte Nirenberg diesen Befund am 5. Internationalen Kongress für Biochemie in Moskau. Seiner Erinnerung
zufolge waren nicht mehr als 35 Personen im Raum, die seinem Vortrag höflich folgten.
Als jedoch Crick davon hörte, lud er Nirenberg ein, den Vortrag am nächsten Tag noch

---

[269] Siehe dazu auch Fox Keller (2001a), in deutscher Übersetzung als Fox Keller (2001b).

[270] Die Aufklärung der Proteinsynthese wurde von Hans-Jörg Rheinberger analysiert und bildet die
Grundlage für sein Konzept der Experimentalsysteme und der epistemischen Dinge. Die erste um-
fassende Darstellung findet sich in Rheinberger (1997); eine deutsche Übersetzung erschien 2001
im Wallstein Verlag.

[271] Vgl. Rheinberger (2000b), S. 656, sowie Hoagland and Zamecnik (1957) für die Originalpubli-
kation.

[272] Von der kompetitiven Aufklärung des Codes gibt es unterschiedliche Versionen. Nirenberg
(2004) ist eine autobiographische Schilderung aus Perspektive eines Akteurs; Weitze (2011) präsentiert eine populäre Variante, in der die Rolle von Matthaei gestärkt wird; in eine ähnliche Richtung
geht die Darstellung in der Wochenzeitschrift Der Spiegel, Grolle (2012). Eine detaillierte Rekonstruktion in ausgewogener Darstellung findet sich in Rheinberger (1997).

einmal zu halten, im Rahmen von Cricks Panel zu Nukleinsäuren. Nicht nur war das Publikum um ein Vielfaches größer, es war auch über die Maßen begeistert.[273]

Von diesem Erfolg ausgehend wurde in den nächsten fünf Jahren auch für andere Aminosäuren die spezifische Nukleotidfolge ermittelt, die so genannten Codons.[274] Dabei wurde zudem nachgewiesen, dass genau drei RNA-Basen, also Triplets, für eine Aminosäure standen, wie Gamow und auch Crick vermutet hatten.[275] Für seinen Beitrag zur Entschlüsselung des Genetischen Code wurde Nirenberg im Jahr 1968 mit dem Nobelpreis für Medizin oder Physiologie ausgezeichnet. Warum Matthaei von dieser Ehrung ausgeschlossen blieb, ist umstritten.

1.6.3 Die Anfänge der Gentechnologien

Als Crick behauptet hatte, die wesentliche Funktion der Gene wäre die Kontrolle der Proteinsynthese (s. o.), diese könnte aber auch indirekt geschehen, dachte er vermutlich an die von ihm vorgeschlagene Vermittlungsrolle der RNA. Die wichtigen Experimente um 1960 von François Jacob und Jacques Monod, zum Teil mit Arthur Pardee, zeigten indessen, *wie* indirekt die Beteiligung der Gene sein konnte: nämlich auch regulativ, nicht nur kodierend.[276] Als wie komplex sich diese regulativen Mechanismen herausstellen sollten – wir beginnen gerade erst, einige Zusammenhänge zu verstehen –, war 1960 nicht abzusehen. Zudem arbeiteten Jacob und Monod mit Bakterien, in denen die Regulation deutlich schlichter funktioniert als in höheren Organismen. Ihr Fund eröffnete dennoch ein neues Forschungsfeld: die Suche nach regulativen Genen und ihrer Interaktion.

Darüber hinaus erbrachten die Experimente von Pardee, Jacob und Monod den Nachweis für die Existenz der von Crick postulierten RNA-Schablone, heute bekannt als mRNA.[277] Damit schien alles zur Proteinsynthese gesagt. Der erste Schritt wurde bald als ‚Transkription‘ bezeichnet: das Umschreiben der Basensequenz von DNA in eine einsträngige mRNA. Den zweiten Schritt bezeichnete man als 'Translation': als Übersetzung der Basensequenz in eine Aminosäuresequenz, d. h. in eine andere molekulare Sprache. Die Translation war an Zellstrukturen gebunden, die bald aufgrund ihrer Assoziation mit Ribonukleinsäuren als Ribosomen bezeichnet wurden. Erst in den 1970er Jahren wurde klar, dass insbesondere die Transkription, der Schritt von der DNA zur mRNA, in höheren Organismen sehr viel komplizierter war als Crick und andere sich vorgestellt hatten und

---

[273] Nirenberg (2004), S. 49.

[274] Neben Nirenberg und Matthaei waren daran auch andere Laboratorien beteiligt, etwa die Gruppe um Severo Ochoa in New York, der etwa gleichzeitig auf denselben Lösungsansatz gekommen war. Siehe Nirenberg (2004), S. 49–50; für Ochoas Gruppe siehe z. B. Gardner et al. (1962), Wahba et al. (1963).

[275] Matthaei et al. (1962), Nirenberg et al. (1963).

[276] Siehe für zwei wesentliche Aufsätze Pardee et al. (1959) und Jacob and Monod (1961).

[277] Siehe zu diesen Experimenten Judson (1996), Kapitel 7, sowie Morange (1998), S. 154–161.

zahlreiche Verarbeitungsschritte und Zwischenstadien umfasste. Diskontinuierliche Gene wurden gefunden; zudem stellte sich heraus, dass DNA-Sequenzen mal in die eine Richtung transkribiert werden konnten, mal in die andere; und dass abzulesende Sequenzen sich teilweise überlappten. Die RNA konnte nicht nur auf unterschiedliche Weise zugeschnitten werden und für sehr unterschiedliche Proteine kodieren, sondern auch regulative Funktionen übernehmen.

Bereits in den 1960er Jahren wurde jedoch das Gefüge zwischen DNA, RNA und Proteinen verkompliziert durch den Fund eines Enzyms, das einen Informationsfluss von RNA zur DNA ermöglichte. Diesen Schritt hatte Crick zwar nicht ausgeschlossen, viele andere hielten ihn jedoch für unmöglich. Man stieß auf dieses Enzym im Kontext der Krebs- und Virenforschung. Schon Mitte des 20. Jahrhunderts hatte man vermutet, dass Viren an der Entstehung bestimmter Krebserkrankungen beteiligt waren; wie diese Beteiligung jedoch aussah, war unklar. Mit dieser Frage beschäftigte sich unter anderem Renato Dulbecco, ein früherer Kommilitone von Salvador Luria, der 1948 zur Phagengruppe am Caltech gestoßen war. Dort entwickelte Dulbecco quantitative Methoden der Virenforschung. Zunächst forschte er an Polioviren, deren Untersuchung anfangs der 1950er Jahre stark gefördert wurde; dann wandte Dulbecco sich den Polyomaviren und ihrer onkogenen Wirkung zu. Ab 1955 stieß Howard Temin dazu, der sich für seine Doktorarbeit auf das Rous-Sarkom-Virus (RSV) konzentrierte, das Tumore in Hühnern hervorrief.[278]

Inzwischen wusste man, dass Bakteriophagen bei erfolgreichem Befall einer Zelle ihre DNA in die DNA des Wirtsorganismus integrierten. Bei Aktivierung der Phagen-DNA induzierte sie die Bildung von Tochterphagen, bis die Wirtszelle platzte und bis zu 200 neue Phagen freisetzte. Diese Aktivierung konnte sofort erfolgen oder erst nach einigen Generationen; man sprach dann von einer Latenzphase, während derer die Phagen-DNA gemeinsam mit dem Bakterienchromosom replizierte und an die Tochterzellen weitergegeben wurde. In seinen Studien fand Temin eine vergleichbare Dynamik zwischen Latenzzeit und Tumorbildung beim RSV. Auch hier konnten sich infizierte Zellen über Generationen hinweg vermehren, ohne dass sie zu Krebszellen wurden. Gemeinsam mit einem Kollegen, Harry Rubin, äußerte Temin die kühne Vermutung, „dass das genetische Material des Virus in das Genom der Zelle integriert und daher an Tochterzellen als erbliche Eigenschaft der Zelle weitergegeben wird."[279] Das war eine faszinierende Idee. Dagegen sprach allerdings, dass das Virus keine DNA als genetisches Material enthielt, sondern nur RNA. Wie sollte sich diese in die DNA-Chromosomen des Wirtsorganismus integrieren?

Temins Umfeld reagierte mit Skepsis, nicht zuletzt Delbrück. Das änderte sich nicht, als Temin seinen nächsten Befund präsentierte. Er hatte Anzeichen dafür gefunden, dass die DNA der infizierten Zellen neue Abschnitte enthielt, die zur viralen RNA komplementär

---

[278] Siehe Kevles (2008) zu Temin. Dulbecco ist weitaus bekannter, siehe für einen Nachruf z. B. Eckhart (2012).

[279] Rubin and Temin (1958), S. 994; siehe auch Temin and Rubin (1959) sowie Temin (1960).

waren.[280] Das konnte bedeuten, dass es einen bisher unbekannten Weg gab, auf dem von einer einsträngigen RNA eine doppelsträngige DNA synthetisiert wurde. Das würde den Reproduktionsmechanismus des Virus erklären; zugleich schien bereits die Vermutung unerhört. Erst 1969 fand Temin das Enzym, das den gesuchten Reaktionsschritt katalysierte, und erst dann konnte er seine Kollegen überzeugen. Unabhängig von Temin hatte zudem David Baltimore am M.I.T. das Enzym entdeckt, und sie publizierten ihre Funde in der gleichen Ausgabe der Zeitschrift *Nature*. Das Enzym wurde „Reverse Transkriptase" getauft, was auf seine Fähigkeit verwies, RNA zurück in DNA zu transkribieren.[281] Gemeinsam mit Dulbecco wurden Temin und Baltimore 1975 mit dem Nobelpreis für Medizin oder Physiologie ausgezeichnet.

Dieses Enzym wurde zu einem wichtigen Instrument der Gentechnologie, die sich als zunehmend dominantes Feld der angewandten Molekularbiologie entwickelte. Denn die Reverse Transkriptase eröffnete die Möglichkeit, aus künstlich synthetisierter RNA doppelsträngige DNA-Fragmente zu erzeugen. Diese waren eine Variante der so genannten Rekombinanten DNA, die auf verschiedenem Wege in das Genom von Organismen integriert werden konnte.[282] Diese und viele andere, z. T. weitaus raffiniertere Techniken des bewussten Eingriffs, der Vervielfältigung und Veränderung genetischen Materials erlebten seit den 1970er Jahren einen rasanten Aufstieg, feierten Erfolge und erfuhren scharfe Kritik. In einer reichen Literatur kann man die komplexen Ursprünge, Verflechtungen und Implikationen dieser Entwicklung nachlesen, die den Rahmen der vorliegenden Einleitung bei weitem übersteigt.[283] Immer enger verknüpften sich dabei wissenschaftliche und wirtschaftliche Interessen; immer wichtiger wurde zugleich die Frage, ob Politik und Gesellschaft der Wissenschaft Grenzen setzen sollten – und ob sie es überhaupt konnten. In jüngster Zeit gewinnen diese Fragen eine neue Dimension und Dringlichkeit angesichts der Möglichkeiten und Risiken des Genom-Editing (z. B. mit CRISPR-Cas), das zielgenaue Eingriffe in die DNA verspricht, ungewollte Effekte aber nicht ausschließen kann.

---

[280] Temin (1964).

[281] Temin and Mizutani (1970), Baltimore (1970).

[282] Die Arbeiten der Gruppe um Paul Berg in Stanford waren hier maßgebend. Berg selbst plädierte dann allerdings angesichts der Erfolge dieser Technik für ein globales Moratorium der Forschung an rekombinanter DNA, bis man sich auf Regeln im Umgang mit diesem ethisch heiklen Material geeinigt hatte. Dies erfolgte 1975 auf der berühmten Konferenz von Asilomar, Kalifornien. Siehe dazu z. B. Berg et al. (1975), Yi (2008), Yi (2015).

[283] Für eine kleine Auswahl siehe z. B. Krimsky (1982), Thackray (1998), Rifkin (1998), Schurmann and Takahashi (2003), Vettel (2006), Canini (2006), Rasmussen (2014), Jackson (2015), Yi (2015); Beachtung verdient auch die jeweils zitierte, weitere Literatur.

1.6.4 Von der Struktur zur Sequenz

Die Doppelhelix spielte für all dies keine Rolle – relevant war nicht die helikale Struktur der DNA, sondern die Komplementarität ihrer Basensequenz. Um zu verfolgen, wie man sich diesem Aspekt der DNA annäherte, springen wir erneut zurück in der Zeit und von der DNA-Forschung zurück zur Proteinchemie. Denn 1950 publizierte der schwedische Biochemiker Pehr Edman einen ersten Vorschlag zur Analyse der Aminosäuresequenz in Proteinen. Die Methode nutzte chemische Verfahren und war recht präzise, wenn auch ungeeignet für längere Peptidketten.[284] Zur gleichen Zeit arbeitete Frederick Sanger (vgl. Abb. 1.10) in Cambridge an einem alternativen Verfahren, für das er Elektrophorese und Chromatographie kombinierte. Seine Publikation der Sequenz von Insulin im Jahr 1952 wurde bereits erwähnt. 1955 wurde die Sequenz abgesichert und die Bindungsorte der Ketten identifiziert. 1958 wurde Sanger dafür mit dem Nobelpreis für Chemie ausgezeichnet.[285]

Der beschriebene Einfluss von Sangers Arbeiten auf die Spekulationen von Gamow, Crick und anderen waren dabei ein Nebeneffekt. In der Hauptsache etablierte Sanger mit diesem Befund, dass Proteine nicht repetitiv aufgebaut sind, sondern eine spezifische Zusammensetzung und Struktur aufweisen, die sich analysieren lässt. Wie bereits erwähnt, ging man in der Biochemie davon aus, dass Struktur und Funktion von Proteinen eng miteinander verbunden sind. Sanger und andere hofften, die Sequenz würde Hinweise

Abb. 1.10 Frederick Sanger, mit freundlicher Genehmigung des MRC Laboratory of Molecular Biology

---

[284] Edman et al. (1950).

[285] Sanger (1952), Ryle et al. (1955). Siehe zu Sanger auch den kurzen Nachruf Roe (2014) sowie die Biographie Brownlee (2014). Eine Auswahl der bedeutendsten Aufsätze erschien 1996 in einem Sammelband, siehe Sanger and Dowding (1996). Das Verhältnis von Biochemie zu Molekularbiologie am Beispiel der Proteinsequenzierung untersuchte de Chadarevian (1996).

geben auf die Reaktionsmechanismen der Proteine, möglicherweise wäre sie sogar der erste Schritt zu einer künstlichen Proteinsynthese. Diese Hoffnungen wurden zunächst enttäuscht. Das hielt Sanger jedoch nicht davon ab, seine Methoden weiterzuentwickeln und auf andere Proteine anzuwenden. In der Tat war das Verfahren so erfolgreich, dass John Kendrew, einer der besten Kristallographen der Zeit, in den 1950er Jahren damit rechnete, dass Strukturanalysen mit Röntgenkristallographie in absehbarer Zeit hinfällig werden würden.[286]

1962 wurde Sanger zum Leiter der Abteilung für Proteinchemie an dem neu begründeten Laboratory of Molecular Biology (LMB) in Cambridge berufen. Der Einrichtung dieses Instituts waren lange Verhandlungen vorausgegangen, wie Soraya de Chadarevian umfassend rekonstruiert hat.[287] Sanger hatte sich in Cambridge schon längere Zeit um ein neues Gebäude für sein Labor bemüht, insbesondere wollten er und Max Perutz ihre Arbeitsgruppen räumlich zusammenführen. Auf der anderen Seite war Francis Crick zunehmend an Sangers Arbeiten interessiert. Trotz seiner abfälligen Bemerkungen in Richtung Biochemie noch 1954 wusste Crick, dass die Proteinanalyse die einzige Möglichkeit bot, seine Sequenzhypothese zu prüfen; und daran war er in hohem Maße interessiert. Das LMB wurde schließlich mit drei Abteilungen begründet: eine Abteilung zur Strukturanalyse biologisch relevanter Moleküle, geleitet von John Kendrew; eine zur Molekulargenetik, geleitet von Crick; und schließlich eine Abteilung zur Proteinchemie, geleitet von Sanger. Direktor des Instituts wurde Max Perutz. Dieses Labor wurde ein großer Erfolg. Neuere Studien der Arbeit dieses Labors zeigen, dass sich zwischen den Abteilungen ein reger Austausch entwickelte, und dass der Biochemiker Sanger wesentlich daran beteiligt war, die Ziele und das Programm der sich formierenden Molekularbiologie zu gestalten.[288]

Im Zuge dieser Entwicklungen verlor Sanger das Interesse an der Sequenzierung von Proteinen. Er versuchte sich stattdessen an der RNA, und 1968 hatte er auch dafür eine Methode entwickelt. Als erstes analysierte Sanger die Basensequenz einer ribosomalen RNA in *E. coli*.[289] Auch hier blieb Sanger jedoch nicht stehen, sondern schlug 1975 gemeinsam mit seinem engen Mitarbeiter Alan Coulson die „Plus und Minus"-Methode der DNA-Sequenzierung vor.[290] Zeitgleich entwickelten zwei Kollegen im Feld, Allan M. Maxam und Walter Gilbert, eine alternative, chemische Methode zur Sequenzierung der DNA. Diese hatte den Vorteil, dass dafür doppelsträngige DNA genutzt werden konnte, während man für das Verfahren von Sanger und Coulson zunächst Einzelstrang-DNA

---

[286] de Chadarevian (1996), S. 372.

[287] de Chadarevian (2002), insbesondere Kapitel 7. Siehe zum LMB auch Finch (2008).

[288] de Chadarevian (1996), de Chadarevian (2002), Kapitel 7, García-Sancho (2010). Eine breit angelegte Geschichte des Sequenzierens als Laborpraxis findet sich in García-Sancho (2012).

[289] Brownlee et al. (1968).

[290] Sanger and Coulson (1975).

herstellen musste.[291] Angesichts dessen entwickelte Sanger sein Verfahren weiter, bis er schließlich 1977 eine Methode zur Sequenzierung doppelsträngiger DNA vorlegte, die deutlich einfacher war und zudem ohne die giftigen Chemikalien auskam, die das Maxam-Gilbert-Verfahren erforderte.[292] Diese Methode von Sanger setzte sich langfristig durch.

Dabei waren zunächst vier separate Systeme erforderlich, in denen je ein Nukleotid mit radioaktiver Markierung verfolgt und identifiziert wurde. Anschließend wurden die Ergebnisse zusammengeführt zu einer Gesamtsequenz. Die Methode war zweckmäßig und die Ergebnisse vergleichsweise zuverlässig. Sie war aber so langsam, dass sich die Sequenzierung in dieser Phase auf kurze Abschnitte der DNA oder sehr kleine Genome beschränkte. Die erste vollständig sequenzierte DNA war Sangers Analyse des Phagen *Phi X 174* mit 5386 Basenpaaren. 1980 wurde Sanger dafür zum zweiten Mal mit dem Nobelpreis für Chemie ausgezeichnet. Im Laufe der Zeit wurde die radioaktive Markierung durch Fluoreszenzfärbung ersetzt, so dass man alle Nukleotide in einem System verfolgen konnte. Die entscheidende Wende kam, als Applied BioSystems und andere Unternehmen das Verfahren automatisierten und damit immens beschleunigten. Auf dieser Grundlage wurde auch die Analyse des menschlichen Genoms mit seinen ca. 3 Milliarden Basenpaaren durchgeführt – zu erheblichen Teilen in einem 1992 gegründeten Labor in Hinxton, Cambridgeshire, das nach Sanger benannt wurde: das heutige Wellcome Trust Sanger Institute.

---

[291] Maxam and Gilbert (1977).
[292] Sanger et al. (1977).

1.7 Aus postgenomischer Perspektive

Sequenzanalysen und ihre Auswertung bestimmen bis heute weite Teile der molekularen Genforschung; doch es sind nicht die Basensequenzen, sondern die Doppelhelix-Struktur, die weiterhin in Wort und Bild, in Wissenschaft und Öffentlichkeit präsent ist: als Ikone aller Forschungsfelder, die mit DNA beschäftigt sind.[293] 1953 war diese Popularität noch nicht absehbar; wie erwähnt, begann die Rezeption der Doppelhelix-Struktur nur schleppend.[294] So wurde auch das Modell der Doppelhelix, das Watson und Crick 1953 konstruiert hatten, in seine Teile zerlegt und ist nicht mehr erhalten. Die wenigen Platten und Drähte, die dennoch überlebt hatten, wurden mühsam zu einem quasi-Original zusammengefügt und im Science Museum, London, ausgestellt.[295] Die heute weithin bekannte Photographie von Watson und Crick vor ihrem Modell, aufgenommen im Mai 1953, begann ihren Aufstieg mit Watsons Autobiographie, also erst fünfzehn Jahre später.[296]

Einen ersten – quantitativ moderaten – Höhepunkt erreichten die Referenzen auf die Erstpublikation 1963, im Jahr nach der Verleihung des Nobelpreises an Crick, Watson und Wilkins.[297] Bereits 1974 jedoch wurde ein Jubiläum der Doppelhelix gefeiert: ihr „Coming-of-Age". Nicht nur erschien ein Sonderheft von *Nature*, zu dem die noch lebenden Protagonisten sowie ihre Schüler und Mitarbeiter beitrugen, sondern es wurde auch ein Film der BBC gedreht. Der Wissenschaftshistoriker Edward Yoxen wies zu Recht darauf hin, dass die meisten Entdeckungen 50 Jahre warten müssen, bis ihre Erstpublikation gefeiert wird – wenn es überhaupt dazu kommt.[298] Bei der Doppelhelix hatte man es eiliger; und die nächsten Feierlichkeiten kamen nur wenig später zum 30. Geburtstag. Zum 40. Geburtstag wurden nicht weniger als fünf Konferenzen abgehalten. Auf der Grundlage der letzten und größten dieser Konferenzen im Oktober 1994 in Chicago (mit über 1000 Teilnehmenden) erschien eine reich illustrierte Festschrift: *DNA: The Double Helix – Forty Years. Perspective and Prospective.*[299] An Pathos wurde darin nicht gespart. So verglich etwa Gunther Stent die Entdeckung der Doppelhelix im April 1953 mit dem Anbruch der strahlenden, wissenschaftsfreundlichen Renaissance, die das finstere, dogmatische Mittelalter hinter sich ließ. Fast auf den Tag genau fünfhundert Jahre trennten diese beiden Ereignisse, jubelte Stent, der den Beginn der Renaissance präzise zu datieren wusste; er befand, das könnte kein Zufall sein.[300] Zu diesem Zeitpunkt hatte der rasante, exponentielle Anstieg der Zitationen, parallel zur breiten, kulturellen Rezeption der Doppelhelix, bereits eingesetzt, zeitgleich mit dem offiziellen Start des Human Genome

---

[293] Den Aufstieg der Doppelhelix zur Ikone v. a. seit den 1980er Jahren ist in sehr zugänglicher, lesenswerter Form beschrieben in Nelkin and Lindee (1995).

[294] Olby (2003), Strasser (2003).

[295] de Chadarevian (2002), S. 10.

[296] de Chadarevian (2003).

[297] Siehe Strasser (2003), Gingras (2010).

[298] Yoxen (1985), S. 164.

[299] Chambers (1995).

[300] Stent (1995), S. 25.

Project (HGP) im Jahr 1990. Dieses Projekt zur Sequenzierung des gesamten menschlichen Genoms wurde in seiner Anfangsphase von eben jenem James D. Watson geleitet, der an der Entdeckung der Doppelhelix beteiligt gewesen war. Berühmt wurde sein begeisterter Kommentar zu Beginn des Projektes: „Wir dachten immer, unser Schicksal stände in den Sternen. Jetzt wissen wir, unser Schicksal liegt zu großen Teilen in unseren Genen."[301] Das Emblem dieses Projektes war eine Doppelhelix mit einem Mensch in der Mitte, quasi gefangen von seinen Genen.

Das HGP, das erste „Big Science"-Projekt der Biowissenschaften, brachte nicht nur der DNA, sondern auch den Genen und ihrer Wirkung eine bis dahin unerreichte Popularität.[302] Was genau ein Gen ist, blieb dabei notorisch umstritten.[303] Wie bereits angedeutet, wurde seit den 1970er Jahren klar, dass Gene keine diskreten Abschnitte der DNA sind, die als Einheiten funktionieren und eine bestimmte Eigenschaft beeinflussen; dass sie nicht nur die Synthese von Proteinen steuern, sondern auch regulative Funktionen erfüllen; und dass diese Funktionen je nach zellulärer Umgebung stark variieren. Eines der unerwarteten Ergebnisse des HGP war die Einsicht, dass, egal welche Definition man anlegte, Menschen deutlich weniger Gene haben als angenommen: statt der erwarteten etwa 100.000 Gene fand man nur etwa 20.000 – also ungefähr so viele wie im primitiven Fadenwurm *Caenorhabditis elegans*. Gene sind offenkundig von geringerer Bedeutung für die Spezifität und Komplexität von Organismen, als man dachte. Zudem sind nach aktueller Schätzung nur etwa 2–3 % unserer DNA an der Proteinsynthese beteiligt. Von den übrigen 97 % wirkt ein Großteil in regulativen Mechanismen, die wir gerade erst anfangen zu verstehen; der Rest ist nach wie vor unklar. „Die gute Nachricht ist, dass die Genforschung noch nie so aufregend war wie heute und unser Verständnis der genetischen Aktivität sowohl an Tiefe als auch an Breite spektakulär zugenommen hat", bilanzierte Evelyn Fox Keller bereits im Jahr 2001. Doch fügte sie auch hinzu: „Die schlechte Nachricht ist, dass diese neue Subtilität erst noch ins öffentliche Bewusstsein eindringen muss."[304]

Daran hat sich bis heute wenig geändert, die Situation hat sich eher noch verschärft. Die Funktionalität der DNA wird heute im Rahmen des Genoms, also der vielfach vernetzten Gesamtheit der Gene erforscht; und dabei tritt zunehmend der enge Zusammenhang dieses Systems mit anderen zellulären Ressourcen wie etwa dem Stoffwechsel in den Blick. Einzelne Gene sind heute kaum noch von Interesse – nach dem Jahrhundert des Gens ist die Wissenschaft ins Zeitalter der Postgenomik eingetreten.[305] In der Öffentlichkeit hingegen ist die Suche nach den „Genen für" die eine oder andere Eigenschaft immer noch verbreitet, und die Vorliebe der Medien für entsprechende Schlagzeilen ist ungebrochen. Befeuert wird dies durch die inzwischen günstig verfügbaren Testverfahren, mit denen man das ei-

---

[301] Jaroff (1993), S. 57.

[302] Eine gute Einführung in die Geschichte des HGP mit reicher Bibliographie bietet z. B. Gannett (2014).

[303] Die Literatur zum Gen-Begriff ist immens; für einen Überblick siehe z. B. Griffiths and Stotz (2013), Schmidt (2014).

[304] Fox Keller (2001b), S. 9.

[305] Müller-Wille and Rheinberger (2009).

gene Genom analysieren und interpretieren lassen kann – „genetische Horoskope" nannte die Evolutionsbiologin Eva Jablonka die Ergebnisse solcher Tests.[306] Schlichte genetische Erklärungen sind eingängig und daher beliebt; das komplexe System der zellulären Regulation hingegen, in dem Gene eine Ressource neben anderen sind, ist für Laien kaum mehr zu durchschauen.

* * *

Doch diese Entwicklungen können hier nur angedeutet werden – sie bergen Stoff für zahlreiche weitere Bücher. Im Zentrum des vorliegenden Bandes steht die Entdeckung der Doppelhelix-Struktur der DNA. Entsprechend verfolgte diese Einleitung das Ziel, die nachfolgend abgedruckten Artikel in ihrem wissenschaftshistorischen Kontext zu verorten. Die Hoffnung war, dass der Gehalt dieser Arbeiten klarer und ihre Lektüre interessanter wird, wenn man weiß, wie sehr um die Bedeutung des Begriffs „Gen" gerungen wurde, wie man Gene zunächst aus guten Gründen mit Proteinen und erst sehr viel später mit Nukleinsäuren in Verbindung brachte, und angesichts welcher theoretischen und experimentellen Einwände die Entscheidung zwischen verschiedenen Vorschlägen alles andere als offensichtlich war. Man wird vielleicht die Entdeckung der Doppelhelix etwas anders bewerten, wenn man weiß, dass es noch 1950 keinesfalls selbstverständlich war, auf die DNA als wesentliches Element der Zelle zu setzen. Der Gruppe am King's College gebührt dafür Respekt. Wilkins war nach Astbury der erste Wissenschaftler, der sich um röntgenkristallographische Aufnahmen der DNA bemühte. Franklin hat dieses Vorhaben zur Perfektion weiterentwickelt und in Zusammenarbeit mit Gosling Aufnahmen der DNA vorgelegt, die mit geübtem Blick eine Helix mit zweifacher Symmetrie erkennen ließen. Watson und Crick näherten sich der Struktur aus einer theoretischen Perspektive, über die Konstruktion eines Modells. Sie fanden die Doppelhelix-Struktur; doch erst durch die experimentellen Arbeiten in London gewann ihr Vorschlag an Überzeugungskraft und Evidenz. In diesem Band finden sich dementsprechend neben den Aufsätzen von Crick und Watson auch die Artikel von Franklin und Gosling sowie Wilkins et al. nachgedruckt. Bei der Lektüre dieser Artikel sowie der wichtigen Arbeiten von Avery et al. sowie Hershey und Chase wünsche ich viel Vergnügen.

---

[306] Jablonka (2013).

Studies on the Chemical Nature of the Substance Inducing Transformation of Pneumococcal Types

2

Induction of Transformation by a Desoxyribonucleic Acid Fraction Isolated from Pneumococcus Type III

Oswald T. Avery, Colin M. MacLeod und Maclyn McCarty

O. T. Avery (✉) · C. M. MacLeod · M. McCarty
München, Bayern, Deutschland
E-Mail: K.Nickelsen@lmu.de

© Springer-Verlag GmbH Deutschland 2017   97
K. Nickelsen (Hrsg.), *Die Entdeckung der Doppelhelix*, Klassische Texte der Wissenschaft,
DOI 10.1007/978-3-662-47150-0_2

STUDIES ON THE CHEMICAL NATURE OF THE SUBSTANCE INDUCING TRANSFORMATION OF PNEUMOCOCCAL TYPES

INDUCTION OF TRANSFORMATION BY A DESOXYRIBONUCLEIC ACID FRACTION ISOLATED FROM PNEUMOCOCCUS TYPE III

By OSWALD T. AVERY, M.D., COLIN M. MacLEOD, M.D., AND MACLYN McCARTY,* M.D.

(From the Hospital of The Rockefeller Institute for Medical Research)

PLATE 1

(Received for publication, November 1, 1943)

Biologists have long attempted by chemical means to induce in higher organisms predictable and specific changes which thereafter could be transmitted in series as hereditary characters.   Among microörganisms the most striking example of inheritable and specific alterations in cell structure and function that can be experimentally induced and are reproducible under well defined and adequately controlled conditions is the transformation of specific types of Pneumococcus.   This phenomenon was first described by Griffith (1) who succeeded in transforming an attenuated and non-encapsulated (R) variant derived from one specific type into fully encapsulated and virulent (S) cells of a heterologous specific type.   A typical instance will suffice to illustrate the techniques originally used and serve to indicate the wide variety of transformations that are possible within the limits of this bacterial species.

Griffith found that mice injected subcutaneously with a small amount of a living R culture derived from Pneumococcus Type II together with a large inoculum of heat-killed Type III (S) cells frequently succumbed to infection, and that the heart's blood of these animals yielded Type III pneumococci in pure culture.   The fact that the R strain was avirulent and incapable by itself of causing fatal bacteremia and the additional fact that the heated suspension of Type III cells contained no viable organisms brought convincing evidence that the R forms growing under these conditions had newly acquired the capsular structure and biological specificity of Type III pneumococci.

The original observations of Griffith were later confirmed by Neufeld and Levinthal (2), and by Baurhenn (3) abroad, and by Dawson (4) in this laboratory.   Subsequently Dawson and Sia (5) succeeded in inducing transformation in vitro.   This they accomplished by growing R cells in a fluid medium containing anti-R serum and heat-killed encapsulated S cells.   They showed that in the test tube as in the animal body transformation can be selectively induced, depending on the type specificity of the S cells used in the reaction system.   Later, Alloway (6) was able to cause

---

* Work done in part as Fellow in the Medical Sciences of the National Research Council.

specific transformation *in vitro* using sterile extracts of S cells from which all formed elements and cellular debris had been removed by Berkefeld filtration. He thus showed that crude extracts containing active transforming material in soluble form are as effective in inducing specific transformation as are the intact cells from which the extracts were prepared.

Another example of transformation which is analogous to the interconvertibility of pneumococcal types lies in the field of viruses. Berry and Dedrick (7) succeeded in changing the virus of rabbit fibroma (Shope) into that of infectious myxoma (Sanarelli). These investigators inoculated rabbits with a mixture of active fibroma virus together with a suspension of heat-inactivated myxoma virus and produced in the animals the symptoms and pathological lesions characteristic of infectious myxomatosis. On subsequent animal passage the transformed virus was transmissible and induced myxomatous infection typical of the naturally occurring disease. Later Berry (8) was successful in inducing the same transformation using a heat-inactivated suspension of washed elementary bodies of myxoma virus. In the case of these viruses the methods employed were similar in principle to those used by Griffith in the transformation of pneumococcal types. These observations have subsequently been confirmed by other investigators (9).

The present paper is concerned with a more detailed analysis of the phenomenon of transformation of specific types of Pneumococcus. The major interest has centered in attempts to isolate the active principle from crude bacterial extracts and to identify if possible its chemical nature or at least to characterize it sufficiently to place it in a general group of known chemical substances. For purposes of study, the typical example of transformation chosen as a working model was the one with which we have had most experience and which consequently seemed best suited for analysis. This particular example represents the transformation of a non-encapsulated R variant of Pneumococcus Type II to Pneumococcus Type III.

EXPERIMENTAL

Transformation of pneumococcal types *in vitro* requires that certain cultural conditions be fulfilled before it is possible to demonstrate the reaction even in the presence of a potent extract. Not only must the broth medium be optimal for growth but it must be supplemented by the addition of serum or serous fluid known to possess certain special properties. Moreover, the R variant, as will be shown later, must be in the reactive phase in which it has the capacity to respond to the transforming stimulus. For purposes of convenience these several components as combined in the transforming test will be referred to as the *reaction system*. Each constituent of this system presented problems which required clarification before it was possible to obtain consistent and reproducible results. The various components of the system will be described in the following order: (1) nutrient broth, (2) serum or serous fluid, (3) strain of R Pneumococcus, and (4) extraction, purification, and chemical nature of the transforming principle.

1. Nutrient Broth.—Beef heart infusion broth containing 1 per cent neopeptone with no added dextrose and adjusted to an initial pH of 7.6–7.8 is used as the basic medium. Individual lots of broth show marked and unpredictable variations in the property of supporting transformation. It has been found, however, that charcoal adsorption, according to the method described by MacLeod and Mirick (10) for removal of sulfonamide inhibitors, eliminates to a large extent these variations; consequently this procedure is used as routine in the preparation of consistently effective broth for titrating the transforming activity of extracts.

2. Serum or Serous Fluid.—In the first successful experiments on the induction of transformation *in vitro*, Dawson and Sia (5) found that it was essential to add serum to the medium. Anti-R pneumococcal rabbit serum was used because of the observation that reversion of an R pneumococcus to the homologous S form can be induced by growth in a medium containing anti-R serum. Alloway (6) later found that ascitic or chest fluid and normal swine serum, all of which contain R antibodies, are capable of replacing antipneumococcal rabbit serum in the reaction system. Some form of serum is essential, and to our knowledge transformation *in vitro* has never been effected in the absence of serum or serous fluid.

In the present study human pleural or ascitic fluid has been used almost exclusively. It became apparent, however, that the effectiveness of different lots of serum varied and that the differences observed were not necessarily dependent upon the content of R antibodies, since many sera of high titer were found to be incapable of supporting transformation. This fact suggested that factors other than R antibodies are involved.

It has been found that sera from various animal species, irrespective of their immune properties, contain an enzyme capable of destroying the transforming principle in potent extracts. The nature of this enzyme and the specific substrate on which it acts will be referred to later in this paper. This enzyme is inactivated by heating the serum at 60°–65°C., and sera heated at temperatures known to destroy the enzyme are often rendered effective in the transforming system. Further analysis has shown that certain sera in which R antibodies are present and in which the enzyme has been inactivated may nevertheless fail to support transformation. This fact suggests that still another factor in the serum is essential. The content of this factor varies in different sera, and at present its identity is unknown.

There are at present no criteria which can be used as a guide in the selection of suitable sera or serous fluids except that of actually testing their capacity to support transformation. Fortunately, the requisite properties are stable and remain unimpaired over long periods of time; and sera that have been stored in the refrigerator for many months have been found on retesting to have lost little or none of their original effectiveness in supporting transformation.

The recognition of these various factors in serum and their rôle in the reaction system has greatly facilitated the standardization of the cultural conditions required for obtaining consistent and reproducible results.

3. The R Strain (R36A).—The unencapsulated R strain used in the present study was derived from a virulent "S" culture of Pneumococcus Type II. It will be recalled that irrespective of type derivation all "R" variants of Pneumococcus are characterized by the lack of capsule formation and the consequent loss of both type specificity and the capacity to produce infection in the animal body. The designation of these variants as R forms has been used to refer merely to the fact that on artificial media the colony surface is "rough" in contrast to the smooth, glistening surface of colonies of encapsulated S cells.

The R strain referred to above as R36A was derived by growing the parent S culture of Pneumococcus Type II in broth containing Type II antipneumococcus rabbit serum for 36 serial passages and isolating the variant thus induced. The strain R36A has lost all the specific and distinguishing characteristics of the parent S organisms and consists only of attenuated and non-encapsulated R variants. The change S → R is often a reversible one provided the R cells are not too far "degraded." The reversion of the R form to its original specific type can frequently be accomplished by successive animal passages or by repeated serial subculture in anti-R serum. When reversion occurs under these conditions, however, the R culture invariably reverts to the encapsulated form of the same specific type as that from which it was derived (11). Strain R36A has become relatively fixed in the R phase and has never spontaneously reverted to the Type II S form. Moreover, repeated attempts to cause it to revert under the conditions just mentioned have in all instances been unsuccessful.

The reversible conversion of S⇌R within the limits of a single type is quite different from the transformation of one specific type of Pneumococcus into another specific type through the R form. Transformation of types has never been observed to occur spontaneously and has been induced experimentally only by the special techniques outlined earlier in this paper. Under these conditions, the enzymatic synthesis of a chemically and immunologically different capsular polysaccharide is specifically oriented and selectively determined by the specific type of S cells used as source of the transforming agent.

In the course of the present study it was noted that the stock culture of R36 on serial transfers in blood broth undergoes spontaneous dissociation giving rise to a number of other R variants which can be distinguished one from another by colony form. The significance of this in the present instance lies in the fact that of four different variants isolated from the parent R culture only one (R36A) is susceptible to the transforming action of potent extracts, while the others fail to respond and are wholly inactive in this regard. The fact that differences exist in the responsiveness of different R variants to the same specific stimulus enphasizes the care that must be exercised in the selection of a suitable R variant for use in experiments on transformation. The capacity of this R strain (R36A) to respond to a variety of different transforming agents is shown by the readiness with which it can be transformed to Types I, III, VI, or XIV, as well as to its original type (Type II), to which, as pointed out, it has never spontaneously reverted.

Although the significance of the following fact will become apparent later on, it must be mentioned here that pneumococcal cells possess an enzyme capable of destroying the activity of the transforming principle. Indeed, this enzyme has been found to be present and highly active in the autolysates of a number of different strains. The fact that this intracellular enzyme is released during autolysis may explain, in part at least, the observation of Dawson and Sia (5) that it is essential in bringing about transformation in the test tube to use a small inoculum of young and actively growing R cells. The irregularity of the results and often the failure to induce transformation when large inocula are used may be attributable to the release from autolyzing cells of an amount of this enzyme sufficient to destroy the transforming principle in the reaction system.

In order to obtain consistent and reproducible results, two facts must be borne in mind: first, that an R culture can undergo spontaneous dissociation and give rise to other variants which have lost the capacity to respond to the transforming stimulus; and secondly, that pneumococcal cells contain an intracellular enzyme which when released destroys the activity of the transforming principle. Consequently, it is important to select a responsive strain and to prevent as far as possible the destructive changes associated with autolysis.

Method of Titration of Transforming Activity.—In the isolation and purification of the active principle from crude extracts of pneumococcal cells it is desirable to have a method for determining quantitatively the transforming activity of various fractions.

The experimental procedure used is as follows: Sterilization of the material to be tested for activity is accomplished by the use of alcohol since it has been found that this reagent has no effect on activity. A measured volume of extract is precipitated in a sterile centrifuge tube by the addition of 4 to 5 volumes of absolute ethyl alcohol, and the mixture is allowed to stand 8 or more hours in the refrigerator in order to effect sterilization. The alcohol precipitated material is centrifuged, the supernatant discarded, and the tube containing the precipitate is allowed to drain for a few minutes in the inverted position to remove excess alcohol. The mouth of the tube is then carefully flamed and a dry, sterile cotton plug is inserted. The precipitate is redissolved in the original volume of saline. Sterilization of active material by this technique has invariably proved effective. This procedure avoids the loss of active substance which may occur when the solution is passed through a Berkefeld filter or is heated at the high temperatures required for sterilization.

To the charcoal-adsorbed broth described above is added 10 per cent of the sterile ascitic or pleural fluid which has previously been heated at 60°C. for 30 minutes, in order to destroy the enzyme known to inactivate the transforming principle. The enriched medium is distributed under aseptic conditions in 2.0 cc. amounts in sterile tubes measuring 15 × 100 mm. The sterilized extract is diluted serially in saline neutralized to pH 7.2–7.6 by addition of 0.1 N NaOH, or it may be similarly diluted in M/40 phosphate buffer, pH 7.4. 0.2 cc. of each dilution is added to at least 3 or 4 tubes of the serum medium. The tubes are then seeded with a 5 to 8 hour blood broth culture of R36A. 0.05 cc. of a 10^{-4} dilution of this culture is added to each tube, and the cultures are incubated at 37°C. for 18 to 24 hours.

The anti-R properties of the serum in the medium cause the R cells to agglutinate during growth, and clumps of the agglutinated cells settle to the bottom of the tube leaving a clear supernatant.   When transformation occurs, the encapsulated S cells, not being affected by these antibodies, grow diffusely throughout the medium.   On the other hand, in the absence of transformation the supernatant remains clear, and only sedimented growth of R organisms occurs.   This difference in the character of growth makes it possible by inspection alone to distinguish tentatively between positive and negative results. As routine all the cultures are plated on blood agar for confirmation and further bacteriological identification.   Since the extracts used in the present study were derived from Pneumococcus Type III, the differentiation between the colonies of the original R organism and those of the transformed S cells is especially striking, the latter being large, glistening, mucoid colonies typical of Pneumococcus Type III.   Figs. 1 and 2 illustrate these differences in colony form.

A typical protocol of a titration of the transforming activity of a highly purified preparation is given in Table IV.

Preparative Methods

Source Material.—In the present investigation a stock laboratory strain of Pneumococcus Type III (A66) has been used as source material for obtaining the active principle.   Mass cultures of these organisms are grown in 50 to 75 liter lots of plain beef heart infusion broth.   After 16 to 18 hours' incubation at 37°C. the bacterial cells are collected in a steam-driven sterilizable Sharples centrifuge.   The centrifuge is equipped with cooling coils immersed in ice water so that the culture fluid is thoroughly chilled before flowing into the machine.   This procedure retards autolysis during the course of centrifugation.   The sedimented bacteria are removed from the collecting cylinder and resuspended in approximately 150 cc. of chilled saline (0.85 per cent NaCl), and care is taken that all clumps are thoroughly emulsified.   The glass vessel containing the thick, creamy suspension of cells is immersed in a water bath, and the temperature of the suspension rapidly raised to 65°C.   During the heating process the material is constantly stirred, and the temperature maintained at 65°C. for 30 minutes.   Heating at this temperature inactivates the intracellular enzyme known to destroy the transforming principle.

Extraction of Heat-Killed Cells.—Although various procedures have been used, only that which has been found most satisfactory will be described here.   The heat-killed cells are washed with saline 3 times.   The chief value of the washing process is to remove a large excess of capsular polysaccharide together with much of the protein, ribonucleic acid, and somatic "C" polysaccharide.   Quantitative titrations of transforming activity have shown that not more than 10 to 15 per cent of the active material is lost in the washing, a loss which is small in comparison to the amount of inert substances which are removed by this procedure.

After the final washing, the cells are extracted in 150 cc. of saline containing sodium desoxycholate in final concentration of 0.5 per cent by shaking the mixture mechanically 30 to 60 minutes. The cells are separated by centrifugation, and the extraction process is repeated 2 or 3 times. The desoxycholate extracts prepared in this manner are clear and colorless. These extracts are combined and precipitated by the addition of 3 to 4 volumes of absolute ethyl alcohol. The sodium desoxycholate being soluble in alcohol remains in the supernatant and is thus removed at this step. The precipitate forms a fibrous mass which floats to the surface of the alcohol and can be removed directly by lifting it out with a spatula. The excess alcohol is drained from the precipitate which is then redissolved in about 50 cc. of saline. The solution obtained is usually viscous, opalescent, and somewhat cloudy.

Deproteinization and Removal of Capsular Polysaccharide.—The solution is then deproteinized by the chloroform method described by Sevag (12). The procedure is repeated 2 or 3 times until the solution becomes clear. After this preliminary treatment the material is reprecipitated in 3 to 4 volumes of alcohol. The precipitate obtained is dissolved in a larger volume of saline (150 cc.) to which is added 3 to 5 mg. of a purified preparation of the bacterial enzyme capable of hydrolyzing the Type III capsular polysaccharide (13). The mixture is incubated at 37°C., and the destruction of the capsular polysaccharide is determined by serological tests with Type III antibody solution prepared by dissociation of immune precipitate according to the method described by Liu and Wu (14). The advantages of using the antibody solution for this purpose are that it does not react with other serologically active substances in the extract and that it selectively detects the presence of the capsular polysaccharide in dilutions as high as 1:6,000,000. The enzymatic breakdown of the polysaccharide is usually complete within 4 to 6 hours, as evidenced by the loss of serological reactivity. The digest is then precipitated in 3 to 4 volumes of ethyl alcohol, and the precipitate is redissolved in 50 cc. of saline. Deproteinization by the chloroform process is again used to remove the added enzyme protein and remaining traces of pneumococcal protein. The procedure is repeated until no further film of protein-chloroform gel is visible at the interface.

Alcohol Fractionation.—Following deproteinization and enzymatic digestion of the capsular polysaccharide, the material is repeatedly fractionated in ethyl alcohol as follows. Absolute ethyl alcohol is added dropwise to the solution with constant stirring. At a critical concentration varying from 0.8 to 1.0 volume of alcohol the active material separates out in the form of fibrous strands that wind themselves around the stirring rod. This precipitate is removed on the rod and washed in a 50 per cent mixture of alcohol and saline. Although the bulk of active material is removed by fractionation at the critical concentration, a small but appreciable amount remains in solution. However, upon increasing the concentration of alcohol to 3 volumes, the residual fraction is thrown down together with inert material in the form of a flocculent precipitate. This flocculent precipitate is taken up in a small volume of saline (5 to 10 cc.) and the solution again fractionated by the addition of 0.8 to 1.0 volume of alcohol. Additional fibrous material is obtained which is combined with that recovered from the original solution. Alcoholic fractionation is repeated 4 to 5 times. The yield of fibrous material obtained by this method varies from 10 to 25 mg. per 75 liters of culture and represents the major portion of active material present in the original crude extract.

Effect of Temperature.—As a routine procedure all steps in purification were carried out at room temperature unless specifically stated otherwise. Because of the theoretical advantage of working at low temperature in the preparation of biologically active material, the purification of one lot (preparation 44) was carried out in the cold. In this instance all the above procedures with the exception of desoxycholate ex-extraction and enzyme treatment were conducted in a cold room maintained at 0–4°C. This preparation proved to have significantly higher activity than did material similarly prepared at room temperature.

Desoxycholate extraction of the heat-killed cells at low temperature is less efficient and yields smaller amounts of the active fraction. It has been demonstrated that higher temperatures facilitate extraction of the active principle, although activity is best preserved at low temperatures.

Analysis of Purified Transforming Material

General Properties.—Saline solutions containing 0.5 to 1.0 mg. per cc. of the purified substance are colorless and clear in diffuse light. However, in strong transmitted light the solution is not entirely clear and when stirred exhibits a silky sheen. Solutions at these concentrations are highly viscous.

Purified material dissolved in physiological salt solution and stored at 2–4°C. retains its activity in undiminished titer for at least 3 months. However, when dissolved in distilled water, it rapidly decreases in activity and becomes completely inert within a few days. Saline solutions stored in the frozen state in a CO_2 ice box (−70°C.) retain full potency for several months. Similarly, material precipitated from saline solution by alcohol and stored under the supernatant remains active over a long period of time. Partially purified material can be preserved by drying from the frozen state in the lyophile apparatus. However, when the same procedure is used for the preservation of the highly purified substance, it is found that the material undergoes changes resulting in decrease in solubility and loss of activity.

The activity of the transforming principle in crude extracts withstands heating for 30 to 60 minutes at 65°C. Highly purified preparations of active material are less stable, and some loss of activity occurs at this temperature. A quantitative study of the effect of heating purified material at higher temperatures has not as yet been made. Alloway (6), using crude extracts prepared from Type III pneumococcal cells, found that occasionally activity could still be demonstrated after 10 minutes' exposure in the water bath to temperatures as high as 90°C.

The procedures mentioned above were carried out with solutions adjusted to neutral reaction, since it has been shown that hydrogen ion concentrations in the acid range result in progressive loss of activity. Inactivation occurs rapidly at pH 5 and below.

Qualitative Chemical Tests.—The purified material in concentrated solution gives negative biuret and Millon tests. These tests have been done directly on dry material with negative results. The Dische diphenylamine reaction for desoxyribonucleic acid is strongly positive. The orcinol test (Bial) for ribonucleic acid is weakly positive. However, it has been found that in similar concentrations pure preparations of desoxyribonucleic acid of animal origin prepared by different methods give a Bial reaction of corresponding intensity.

Although no specific tests for the presence of lipid in the purified material have been made, it has been found that crude material can be repeatedly extracted with alcohol and ether at −12°C. without loss of activity. In addition, as will be noted in the preparative procedures, repeated alcohol precipitation and treatment with chloroform result in no decrease in biological activity.

Elementary Chemical Analysis.[1]—Four purified preparations were analyzed for content of nitrogen, phosphorus, carbon, and hydrogen. The results are presented in Table I. The nitrogen-phosphorus ratios vary from 1.58 to 1.75 with an average value of 1.67 which is in close agreement with that calculated

TABLE I

Elementary Chemical Analysis of Purified Preparations of the Transforming Substance

Preparation No.	Carbon	Hydrogen	Nitrogen	Phosphorus	N/P ratio
	per cent	*per cent*	*per cent*	*per cent*	
37	34.27	3.89	14.21	8.57	1.66
38B	—	—	15.93	9.09	1.75
42	35.50	3.76	15.36	9.04	1.69
44	—	—	13.40	8.45	1.58
Theory for sodium desoxyribonucleate.....	34.20	3.21	15.32	9.05	1.69

on the basis of the theoretical structure of sodium desoxyribonucleate (tetra-nucleotide). The analytical figures by themselves do not establish that the substance isolated is a pure chemical entity. However, on the basis of the nitrogen-phosphorus ratio, it would appear that little protein or other substances containing nitrogen or phosphorus are present as impurities since if they were this ratio would be considerably altered.

Enzymatic Analysis.—Various crude and crystalline enzymes[2] have been tested for their capacity to destroy the biological activity of potent bacterial extracts. Extracts buffered at the optimal pH, to which were added crystalline trypsin and chymotrypsin or combinations of both, suffered no loss in activity following treatment with these enzymes. Pepsin could not be tested because

[1] The elementary chemical analyses were made by Dr. A. Elek of The Rockefeller Institute.

[2] The authors are indebted to Dr. John H. Northrop and Dr. M. Kunitz of The Rockefeller Institute for Medical Research, Princeton, N. J., for the samples of crystalline trypsin, chymotrypsin, and ribonuclease used in this work.

extracts are rapidly inactivated at the low pH required for its use. Prolonged treatment with crystalline ribonuclease under optimal conditions caused no demonstrable decrease in transforming activity. The fact that trypsin, chymotrypsin, and ribonuclease had no effect on the transforming principle is further evidence that this substance is not ribonucleic acid or a protein susceptible to the action of tryptic enzymes.

In addition to the crystalline enzymes, sera and preparations of enzymes obtained from the organs of various animals were tested to determine their effect on transforming activity. Certain of these were found to be capable of completely destroying biological activity. The various enzyme preparations tested included highly active phosphatases obtained from rabbit bone by the method of Martland and Robison (15) and from swine kidney as described by

TABLE II

The Inactivation of Transforming Principle by Crude Enzyme Preparations

Crude enzyme preparations	Enzymatic activity			
	Phosphatase	Tributyrin esterase	Depolymerase for desoxyribonucleate	Inactivation of transforming principle
Dog intestinal mucosa....................	+	+	+	+
Rabbit bone phosphatase................	+	+	−	−
Swine kidney "	+	−	−	−
Pneumococcus autolysates................	−	+	+	+
Normal dog and rabbit serum............	+	+	+	+

H. and E. Albers (16). In addition, a preparation made from the intestinal mucosa of dogs by Levene and Dillon (17) and containing a polynucleotidase for thymus nucleic acid was used. Pneumococcal autolysates and a commercial preparation of pancreatin were also tested. The alkaline phosphatase activity of these preparations was determined by their action on β-glycerophosphate and phenyl phosphate, and the esterase activity by their capacity to split tributyrin. Since the highly purified transforming material isolated from pneumococcal extracts was found to contain desoxyribonucleic acid, these same enzymes were tested for depolymerase activity on known samples of desoxyribonucleic acid isolated by Mirsky[3] from fish sperm and mammalian tissues. The results are summarized in Table II in which the phosphatase, esterase, and nucleodepolymerase activity of these enzymes is compared with their capacity to destroy the transforming principle. Analysis of these results shows that irrespective of the presence of phosphatase or esterase only those

[3] The authors express their thanks to Dr. A. E. Mirsky of the Hospital of The Rockefeller Institute for these preparations of desoxyribonucleic acid.

preparations shown to contain an enzyme capable of depolymerizing authentic samples of desoxyribonucleic acid were found to inactivate the transforming principle.

Greenstein and Jenrette (18) have shown that tissue extracts, as well as the milk and serum of several mammalian species, contain an enzyme system which causes depolymerization of desoxyribonucleic acid. To this enzyme system Greenstein has later given the name desoxyribonucleodepolymerase (19). These investigators determined depolymerase activity by following the reduction in viscosity of solutions of sodium desoxyribonucleate. The nucleate and enzyme were mixed in the viscosimeter and viscosity measurements made at intervals during incubation at 30°C. In the present study this method was used in the measurement of depolymerase activity except that incubation was carried out at 37°C. and, in addition to the reduction of viscosity, the action of the enzyme was further tested by the progressive decrease in acid precipitability of the nucleate during enzymatic breakdown.

The effect of fresh normal dog and rabbit serum on the activity of the transforming substance is shown in the following experiment.

Sera obtained from a normal dog and normal rabbit were diluted with an equal volume of physiological saline. The diluted serum was divided into three equal portions. One part was heated at 65°C. for 30 minutes, another at 60°C. for 30 minutes, and the third was used unheated as control. A partially purified preparation of transforming material which had previously been dried in the lyophile apparatus was dissolved in saline in a concentration of 3.7 mg. per cc. 1.0 cc. of this solution was mixed with 0.5 cc. of the various samples of heated and unheated diluted sera, and the mixtures at pH 7.4 were incubated at 37°C. for 2 hours. After the serum had been allowed to act on the transforming material for this period, all tubes were heated at 65°C. for 30 minutes to stop enzymatic action. Serial dilutions were then made in saline and tested in triplicate for transforming activity according to the procedure described under Method of titration. The results given in Table III illustrate the differential heat inactivation of the enzymes in dog and rabbit serum which destroy the transforming principle.

From the data presented in Table III it is evident that both dog and rabbit serum in the unheated state are capable of completely destroying transforming activity. On the other hand, when samples of dog serum which have been heated either at 60°C. or at 65°C. for 30 minutes are used, there is no loss of transforming activity. Thus, in this species the serum enzyme responsible for destruction of the transforming principle is completely inactivated at 60°C. In contrast to these results, exposure to 65°C. for 30 minutes was required for complete destruction of the corresponding enzyme in rabbit serum.

The same samples of dog and rabbit serum used in the preceding experiment were also tested for their depolymerase activity on a preparation of sodium desoxyribonucleate isolated by Mirsky from shad sperm.

A highly viscous solution of the nucleate in distilled water in a concentration of 1 mg. per cc. was used.   1.0 cc. amounts of heated and unheated sera diluted in saline as shown in the preceding protocol were mixed in Ostwald viscosimeters with 4.0 cc.

TABLE III

Differential Heat Inactivation of Enzymes in Dog and Rabbit Serum Which Destroy the Transforming Substance

| | Heat treatment of serum | Dilution* | Triplicate tests | | | | | |
| | | | 1 | | 2 | | 3 | |
			Diffuse growth	Colony form	Diffuse growth	Colony form	Diffuse growth	Colony form
	Unheated	Undiluted	−	R only	−	R only	−	R only
		1:5	−	R "	−	R "	−	R "
		1:25	−	R "	−	R "	−	R "
Dog serum	60°C. for 30 min.	Undiluted	+	SIII	+	SIII	+	SIII
		1:5	+	SIII	+	SIII	+	SIII
		1:25	+	SIII	+	SIII	+	SIII
	65°C. for 30 min.	Undiluted	+	SIII	+	SIII	+	SIII
		1:5	+	SIII	+	SIII	+	SIII
		1:25	+	SIII	+	SIII	+	SIII
	Unheated	Undiluted	−	R only	−	R only	−	R only
		1:5	−	R "	−	R "	−	R "
		1:25	−	R "	−	R "	−	R "
Rabbit serum	60°C. for 30 min.	Undiluted	−	R only	−	R only	−	R only
		1:5	−	R "	−	R "	−	R "
		1:25	−	R "	−	R "	−	R "
	65°C. for 30 min.	Undiluted	+	SIII	+	SIII	+	SIII
		1:5	+	SIII	+	SIII	+	SIII
		1:25	+	SIII	+	SIII	+	SIII
Control (no serum)	None	Undiluted	+	SIII	+	SIII	+	SIII
		1:5	+	SIII	+	SIII	+	SIII
		1:25	+	SIII	+	SIII	+	SIII

* Dilution of the digest mixture of serum and transforming substance.

of the aqueous solution of the nucleate.   Determinations of viscosity were made immediately and at intervals over a period of 24 hours during incubation at 37°C.

The results of this experiment are graphically presented in Chart 1.   In the case of unheated serum of both dog and rabbit, the viscosity fell to that of water in 5 to 7 hours.   Dog serum heated at 60°C. for 30 minutes brought about

OSWALD T. AVERY, COLIN M. MACLEOD, AND MACLYN MCCARTY   149

no significant reduction in viscosity after 22 hours.   On the other hand, heating rabbit serum at 60°C. merely reduced the rate of depolymerase action, and after 24 hours the viscosity was brought to the same level as with the unheated serum.   Heating at 65°C., however, completely destoyed the rabbit serum depolymerase.

Thus, in the case of dog and rabbit sera there is a striking parallelism between the temperature of inactivation of the depolymerase and that of the enzyme which destroys the activity of the transforming principle.   The fact that this difference in temperature of inactivation is not merely a general property of all enzymes in the sera is evident from experiments on the heat inactivation of

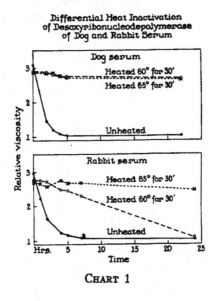

CHART 1

tributyrin esterase in the same samples of serum.   In the latter instance, the results are the reverse of those observed with depolymerase since the esterase of rabbit serum is almost completely inactivated at 60°C. while that in dog serum is only slightly affected by exposure to this temperature.

Of a number of substances tested for their capacity to inhibit the action of the enzyme known to destroy the transforming principle, only sodium fluoride has been found to have a significant inhibitory effect.   Regardless of whether this enzyme is derived from pneumococcal cells, dog intestinal mucosa, pancreatin, or normal sera its activity is inhibited by fluoride.   Similarly it has been found that fluoride in the same concentration also inhibits the enzymatic depolymerization of desoxyribonucleic acid.

The fact that transforming activity is destroyed only by those preparations containing depolymerase for desoxyribonucleic acid and the further fact that in both instances the enzymes concerned are inactivated at the same temperature and inhibited by fluoride provide additional evidence for the belief that the active principle is a nucleic acid of the desoxyribose type.

Serological Analysis.—In the course of chemical isolation of the active material it was found that as crude extracts were purified, their serological activity in Type III antiserum progressively decreased without corresponding loss in biological activity. Solutions of the highly purified substance itself gave only faint trace reactions in precipitin tests with high titer Type III antipneumococcus rabbit serum.[4] It is well known that pneumococcal protein can be detected by serological methods in dilutions as high as 1:50,000 and the capsular as well as the somatic polysaccharide in dilutions of at least 1:5,000,000. In view of these facts, the loss of serological reactivity indicates that these cell constituents have been almost completely removed from the final preparations. The fact that the transforming substance in purified state exhibits little or no serological reactivity is in striking contrast to its biological specificity in inducing pneumococcal transformation.

Physicochemical Studies.[5]—A purified and active preparation of the transforming substance (preparation 44) was examined in the analytical ultracentrigue. The material gave a single and unusually sharp boundary indicating that the substance was homogeneous and that the molecules were uniform in size and very asymmetric. Biological activity was found to be sedimented at the same rate as the optically observed boundary, showing that activity could not be due to the presence of an entity much different in size. The molecular weight cannot be accurately determined until measurements of the diffusion constant and partial specific volume have been made. However, Tennent and Vilbrandt (20) have determined the diffusion constant of several preparations of thymus nucleic acid the sedimentation rate of which is in close agreement with the values observed in the present study. Assuming that the asymmetry of the molecules is the same in both instances, it is estimated that the molecular weight of the pneumococcal preparation is of the order of 500,000.

Examination of the same active preparation was carried out by electrophoresis in the Tiselius apparatus and revealed only a single electrophoretic component of relatively high mobility comparable to that of a nucleic acid. Transforming activity was associated with the fast moving component giving the

---

[4] The Type III antipneumococcus rabbit serum employed in this study was furnished through the courtesy of Dr. Jules T. Freund, Bureau of Laboratories, Department of Health, City of New York.

[5] Studies on sedimentation in the ultracentrifuge were carried out by Dr. A. Rothen; the electrophoretic analyses were made by Dr. T. Shedlovsky, and the ultraviolet absorption curves by Dr. G. I. Lavin. The authors gratefully acknowledge their indebtedness to these members of the staff of The Rockefeller Institute.

optically visible boundary. Thus in both the electrical and centrifugal fields, the behavior of the purified substance is consistent with the concept that biological activity is a property of the highly polymerized nucleic acid.

Ultraviolet absorption curves showed maxima in the region of 2600 Å and minima in the region of 2350 Å. These findings are characteristic of nucleic acids.

Quantitative Determination of Biological Activity.—In its highly purified state the material as isolated has been found to be capable of inducing transformation in amounts ranging from 0.02 to 0.003 μg. Preparation 44, the purification of which was carried out at low temperature and which had a nitrogen-phosphorus

TABLE IV

Titration of Transforming Activity of Preparation 44

Transforming principle Preparation 44*		Quadruplicate tests							
		1		2		3		4	
Dilution	Amount added	Diffuse growth	Colony form	Diffuse growth	Colony form	Diffuse growth	Colony form	Diffuse growth	Colony form
	μg.								
10^{-2}	1.0	+	SIII	+	SIII	+	SIII	+	SIII
$10^{-2.5}$	0.3	+	SIII	+	SIII	+	SIII	+	SIII
10^{-3}	0.1	+	SIII	+	SIII	+	SIII	+	SIII
$10^{-3.5}$	0.03	+	SIII	+	SIII	+	SIII	+	SIII
10^{-4}	0.01	+	SIII	+	SIII	+	SIII	+	SIII
$10^{-4.5}$	0.003	−	R only	+	SIII	−	R only	+	SIII
10^{-5}	0.001	−	R "	−	R only	−	R "	−	R only
Control	None	−	R "	−	R "	−	R "	−	R "

* Solution from which dilutions were made contained 0.5 mg. per cc. of purified material. 0.2 cc. of each dilution added to quadruplicate tubes containing 2.0 cc. of standard serum broth.   0.05 cc. of a 10^{-4} dilution of a blood broth culture of R36A is added to each tube.

ratio of 1.58, exhibited high transforming activity. Titration of the activity of this preparation is given in Table IV.

A solution containing 0.5 mg. per cc. was serially diluted as shown in the protocol. 0.2 cc. of each of these dilutions was added to quadruplicate tubes containing 2.0 cc. of standard serum broth. All tubes were then inoculated with 0.05 cc. of a 10^{-4} dilution of a 5 to 8 hour blood broth culture of R36A. Transforming activity was determined by the procedure described under Method of titration.

The data presented in Table IV show that on the basis of dry weight 0.003 μg. of the active material brought about transformation. Since the reaction system containing the 0.003 μg. has a volume of 2.25 cc., this represents a final concentration of the purified substance of 1 part in 600,000,000.

DISCUSSION

The present study deals with the results of an attempt to determine the chemical nature of the substance inducing specific transformation of pneumococcal types. A desoxyribonucleic acid fraction has been isolated from Type III pneumococci which is capable of transforming unencapsulated R variants derived from Pneumococcus Type II into fully encapsulated Type III cells. Thompson and Dubos (21) have isolated from pneumococci a nucleic acid of the ribose type. So far as the writers are aware, however, a nucleic acid of the desoxyribose type has not heretofore been recovered from pneumococci nor has specific transformation been experimentally induced *in vitro* by a chemically defined substance.

Although the observations are limited to a single example, they acquire broader significance from the work of earlier investigators who demonstrated the interconvertibility of various pneumococcal types and showed that the specificity of the changes induced is in each instance determined by the particular type of encapsulated cells used to evoke the reaction. From the point of view of the phenomenon in general, therefore, it is of special interest that in the example studied, highly purified and protein-free material consisting largely, if not exclusively, of desoxyribonucleic acid is capable of stimulating unencapsulated R variants of Pneumococcus Type II to produce a capsular polysaccharide identical in type specificity with that of the cells from which the inducing substance was isolated. Equally striking is the fact that the substance evoking the reaction and the capsular substance produced in response to it are chemically distinct, each belonging to a wholly different class of chemical compounds.

The inducing substance, on the basis of its chemical and physical properties, appears to be a highly polymerized and viscous form of sodium desoxyribonucleate. On the other hand, the Type III capsular substance, the synthesis of which is evoked by this transforming agent, consists chiefly of a non-nitrogenous polysaccharide constituted of glucose-glucuronic acid units linked in glycosidic union (22). The presence of the newly formed capsule containing this type-specific polysaccharide confers on the transformed cells all the distinguishing characteristics of Pneumococcus Type III. Thus, it is evident that the inducing substance and the substance produced in turn are chemically distinct and biologically specific in their action and that both are requisite in determining the type specificity of the cell of which they form a part.

The experimental data presented in this paper strongly suggest that nucleic acids, at least those of the desoxyribose type, possess different specificities as evidenced by the selective action of the transforming principle. Indeed, the possibility of the existence of specific differences in biological behavior of nucleic acids has previously been suggested (23, 24) but has never been experimentally demonstrated owing in part at least to the lack of suitable biological methods.

The techniques used in the study of transformation appear to afford a sensitive means of testing the validity of this hypothesis, and the results thus far obtained add supporting evidence in favor of this point of view.

If it is ultimately proved beyond reasonable doubt that the transforming activity of the material described is actually an inherent property of the nucleic acid, one must still account on a chemical basis for the biological specificity of its action. At first glance, immunological methods would appear to offer the ideal means of determining the differential specificity of this group of biologically important substances. Although the constituent units and general pattern of the nucleic acid molecule have been defined, there is as yet relatively little known of the possible effect that subtle differences in molecular configuration may exert on the biological specificity of these substances. However, since nucleic acids free or combined with histones or protamines are not known to function antigenically, one would not anticipate that such differences would be revealed by immunological techniques. Consequently, it is perhaps not surprising that highly purified and protein-free preparations of desoxyribonucleic acid, although extremely active in inducing transformation, showed only faint trace reactions in precipitin tests with potent Type III antipneumococcus rabbit sera.

From these limited observations it would be unwise to draw any conclusion concerning the immunological significance of the nucleic acids until further knowledge on this phase of the problem is available. Recent observations by Lackman and his collaborators (25) have shown that nucleic acids of both the yeast and thymus type derived from hemolytic streptococci and from animal and plant sources precipitate with certain antipneumococcal sera. The reactions varied with different lots of immune serum and occurred more frequently in antipneumococcal horse serum than in corresponding sera of immune rabbits. The irregularity and broad cross reactions encountered led these investigators to express some doubt as to the immunological significance of the results. Unless special immunochemical methods can be devised similar to those so successfully used in demonstrating the serological specificity of simple non-antigenic substances, it appears that the techniques employed in the study of transformation are the only ones available at present for testing possible differences in the biological behavior of nucleic acids.

Admittedly there are many phases of the problem of transformation that require further study and many questions that remain unanswered largely because of technical difficulties. For example, it would be of interest to know the relation between rate of reaction and concentration of the transforming substance; the proportion of cells transformed to those that remain unaffected in the reaction system. However, from a bacteriological point of view, numerical estimations based on colony counts might prove more misleading than enlightening because of the aggregation and sedimentation of the R cells agglutinated by the antiserum in the medium.   Attempts to induce transformation in suspensions of resting cells held under conditions inhibiting growth and multiplication have thus far proved unsuccessful, and it seems probable that transformation occurs only during active reproduction of the cells.   Important in this connection is the fact that the R cells, as well as those that have undergone transformation, presumably also all other variants and types of pneumococci, contain an intracellular enzyme which is released during autolysis and in the free state is capable of rapidly and completely destroying the activity of the transforming agent.   It would appear, therefore, that during the logarithmic phase of growth when cell division is most active and autolysis least apparent, the cultural conditions are optimal for the maintenance of the balance between maximal reactivity of the R cell and minimal destruction of the transforming agent through the release of autolytic ferments.

In the present state of knowledge any interpretation of the mechanism involved in transformation must of necessity be purely theoretical.   The biochemical events underlying the phenomenon suggest that the transforming principle interacts with the R cell giving rise to a coordinated series of enzymatic reactions that culminate in the synthesis of the Type III capsular antigen. The experimental findings have clearly demonstrated that the induced alterations are not random changes but are predictable, always corresponding in type specificity to that of the encapsulated cells from which the transforming substance was isolated.   Once transformation has occurred, the newly acquired characteristics are thereafter transmitted in series through innumerable transfers in artificial media without any further addition of the transforming agent. Moreover, from the transformed cells themselves, a substance of identical activity can again be recovered in amounts far in excess of that originally added to induce the change.   It is evident, therefore, that not only is the capsular material reproduced in successive generations but that the primary factor, which controls the occurrence and specificity of capsular development, is also reduplicated in the daughter cells.   The induced changes are not temporary modifications but are permanent alterations which persist provided the cultural conditions are favorable for the maintenance of capsule formation.   The transformed cells can be readily distinguished from the parent R forms not alone by serological reactions but by the presence of a newly formed and visible capsule which is the immunological unit of type specificity and the accessory structure essential in determining the infective capacity of the microorganism in the animal body.

It is particularly significant in the case of pneumococci that the experimentally induced alterations are definitely correlated with the development of a new morphological structure and the consequent acquisition of new antigenic and invasive properties.   Equally if not more significant is the fact that these changes are predictable, type-specific, and heritable.

Various hypotheses have been advanced in explanation of the nature of the changes induced. In his original description of the phenomenon Griffith (1) suggested that the dead bacteria in the inoculum might furnish some specific protein that serves as a "pabulum" and enables the R form to manufacture a capsular carbohydrate.

More recently the phenomenon has been interpreted from a genetic point of view (26, 27). The inducing substance has been likened to a gene, and the capsular antigen which is produced in response to it has been regarded as a gene product. In discussing the phenomenon of transformation Dobzhansky (27) has stated that "If this transformation is described as a genetic mutation—and it is difficult to avoid so describing it—we are dealing with authentic cases of induction of specific mutations by specific treatments. . . ."

Another interpretation of the phenomenon has been suggested by Stanley (28) who has drawn the analogy between the activity of the transforming agent and that of a virus. On the other hand, Murphy (29) has compared the causative agents of fowl tumors with the transforming principle of Pneumococcus. He has suggested that both these groups of agents be termed "transmissible mutagens" in order to differentiate them from the virus group. Whatever may prove to be the correct interpretation, these differences in viewpoint indicate the implications of the phenomenon of transformation in relation to similar problems in the fields of genetics, virology, and cancer research.

It is, of course, possible that the biological activity of the substance described is not an inherent property of the nucleic acid but is due to minute amounts of some other substance adsorbed to it or so intimately associated with it as to escape detection. If, however, the biologically active substance isolated in highly purified form as the sodium salt of desoxyribonucleic acid actually proves to be the transforming principle, as the available evidence strongly suggests, then nucleic acids of this type must be regarded not merely as structurally important but as functionally active in determining the biochemical activities and specific characteristics of pneumococcal cells. Assuming that the sodium desoxyribonucleate and the active principle are one and the same substance, then the transformation described represents a change that is chemically induced and specifically directed by a known chemical compound. If the results of the present study on the chemical nature of the transforming principle are confirmed, then nucleic acids must be regarded as possessing biological specificity the chemical basis of which is as yet undetermined.

SUMMARY

1. From Type III pneumococci a biologically active fraction has been isolated in highly purified form which in exceedingly minute amounts is capable under appropriate cultural conditions of inducing the transformation of unencapsulated R variants of Pneumococcus Type II into fully encapsulated cells of the

same specific type as that of the heat-killed microorganisms from which the inducing material was recovered.

2. Methods for the isolation and purification of the active transforming material are described.

3. The data obtained by chemical, enzymatic, and serological analyses together with the results of preliminary studies by electrophoresis, ultracentrifugation, and ultraviolet spectroscopy indicate that, within the limits of the methods, the active fraction contains no demonstrable protein, unbound lipid, or serologically reactive polysaccharide and consists principally, if not solely, of a highly polymerized, viscous form of desoxyribonucleic acid.

4. Evidence is presented that the chemically induced alterations in cellular structure and function are predictable, type-specific, and transmissible in series. The various hypotheses that have been advanced concerning the nature of these changes are reviewed.

CONCLUSION

The evidence presented supports the belief that a nucleic acid of the desoxyribose type is the fundamental unit of the transforming principle of Pneumococcus Type III.

BIBLIOGRAPHY

1. Griffith, F., *J. Hyg.*, Cambridge, Eng., 1928, **27**, 113.
2. Neufeld, F., and Levinthal, W., *Z. Immunitätsforsch.*, 1928, **55**, 324.
3. Baurhenn, W., *Centr. Bakt.*, 1. Abt., Orig., 1932, **126**, 68.
4. Dawson, M. H., *J. Exp. Med.*, 1930, **51**, 123.
5. Dawson, M. H., and Sia, R. H. P., *J. Exp. Med.*, 1931, **54**, 681.
6. Alloway, J. L., *J. Exp. Med.*, 1932, **55**, 91; 1933, **57**, 265.
7. Berry, G. P., and Dedrick, H. M., *J. Bact.*, 1936, **31**, 50.
8. Berry, G. P., *Arch. Path.*, 1937, **24**, 533.
9. Hurst, E. W., *Brit. J. Exp. Path.*, 1937, **18**, 23. Hoffstadt, R. E., and Pilcher, K. S., *J. Infect. Dis.*, 1941, **68**, 67. Gardner, R. E., and Hyde, R. R., *J. Infect. Dis.*, 1942, **71**, 47. Houlihan, R. B., *Proc. Soc. Exp. Biol. and Med.*, 1942, **51**, 259.
10. MacLeod, C. M., and Mirick, G. S., *J. Bact.*, 1942, **44**, 277.
11. Dawson, M. H., *J. Exp. Med.*, 1928, **47**, 577; 1930, **51**, 99.
12. Sevag, M. G., *Biochem. Z.*, 1934, **273**, 419. Sevag, M. G., Lackman, D. B., and Smolens, J., *J. Biol. Chem.*, 1938, **124**, 425.
13. Dubos, R. J., and Avery, O. T., *J. Exp. Med.*, 1931, **54**, 51. Dubos, R. J., and Bauer, J. H., *J. Exp. Med.*, 1935, **62**, 271.
14. Liu, S., and Wu, H., *Chinese J. Physiol.*, 1938, **13**, 449.
15. Martland, M., and Robison, R., *Biochem. J.*, 1929, **23**, 237.
16. Albers, H., and Albers, E., *Z. physiol. Chem.*, 1935, **232**, 189.
17. Levene, P. A., and Dillon, R. T., *J. Biol. Chem.*, 1933, **96**, 461.
18. Greenstein, J. P., and Jenrette, W. Y., *J. Nat. Cancer Inst.*, 1940, **1**, 845.

OSWALD T. AVERY, COLIN M. MACLEOD, AND MACLYN McCARTY   **157**

19. Greenstein, J. P., *J. Nat. Cancer Inst.*, 1943, **4,** 55.
20. Tennent, H. G., and Vilbrandt, C. F., *J. Am. Chem. Soc.*, 1943, **65,** 424.
21. Thompson, R. H. S., and Dubos, R. J., *J. Biol. Chem.*, 1938, **125,** 65.
22. Reeves, R. E., and Goebel, W. F., *J. Biol. Chem.*, 1941, **139,** 511.
23. Schultz, J., in Genes and chromosomes. Structure and organization, Cold Spring Harbor symposia on quantitative biology, Cold Spring Harbor, Long Island Biological Association, 1941, **9,** 55.
24. Mirsky, A. E., in Advances in enzymology and related subjects of biochemistry, (F. F. Nord and C. H. Werkman, editors), New York, Interscience Publishers, Inc., 1943, **3,** 1.
25. Lackman, D., Mudd, S., Sevag, M. G., Smolens, J., and Wiener, M., *J. Immunol.*, 1941, **40,** 1.
26. Gortner, R. A., Outlines of biochemistry, New York, Wiley, 2nd edition, 1938, 547.
27. Dobzhansky, T., Genetics and the origin of the species, New York, Columbia University Press, 1941, 47.
28. Stanley, W. M., in Doerr, R., and Hallauer, C., Handbuch der Virusforschung, Vienna, Julius Springer, 1938, **1,** 491.
29. Murphy, J. B., *Tr. Assn. Am. Physn.*, 1931, **46,** 182; *Bull. Johns Hopkins Hosp.*, 1935, **56,** 1.

EXPLANATION OF PLATE

The photograph was made by Mr. Joseph B. Haulenbeek.

FIG. 1. Colonies of the R variant (R36A) derived from Pneumococcus Type II. Plated on blood agar from a culture grown in serum broth in the absence of the transforming substance. ×3.5.

FIG. 2. Colonies on blood agar of the same cells after induction of transformation during growth in the same medium with the addition of active transforming principle isolated from Type III pneumococci. The smooth, glistening, mucoid colonies shown are characteristic of Pneumococcus Type III and readily distinguishable from the small, rough colonies of the parent R strain illustrated in Fig. 1. ×3.5.

THE JOURNAL OF EXPERIMENTAL MEDICINE VOL. 79   PLATE 1

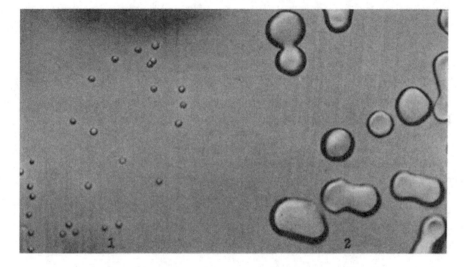

(Avery *et al.*: Transformation of pneumococcal types)

Independent Functions of Viral Protein and Nucleic Acid in Growth of Bacteriophage

3

A. D. Hershey und Martha Chase

A. D. Hershey (✉) · M. Chase
München, Bayern, Deutschland
E-Mail: K.Nickelsen@lmu.de

© Springer-Verlag GmbH Deutschland 2017
K. Nickelsen (Hrsg.), *Die Entdeckung der Doppelhelix*, Klassische Texte der Wissenschaft,
DOI 10.1007/978-3-662-47150-0_3

INDEPENDENT FUNCTIONS OF VIRAL PROTEIN AND NUCLEIC ACID IN GROWTH OF BACTERIOPHAGE*

By A. D. HERSHEY and MARTHA CHASE

(From the Department of Genetics, Carnegie Institution of Washington, Cold Spring Harbor, Long Island)

(Received for publication, April 9, 1952)

The work of Doermann (1948), Doermann and Dissosway (1949), and Anderson and Doermann (1952) has shown that bacteriophages T2, T3, and T4 multiply in the bacterial cell in a non-infective form. The same is true of the phage carried by certain lysogenic bacteria (Lwoff and Gutmann, 1950). Little else is known about the vegetative phase of these viruses. The experiments reported in this paper show that one of the first steps in the growth of T2 is the release from its protein coat of the nucleic acid of the virus particle, after which the bulk of the sulfur-containing protein has no further function.

Materials and Methods.—Phage T2 means in this paper the variety called T2H (Hershey, 1946); T2*h* means one of the host range mutants of T2; UV-phage means phage irradiated with ultraviolet light from a germicidal lamp (General Electric Co.) to a fractional survival of 10^{-5}.

Sensitive bacteria means a strain (H) of *Escherichia coli* sensitive to T2 and its *h* mutant; resistant bacteria B/2 means a strain resistant to T2 but sensitive to its *h* mutant; resistant bacteria B/2*h* means a strain resistant to both. These bacteria do not adsorb the phages to which they are resistant.

"Salt-poor" broth contains per liter 10 gm. bacto-peptone, 1 gm. glucose, and 1 gm. NaCl. "Broth" contains, in addition, 3 gm. bacto-beef extract and 4 gm. NaCl.

Glycerol-lactate medium contains per liter 70 mM sodium lactate, 4 gm. glycerol, 5 gm. NaCl, 2 gm. KCl, 1 gm. NH_4Cl, 1 mM $MgCl_2$, 0.1 mM $CaCl_2$, 0.01 gm. gelatin, 10 mg. P (as orthophosphate), and 10 mg. S (as $MgSO_4$), at pH 7.0.

Adsorption medium contains per liter 4 gm. NaCl, 5 gm. K_2SO_4, 1.5 gm. KH_2PO_4, 3.0 gm. Na_2HPO_4, 1 mM $MgSO_4$, 0.1 mM $CaCl_2$, and 0.01 gm. gelatin, at pH 7.0.

Veronal buffer contains per liter 1 gm. sodium diethylbarbiturate, 3 mM $MgSO_4$, and 1 gm. gelatin, at pH 8.0.

The HCN referred to in this paper consists of molar sodium cyanide solution neutralized when needed with phosphoric acid.

* This investigation was supported in part by a research grant from the National Microbiological Institute of the National Institutes of Health, Public Health Service. Radioactive isotopes were supplied by the Oak Ridge National Laboratory on allocation from the Isotopes Division, United States Atomic Energy Commission.

Adsorption of isotope to bacteria was usually measured by mixing the sample in adsorption medium with bacteria from 18 hour broth cultures previously heated to 70°C. for 10 minutes and washed with adsorption medium. The mixtures were warmed for 5 minutes at 37°C., diluted with water, and centrifuged. Assays were made of both sediment and supernatant fractions.

Precipitation of isotope with antiserum was measured by mixing the sample in 0.5 per cent saline with about 10^{11} per ml. of non-radioactive phage and slightly more than the least quantity of antiphage serum (final dilution 1:160) that would cause visible precipitation. The mixture was centrifuged after 2 hours at 37°C.

Tests with DNase (desoxyribonuclease) were performed by warming samples diluted in veronal buffer for 15 minutes at 37°C. with 0.1 mg. per ml. of crystalline enzyme (Worthington Biochemical Laboratory).

Acid-soluble isotope was measured after the chilled sample had been precipitated with 5 per cent trichloroacetic acid in the presence of 1 mg./ml. of serum albumin, and centrifuged.

In all fractionations involving centrifugation, the sediments were not washed, and contained about 5 per cent of the supernatant. Both fractions were assayed.

Radioactivity was measured by means of an end-window Geiger counter, using dried samples sufficiently small to avoid losses by self-absorption. For absolute measurements, reference solutions of P^{32} obtained from the National Bureau of Standards, as well as a permanent simulated standard, were used. For absolute measurements of S^{35} we relied on the assays (± 20 per cent) furnished by the supplier of the isotope (Oak Ridge National Laboratory).

Glycerol-lactate medium was chosen to permit growth of bacteria without undesirable pH changes at low concentrations of phosphorus and sulfur, and proved useful also for certain experiments described in this paper. 18-hour cultures of sensitive bacteria grown in this medium contain about 2×10^9 cells per ml., which grow exponentially without lag or change in light-scattering per cell when subcultured in the same medium from either large or small seedings. The generation time is 1.5 hours at 37°C. The cells are smaller than those grown in broth. T2 shows a latent period of 22 to 25 minutes in this medium. The phage yield obtained by lysis with cyanide and UV-phage (described in context) is one per bacterium at 15 minutes and 16 per bacterium at 25 minutes. The final burst size in diluted cultures is 30 to 40 per bacterium, reached at 50 minutes. At 2×10^8 cells per ml., the culture lyses slowly, and yields 140 phage per bacterium. The growth of both bacteria and phage in this medium is as reproducible as that in broth.

For the preparation of radioactive phage, P^{32} of specific activity 0.5 mc./mg. or S^{35} of specific activity 8.0 mc./mg. was incorporated into glycerol-lactate medium, in which bacteria were allowed to grow at least 4 hours before seeding with phage. After infection with phage, the culture was aerated overnight, and the radioactive phage was isolated by three cycles of alternate slow (2000 G) and fast (12,000 G) centrifugation in adsorption medium. The suspensions were stored at a concentration not exceeding 4 μc./ml.

Preparations of this kind contain 1.0 to 3.0 $\times$ 10^{-12} μg. S and 2.5 to 3.5 $\times$ 10^{-11} μg. P per viable phage particle. Occasional preparations containing excessive amounts of sulfur can be improved by absorption with heat-killed bacteria that do not adsorb

the phage. The radiochemical purity of the preparations is somewhat uncertain, owing to the possible presence of inactive phage particles and empty phage membranes.
The presence in our preparations of sulfur (about 20 per cent) that is precipitated by
antiphage serum (Table I) and either adsorbed by bacteria resistant to phage, or
not adsorbed by bacteria sensitive to phage (Table VII), indicates contamination
by membrane material. Contaminants of bacterial origin are probably negligible for
present purposes as indicated by the data given in Table I. For proof that our principal findings reflect genuine properties of viable phage particles, we rely on some
experiments with inactivated phage cited at the conclusion of this paper.

The Chemical Morphology of Resting Phage Particles.—Anderson (1949)
found that bacteriophage T2 could be inactivated by suspending the particles
in high concentrations of sodium chloride, and rapidly diluting the suspension
with water. The inactivated phage was visible in electron micrographs as tad-
pole-shaped "ghosts." Since no inactivation occurred if the dilution was slow

TABLE I

Composition of Ghosts and Solution of Plasmolyzed Phage

Per cent of isotope]	Whole phage labeled with		Plasmolyzed phage labeled with	
	P³²	S³⁵	P³²	S³⁵
Acid-soluble.............................	—	—	1	—
Acid-soluble after treatment with DNase.......	1	1	80	1
Adsorbed to sensitive bacteria.................	85	90	2	90
Precipitated by antiphage....................	90	99	5	97

he attributed the inactivation to osmotic shock, and inferred that the particles
possessed an osmotic membrane. Herriott (1951) found that osmotic shock
released into solution the DNA (desoxypentose nucleic acid) of the phage
particle, and that the ghosts could adsorb to bacteria and lyse them. He pointed
out that this was a beginning toward the identification of viral functions with
viral substances.

We have plasmolyzed isotopically labeled T2 by suspending the phage
(10¹¹ per ml.) in 3 M sodium chloride for 5 minutes at room temperature, and
rapidly pouring into the suspension 40 volumes of distilled water. The plasmolyzed phage, containing not more than 2 per cent survivors, was then analyzed for phosphorus and sulfur in the several ways shown in Table I. The
results confirm and extend previous findings as follows:—

1. Plasmolysis separates phage T2 into ghosts containing nearly all the
sulfur and a solution containing nearly all the DNA of the intact particles.

2. The ghosts contain the principal antigens of the phage particle detect-
able by our antiserum. The DNA is released as the free acid, or possibly linked
to sulfur-free, apparently non-antigenic substances.

42   VIRAL PROTEIN AND NUCLEIC ACID IN BACTERIOPHAGE GROWTH

3. The ghosts are specifically adsorbed to phage-susceptible bacteria; the DNA is not.

4. The ghosts represent protein coats that surround the DNA of the intact particles, react with antiserum, protect the DNA from DNase (desoxyribonuclease), and carry the organ of attachment to bacteria.

5. The effects noted are due to osmotic shock, because phage suspended in salt and diluted slowly is not inactivated, and its DNA is not exposed to DNase.

TABLE II

Sensitization of Phage DNA to DNase by Adsorption to Bacteria

Phage adsorbed to	Phage labeled with	Non-sedimentable isotope, *per cent*	
		After DNase	No DNase
Live bacteria.............................	S^{35}	2	1
" "	P^{32}	8	7
Bacteria heated before infection...............	S^{35}	15	11
" " " "	P^{32}	76	13
Bacteria heated after infection................	S^{35}	12	14
" " " "	P^{32}	66	23
Heated unadsorbed phage: acid-soluble P^{32} 70°.......	P^{32}	5	
80°.......	P^{32}	13	
90°.......	P^{32}	81	
100°.......	P^{32}	88	

Phage adsorbed to bacteria for 5 minutes at 37°C. in adsorption medium, followed by washing.

Bacteria heated for 10 minutes at 80°C. in adsorption medium (before infection) or in veronal buffer (after infection).

Unadsorbed phage heated in veronal buffer, treated with DNase, and precipitated with trichloroacetic acid.

All samples fractionated by centrifuging 10 minutes at 1300 G.

Sensitization of Phage DNA to DNase by Adsorption to Bacteria.—The structure of the resting phage particle described above suggests at once the possibility that multiplication of virus is preceded by the alteration or removal of the protective coats of the particles. This change might be expected to show itself as a sensitization of the phage DNA to DNase. The experiments described in Table II show that this happens. The results may be summarized as follows:—

1. Phage DNA becomes largely sensitive to DNase after adsorption to heat-killed bacteria.

2. The same is true of the DNA of phage adsorbed to live bacteria, and then

heated to 80°C. for 10 minutes, at which temperature unadsorbed phage is not sensitized to DNase.

3. The DNA of phage adsorbed to unheated bacteria is resistant to DNase, presumably because it is protected by cell structures impervious to the enzyme.

Graham and collaborators (personal communication) were the first to discover the sensitization of phage DNA to DNase by adsorption to heat-killed bacteria.

The DNA in infected cells is also made accessible to DNase by alternate freezing and thawing (followed by formaldehyde fixation to inactivate cellular enzymes), and to some extent by formaldehyde fixation alone, as illustrated by the following experiment.

Bacteria were grown in broth to 5×10^7 cells per ml., centrifuged, resuspended in adsorption medium, and infected with about two P^{32}-labeled phage per bacterium. After 5 minutes for adsorption, the suspension was diluted with water containing per liter 1.0 mM $MgSO_4$, 0.1 mM $CaCl_2$, and 10 mg. gelatin, and recentrifuged. The cells were resuspended in the fluid last mentioned at a concentration of 5×10^8 per ml. This suspension was frozen at $-15°C$. and thawed with a minimum of warming, three times in succession. Immediately after the third thawing, the cells were fixed by the addition of 0.5 per cent (v/v) of formalin (35 per cent HCHO). After 30 minutes at room temperature, the suspension was dialyzed free from formaldehyde and centrifuged at 2200 G for 15 minutes. Samples of P^{32}-labeled phage, frozen-thawed, fixed, and dialyzed, and of infected cells fixed only and dialyzed, were carried along as controls.

The analysis of these materials, given in Table III, shows that the effect of freezing and thawing is to make the intracellular DNA labile to DNase, without, however, causing much of it to leach out of the cells. Freezing and thawing and formaldehyde fixation have a negligible effect on unadsorbed phage, and formaldehyde fixation alone has only a mild effect on infected cells.

Both sensitization of the intracellular P^{32} to DNase, and its failure to leach out of the cells, are constant features of experiments of this type, independently of visible lysis. In the experiment just described, the frozen suspension cleared during the period of dialysis. Phase-contrast microscopy showed that the cells consisted largely of empty membranes, many apparently broken. In another experiment, samples of infected bacteria from a culture in salt-poor broth were repeatedly frozen and thawed at various times during the latent period of phage growth, fixed with formaldehyde, and then washed in the centrifuge. Clearing and microscopic lysis occurred only in suspensions frozen during the second half of the latent period, and occurred during the first or second thawing. In this case the lysed cells consisted wholly of intact cell membranes, appearing empty except for a few small, rather characteristic refractile bodies apparently attached to the cell walls. The behavior of intracellular P^{32} toward DNase, in either the lysed or unlysed cells, was not significantly different from that shown in Table III, and the content of P^{32} was only slightly less after lysis. The phage liberated during freezing and thawing was also titrated in this experiment. The lysis occurred without appreciable liberation of phage in suspensions frozen up to and including the 16th minute, and the 20 minute sample yielded only five per bacterium. Another sample of the culture formalinized at 30 minutes, and centrifuged without freezing, contained 66 per cent of the P^{32} in non-sedimentable form. The yield of extracellular phage at 30 minutes was 108 per bacterium, and the sedimented material consisted largely of formless debris but contained also many apparently intact cell membranes.

TABLE III

Sensitization of Intracellular Phage to DNase by Freezing, Thawing, and Fixation with Formaldehyde

	Unadsorbed phage frozen, thawed, fixed	Infected cells frozen, thawed, fixed	Infected cells fixed only
Low speed sediment fraction			
Total P^{32}..	—	71	86
Acid-soluble..................................	—	0	0.5
Acid-soluble after DNase...................	—	59	28
Low speed supernatant fraction			
Total P^{32}..	—	29	14
Acid-soluble..................................	1	0.8	0.4
Acid-soluble after DNase...................	11	21	5.5

The figures express per cent of total P^{32} in the original phage, or its adsorbed fraction.

We draw the following conclusions from the experiments in which cells infected with P^{32}-labeled phage are subjected to freezing and thawing.

1. Phage DNA becomes sensitive to DNAse after adsorption to bacteria in buffer under conditions in which no known growth process occurs (Benzer, 1952; Dulbecco, 1952).

2. The cell membrane can be made permeable to DNase under conditions that do not permit the escape of either the intracellular P^{32} or the bulk of the cell contents.

3. Even if the cells lyse as a result of freezing and thawing, permitting escape of other cell constituents, most of the P^{32} derived from phage remains inside the cell membranes, as do the mature phage progeny.

4. The intracellular P^{32} derived from phage is largely freed during spontaneous lysis accompanied by phage liberation.

A. D. HERSHEY AND MARTHA CHASE   45

We interpret these facts to mean that intracellular DNA derived from phage is not merely DNA in solution, but is part of an organized structure at all times during the latent period.

Liberation of DNA from Phage Particles by Adsorption to Bacterial Fragments.—The sensitization of phage DNA to specific depolymerase by adsorption to bacteria might mean that adsorption is followed by the ejection of the phage DNA from its protective coat. The following experiment shows that this is in fact what happens when phage attaches to fragmented bacterial cells.

TABLE IV

Release of DNA from Phage Adsorbed to Bacterial Debris

	Phage labeled with	
	S³⁵	P³²
Sediment fraction		
Surviving phage......................................	16	22
Total isotope..	87	55
Acid-soluble isotope.................................	0	2
Acid-soluble after DNase............................	2	29
Supernatant fraction		
Surviving phage......................................	5	5
Total isotope..	13	45
Acid-soluble isotope.................................	0.8	0.5
Acid-soluble after DNase............................	0.8	39

S³⁵- and P³²-labeled T2 were mixed with identical samples of bacterial debris in adsorption medium and warmed for 30 minutes at 37°C. The mixtures were then centrifuged for 15 minutes at 2200 G, and the sediment and supernatant fractions were analyzed separately. The results are expressed as per cent of input phage or isotope.

Bacterial debris was prepared by infecting cells in adsorption medium with four particles of T2 per bacterium, and transferring the cells to salt-poor broth at 37°C. The culture was aerated for 60 minutes, M/50 HCN was added, and incubation continued for 30 minutes longer. At this time the yield of extracellular phage was 400 particles per bacterium, which remained unadsorbed because of the low concentration of electrolytes. The debris from the lysed cells was washed by centrifugation at 1700 G, and resuspended in adsorption medium at a concentration equivalent to 3×10^9 lysed cells per ml. It consisted largely of collapsed and fragmented cell membranes. The adsorption of radioactive phage to this material is described in Table IV. The following facts should be noted.

1. The unadsorbed fraction contained only 5 per cent of the original phage particles in infective form, and only 13 per cent of the total sulfur. (Much of this sulfur must be the material that is not adsorbable to whole bacteria.)

2. About 80 per cent of the phage was inactivated. Most of the sulfur of this phage, as well as most of the surviving phage, was found in the sediment fraction.

3. The supernatant fraction contained 40 per cent of the total phage DNA (in a form labile to DNase) in addition to the DNA of the unadsorbed surviving phage. The labile DNA amounted to about half of•the DNA of the inactivated phage particles, whose sulfur sedimented with the bacterial debris.

4. Most of the sedimentable DNA could be accounted for either as surviving phage, or as DNA labile to DNase, the latter amounting to about half the DNA of the inactivated particles.

Experiments of this kind are unsatisfactory in one respect: one cannot tell whether the liberated DNA represents all the DNA of some of the inactivated particles, or only part of it.

Similar results were obtained when bacteria (strain B) were lysed by large amounts of UV-killed phage T2 or T4 and then tested with P^{32}-labeled T2 and T4. The chief point of interest in this experiment is that bacterial debris saturated with UV-killed T2 adsorbs T4 better than T2, and debris saturated with T4 adsorbs T2 better than T4. As in the preceding experiment, some of the adsorbed phage was not inactivated and some of the DNA of the inactivated phage was not released from the debris.

These experiments show that some of the cell receptors for T2 are different from some of the cell receptors for T4, and that phage attaching to these specific receptors is inactivated by the same mechanism as phage attaching to unselected receptors. This mechanism is evidently an active one, and not merely the blocking of sites of attachment to bacteria.

Removal of Phage Coats from Infected Bacteria.—Anderson (1951) has obtained electron micrographs indicating that phage T2 attaches to bacteria by its tail. If this precarious attachment is preserved during the progress of the infection, and if the conclusions reached above are correct, it ought to be a simple matter to break the empty phage membranes off the infected bacteria, leaving the phage DNA inside the cells.

The following experiments show that this is readily accomplished by strong shearing forces applied to suspensions of infected cells, and further that infected cells from which 80 per cent of the sulfur of the parent virus has been removed remain capable of yielding phage progeny.

Broth-grown bacteria were infected with S^{35}- or P^{32}-labeled phage in adsorption medium, the unadsorbed material was removed by centrifugation, and the cells were resuspended in water containing per liter 1 mM $MgSO_4$, 0.1 mM $CaCl_2$, and 0.1 gm. gelatin. This suspension was spun in a Waring

A. D. HERSHEY AND MARTHA CHASE   47

blendor (semimicro size) at 10,000 R.P.M. The suspension was cooled briefly
in ice water at the end of each 60 second running period. Samples were removed
at intervals, titrated (through antiphage serum) to measure the number of
bacteria capable of yielding phage, and centrifuged to measure the proportion
of isotope released from the cells.

The results of one experiment with each isotope are shown in Fig. 1. The
data for S^{35} and survival of infected bacteria come from the same experiment,
in which the ratio of added phage to bacteria was 0.28, and the concentrations

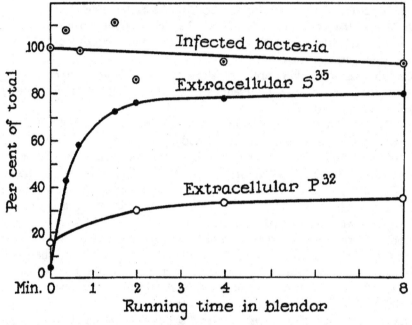

FIG. 1. Removal of S^{35} and P^{32} from bacteria infected with radioactive phage, and
survival of the infected bacteria, during agitation in a Waring blendor.

of bacteria were 2.5×10^8 per ml. infected, and 9.7×10^8 per ml. total, by
direct titration. The experiment with P^{32}-labeled phage was very similar.
In connection with these results, it should be recalled that Anderson (1949)
found that adsorption of phage to bacteria could be prevented by rapid stirring of the suspension.

At higher ratios of infection, considerable amounts of phage sulfur elute
from the cells spontaneously under the conditions of these experiments, though
the elution of P^{32} and the survival of infected cells are not affected by multiplicity of infection (Table V). This shows that there is a cooperative action
among phage particles in producing alterations of the bacterial membrane
which weaken the attachment of the phage. The cellular changes detected in

48   VIRAL PROTEIN AND NUCLEIC ACID IN BACTERIOPHAGE GROWTH

this way may be related to those responsible for the release of bacterial components from infected bacteria (Prater, 1951; Price, 1952).

A variant of the preceding experiments was designed to test bacteria at a later stage in the growth of phage. For this purpose infected cells were aerated in broth for 5 or 15 minutes, fixed by the addition of 0.5 per cent (v/v) commercial formalin, centrifuged, resuspended in 0.1 per cent formalin in water, and subsequently handled as described above. The results were very similar to those already presented, except that the release of P³² from the cells was slightly less, and titrations of infected cells could not be made.

The S³⁵-labeled material detached from infected cells in the manner described possesses the following properties. It is sedimented at 12,000 G, though less completely than intact phage particles. It is completely precipitated by

TABLE V

Effect of Multiplicity of Infection on Elution of Phage Membranes from Infected Bacteria

Running time in blendor	Multiplicity of infection	P³²-labeled phage		S³⁵-labeled phage	
		Isotope eluted	Infected bacteria surviving	Isotope eluted	Infected bacteria surviving
min.		*per cent*	*per cent*	*per cent*	*per cent*
0	0.6	10	120	16	101
2.5	0.6	21	82	81	78
0	6.0	13	89	46	90
2.5	6.0	24	86	82	85

The infected bacteria were suspended at 10⁹ cells per ml. in water containing per liter 1 mM MgSO₄, 0.1 mM CaCl₂, and 0.1 gm. gelatin. Samples were withdrawn for assay of extracellular isotope and infected bacteria before and after agitating the suspension. In either case the cells spent about 15 minutes at room temperature in the eluting fluid.

antiphage serum in the presence of whole phage carrier. 40 to 50 per cent of it readsorbs to sensitive bacteria, almost independently of bacterial concentration between 2 × 10⁸ and 10⁹ cells per ml., in 5 minutes at 37°C. The adsorption is not very specific: 10 to 25 per cent adsorbs to phage-resistant bacteria under the same conditions. The adsorption requires salt, and for this reason the efficient removal of S³⁵ from infected bacteria can be accomplished only in a fluid poor in electrolytes.

The results of these experiments may be summarized as follows:—

1. 75 to 80 per cent of the phage sulfur can be stripped from infected cells by violent agitation of the suspension. At high multiplicity of infection, nearly 50 per cent elutes spontaneously. The properties of the S³⁵-labeled material show that it consists of more or less intact phage membranes, most of which have lost the ability to attach specifically to bacteria.

2. The release of sulfur is accompanied by the release of only 21 to 35 per

cent of the phage phosphorus, half of which is given up without any mechanical agitation.

3. The treatment does not cause any appreciable inactivation of intracellular phage.

4. These facts show that the bulk of the phage sulfur remains at the cell surface during infection, and takes no part in the multiplication of intracellular phage. The bulk of the phage DNA, on the other hand, enters the cell soon after adsorption of phage to bacteria.

Transfer of Sulfur and Phosphorus from Parental Phage to Progeny.—We have concluded above that the bulk of the sulfur-containing protein of the resting phage particle takes no part in the multiplication of phage, and in fact does not enter the cell. It follows that little or no sulfur should be transferred from parental phage to progeny. The experiments described below show that this expectation is correct, and that the maximal transfer is of the order 1 per cent

Bacteria were grown in glycerol-lactate medium overnight and subcultured in the same medium for 2 hours at 37°C. with aeration, the size of seeding being adjusted nephelometrically to yield 2×10^8 cells per ml. in the subculture. These bacteria were sedimented, resuspended in adsorption medium at a concentration of 10^9 cells per ml., and infected with S^{35}-labeled phage T2. After 5 minutes at 37°C., the suspension was diluted with 2 volumes of water and resedimented to remove unadsorbed phage (5 to 10 per cent by titer) and S^{35} (about 15 per cent). The cells were next suspended in glycerol-lactate medium at a concentration of 2×10^8 per ml. and aerated at 37°C. Growth of phage was terminated at the desired time by adding in rapid succession 0.02 mM HCN and 2×10^{11} UV-killed phage per ml. of culture. The cyanide stops the maturation of intracellular phage (Doermann, 1948), and the UV-killed phage minimizes losses of phage progeny by adsorption to bacterial debris, and promotes the lysis of bacteria (Maaløe and Watson, 1951). As mentioned in another connection, and also noted in these experiments, the lysing phage must be closely related to the phage undergoing multiplication (*e.g.*, T2H, its *h* mutant, or T2L, but not T4 or T6, in this instance) in order to prevent inactivation of progeny by adsorption to bacterial debris.

To obtain what we shall call the maximal yield of phage, the lysing phage was added 25 minutes after placing the infected cells in the culture medium, and the cyanide was added at the end of the 2nd hour. Under these conditions, lysis of infected cells occurs rather slowly.

Aeration was interrupted when the cyanide was added, and the cultures were left overnight at 37°C. The lysates were then fractionated by centrifugation into an initial low speed sediment (2500 G for 20 minutes), a high speed supernatant (12,000 G for 30 minutes), a second low speed sediment obtained by recentrifuging in adsorption medium the resuspended high speed sediment, and the clarified high speed sediment.

The distribution of S^{35} and phage among fractions obtained from three cultures of this kind is shown in Table VI. The results are typical (except for the excessively good recoveries of phage and S^{35}) of lysates in broth as well as lysates in glycerol-lactate medium.

The striking result of this experiment is that the distribution of S^{35} among the fractions is the same for early lysates that do not contain phage progeny, and later ones that do. This suggests that little or no S^{35} is contained in the mature phage progeny. Further fractionation by adsorption to bacteria confirms this suggestion.

Adsorption mixtures prepared for this purpose contained about 5×10^9 heat-killed bacteria (70°C. for 10 minutes) from 18 hour broth cultures, and

TABLE VI

Per Cent Distributions of Phage and S^{35} among Centrifugally Separated Fractions of Lysates after Infection with S^{35}-Labeled T2

Fraction	Lysis at $t = 0$ S^{35}	Lysis at $t = 10$ S^{35}	Maximal yield	
			S^{35}	Phage
1st low speed sediment............	79	81	82	19
2nd " " "	2.4	2.1	2.8	14
High speed "	8.6	6.9	7.1	61
" " supernatant............	10	10	7.5	7.0
Recovery............	100	100	96	100

Infection with S^{35}-labeled T2, 0.8 particles per bacterium. Lysing phage UV-killed *h* mutant of T2. Phage yields per infected bacterium: <0.1 after lysis at $t = 0$; 0.12 at $t = 10$; maximal yield 29. Recovery of S^{35} means per cent of adsorbed input recovered in the four fractions; recovery of phage means per cent of total phage yield (by plaque count before fractionation) recovered by titration of fractions.

about 10^{11} phage (UV-killed lysing phage plus test phage), per ml. of adsorption medium. After warming to 37°C. for 5 minutes, the mixtures were diluted with 2 volumes of water, and centrifuged. Assays were made from supernatants and from unwashed resuspended sediments.

The results of tests of adsorption of S^{35} and phage to bacteria (H) adsorbing both T2 progeny and *h*-mutant lysing phage, to bacteria (B/2) adsorbing lysing phage only, and to bacteria (B/2*h*) adsorbing neither, are shown in Table VII, together with parallel tests of authentic S^{35}-labeled phage.

The adsorption tests show that the S^{35} present in the seed phage is adsorbed with the specificity of the phage, but that S^{35} present in lysates of bacteria infected with this phage shows a more complicated behavior. It is strongly adsorbed to bacteria adsorbing both progeny and lysing phage. It is weakly adsorbed to bacteria adsorbing neither. It is moderately well adsorbed to bacteria adsorbing lysing phage but not phage progeny. The latter test shows that the S^{35} is not contained in the phage progeny, and explains the fact that the S^{35} in early lysates not containing progeny behaves in the same way.

The specificity of the adsorption of S^{35}-labeled material contaminating the phage progeny is evidently due to the lysing phage, which is also adsorbed much more strongly to strain H than to B/2, as shown both by the visible reduction in Tyndall scattering (due to the lysing phage) in the supernatants of the test mixtures, and by independent measurements. This conclusion is further confirmed by the following facts.

TABLE VII

Adsorption Tests with Uniformly S^{35}-Labeled Phage and with Products of Their Growth in Non-Radioactive Medium

Adsorbing bacteria	Per cent adsorbed				
	Uniformly labeled S^{35} phage		Products of lysis at $t = 10$	Phage progeny (Maximal yield)	
	+ UV-h	No UV-h			
	S^{35}	S^{35}	S^{35}	S^{35}	Phage
Sensitive (H)......................	84	86	79	78	96
Resistant (B/2)...................	15	11	46	49	10
Resistant (B/2h).................	13	12	29	28	8

The uniformly labeled phage and the products of their growth are respectively the seed phage and the high speed sediment fractions from the experiment shown in Table VI.

The uniformly labeled phage is tested at a low ratio of phage to bacteria: +UV-h means with added UV-killed h mutant in equal concentration to that present in the other test materials.

The adsorption of phage is measured by plaque counts of supernatants, and also sediments in the case of the resistant bacteria, in the usual way.

1. If bacteria are infected with S^{35} phage, and then lysed near the midpoint of the latent period with cyanide alone (in salt-poor broth, to prevent readsorption of S^{35} to bacterial debris), the high speed sediment fraction contains S^{35} that is adsorbed weakly and non-specifically to bacteria.

2. If the lysing phage and the S^{35}-labeled infecting phage are the same (T2), or if the culture in salt-poor broth is allowed to lyse spontaneously (so that the yield of progeny is large), the S^{35} in the high speed sediment fraction is adsorbed with the specificity of the phage progeny (except for a weak nonspecific adsorption). This is illustrated in Table VII by the adsorption to H and B/2h.

It should be noted that a phage progeny grown from S^{35}-labeled phage and containing a larger or smaller amount of contaminating radioactivity could not be distinguished by any known method from authentic S^{35}-labeled phage, except that a small amount of the contaminant could be removed by adsorption to bacteria resistant to the phage. In addition to the properties already mentioned, the contaminating S^{35} is completely precipitated with the phage by antiserum, and cannot be appreciably separated from the phage by further fractional sedimentation, at either high or low concentrations of electrolyte. On the other hand, the chemical contamination from this source would be very small in favorable circumstances, because the progeny of a single phage particle are numerous and the contaminant is evidently derived from the parents.

The properties of the S^{35}-labeled contaminant show that it consists of the remains of the coats of the parental phage particles, presumably identical with the material that can be removed from unlysed cells in the Waring blendor. The fact that it undergoes little chemical change is not surprising since it probably never enters the infected cell.

The properties described explain a mistaken preliminary report (Hershey et al., 1951) of the transfer of S^{35} from parental to progeny phage.

It should be added that experiments identical to those shown in Tables VI and VII, but starting from phage labeled with P^{32}, show that phosphorus is transferred from parental to progeny phage to the extent of 30 per cent at yields of about 30 phage per infected bacterium, and that the P^{32} in prematurely lysed cultures is almost entirely non-sedimentable, becoming, in fact, acid-soluble on aging.

Similar measures of the transfer of P^{32} have been published by Putnam and Kozloff (1950) and others. Watson and Maaløe (1952) summarize this work, and report equal transfer (nearly 50 per cent) of phosphorus and adenine.

A Progeny of S^{35}-Labeled Phage Nearly Free from the Parental Label.—The following experiment shows clearly that the obligatory transfer of parental sulfur to offspring phage is less than 1 per cent, and probably considerably less. In this experiment, the phage yield from infected bacteria from which the S^{35}-labeled phage coats had been stripped in the Waring blendor was assayed directly for S^{35}.

Sensitive bacteria grown in broth were infected with five particles of S^{35}-labeled phage per bacterium, the high ratio of infection being necessary for purposes of assay. The infected bacteria were freed from unadsorbed phage and suspended in water containing per liter 1 mM $MgSO_4$, 0.1 mM $CaCl_2$, and 0.1 gm. gelatin. A sample of this suspension was agitated for 2.5 minutes in the Waring blendor, and centrifuged to remove the extracellular S^{35}. A second sample not run in the blendor was centrifuged at the same time. The cells from both samples were resuspended in warm salt-poor broth at a concentration of 10^8 bacteria per ml., and aerated for 80 minutes. The cultures were then lysed by the addition of 0.02 mM HCN, 2 × 10^{11} UV-killed T2, and 6 mg. NaCl per ml. of culture. The addition of salt at this point causes S^{35} that would otherwise be eluted (Hershey et al., 1951) to remain attached to the bacterial debris. The lysates were fractionated and assayed as described previously, with the results shown in Table VIII.

The data show that stripping reduces more or less proportionately the S^{35}-content of all fractions. In particular, the S^{35}-content of the fraction containing most of the phage progeny is reduced from nearly 10 per cent to less than 1 per cent of the initially adsorbed isotope. This experiment shows that the bulk of the S^{35} appearing in all lysate fractions is derived from the remains of the coats of the parental phage particles.

Properties of Phage Inactivated by Formaldehyde.—Phage T2 warmed for 1 hour at 37°C. in adsorption medium containing 0.1 per cent (v/v) commercial formalin (35 per cent HCHO), and then dialyzed free from formalde-

TABLE VIII

Lysates of Bacteria Infected with S^{35}-Labeled T2 and Stripped in the Waring Blendor

Per cent of adsorbed S^{35} or of phage yield:	Cells stripped		Cells not stripped	
	S^{35}	Phage	S^{35}	Phage
Eluted in blendor fluid..........................	86	—	39	—
1st low-speed sediment.........................	3.8	9.3	31	13
2nd " " "	(0.2)	11	2.7	11
High-speed "	(0.7)	58	9.4	89
" " supernatant.....................	(2.0)	1.1	(1.7)	1.6
Recovery.................................	93	79	84	115

All the input bacteria were recovered in assays of infected cells made during the latent period of both cultures. The phage yields were 270 (stripped cells) and 200 per bacterium, assayed before fractionation. Figures in parentheses were obtained from counting rates close to background.

hyde, shows a reduction in plaque titer by a factor 1000 or more. Inactivated phage of this kind possesses the following properties.

1. It is adsorbed to sensitive bacteria (as measured by either S^{35} or P^{32} labels), to the extent of about 70 per cent.

2. The adsorbed phage kills bacteria with an efficiency of about 35 per cent compared with the original phage stock.

3. The DNA of the inactive particles is resistant to DNase, but is made sensitive by osmotic shock.

4. The DNA of the inactive particles is not sensitized to DNase by adsorption to heat-killed bacteria, nor is it released into solution by adsorption to bacterial debris.

5. 70 per cent of the adsorbed phage DNA can be detached from infected cells spun in the Waring blendor. The detached DNA is almost entirely resistant to DNase.

54   VIRAL PROTEIN AND NUCLEIC ACID IN BACTERIOPHAGE GROWTH

These properties show that T2 inactivated by formaldehyde is largely incapable of injecting its DNA into the cells to which it attaches. Its behavior in the experiments outlined gives strong support to our interpretation of the corresponding experiments with active phage.

DISCUSSION

We have shown that when a particle of bacteriophage T2 attaches to a bacterial cell, most of the phage DNA enters the cell, and a residue containing at least 80 per cent of the sulfur-containing protein of the phage remains at the cell surface. This residue consists of the material forming the protective membrane of the resting phage particle, and it plays no further role in infection after the attachment of phage to bacterium.

These facts leave in question the possible function of the 20 per cent of sulfur-containing protein that may or may not enter the cell. We find that little or none of it is incorporated into the progeny of the infecting particle, and that at least part of it consists of additional material resembling the residue that can be shown to remain extracellular. Phosphorus and adenine (Watson and Maaløe, 1952) derived from the DNA of the infecting particle, on the other hand, are transferred to the phage progeny to a considerable and equal extent. We infer that sulfur-containing protein has no function in phage multiplication, and that DNA has some function.

It must be recalled that the following questions remain unanswered. (1) Does any sulfur-free phage material other than DNA enter the cell? (2) If so, is it transferred to the phage progeny? (3) Is the transfer of phosphorus (or hypothetical other substance) to progeny direct—that is, does it remain at all times in a form specifically identifiable as phage substance—or indirect?

Our experiments show clearly that a physical separation of the phage T2 into genetic and non-genetic parts is possible. A corresponding functional separation is seen in the partial independence of phenotype and genotype in the same phage (Novick and Szilard, 1951; Hershey *et al.*, 1951). The chemical identification of the genetic part must wait, however, until some of the questions asked above have been answered.

Two facts of significance for the immunologic method of attack on problems of viral growth should be emphasized here. First, the principal antigen of the infecting particles of phage T2 persists unchanged in infected cells. Second, it remains attached to the bacterial debris resulting from lysis of the cells. These possibilities seem to have been overlooked in a study by Rountree (1951) of viral antigens during the growth of phage T5.

SUMMARY

1. Osmotic shock disrupts particles of phage T2 into material containing nearly all the phage sulfur in a form precipitable by antiphage serum, and capable of specific adsorption to bacteria. It releases into solution nearly all

the phage DNA in a form not precipitable by antiserum and not adsorbable to bacteria. The sulfur-containing protein of the phage particle evidently makes up a membrane that protects the phage DNA from DNase, comprises the sole or principal antigenic material, and is responsible for attachment of the virus to bacteria.

2. Adsorption of T2 to heat-killed bacteria, and heating or alternate freezing and thawing of infected cells, sensitize the DNA of the adsorbed phage to DNase. These treatments have little or no sensitizing effect on unadsorbed phage. Neither heating nor freezing and thawing releases the phage DNA from infected cells, although other cell constituents can be extracted by these methods. These facts suggest that the phage DNA forms part of an organized intracellular structure throughout the period of phage growth.

3. Adsorption of phage T2 to bacterial debris causes part of the phage DNA to appear in solution, leaving the phage sulfur attached to the debris. Another part of the phage DNA, corresponding roughly to the remaining half of the DNA of the inactivated phage, remains attached to the debris but can be separated from it by DNase. Phage T4 behaves similarly, although the two phages can be shown to attach to different combining sites. The inactivation of phage by bacterial debris is evidently accompanied by the rupture of the viral membrane.

4. Suspensions of infected cells agitated in a Waring blendor release 75 per cent of the phage sulfur and only 15 per cent of the phage phosphorus to the solution as a result of the applied shearing force. The cells remain capable of yielding phage progeny.

5. The facts stated show that most of the phage sulfur remains at the cell surface and most of the phage DNA enters the cell on infection. Whether sulfur-free material other than DNA enters the cell has not been determined. The properties of the sulfur-containing residue identify it as essentially unchanged membranes of the phage particles. All types of evidence show that the passage of phage DNA into the cell occurs in non-nutrient medium under conditions in which other known steps in viral growth do not occur.

6. The phage progeny yielded by bacteria infected with phage labeled with radioactive sulfur contain less than 1 per cent of the parental radioactivity. The progeny of phage particles labeled with radioactive phosphorus contain 30 per cent or more of the parental phosphorus.

7. Phage inactivated by dilute formaldehyde is capable of adsorbing to bacteria, but does not release its DNA to the cell. This shows that the interaction between phage and bacterium resulting in release of the phage DNA from its protective membrane depends on labile components of the phage particle. By contrast, the components of the bacterium essential to this interaction are remarkably stable. The nature of the interaction is otherwise unknown.

8. The sulfur-containing protein of resting phage particles is confined to a

56   VIRAL PROTEIN AND NUCLEIC ACID IN BACTERIOPHAGE GROWTH

protective coat that is responsible for the adsorption to bacteria, and functions as an instrument for the injection of the phage DNA into the cell. This protein probably has no function in the growth of intracellular phage. The DNA has some function. Further chemical inferences should not be drawn from the experiments presented.

REFERENCES

Anderson, T. F., 1949, The reactions of bacterial viruses with their host cells, *Bot. Rev.*, **15**, 464.

Anderson, T. F., 1951, *Tr. New York Acad. Sc.*, **13**, 130.

Anderson, T. F., and Doermann, A. H., 1952, *J. Gen. Physiol.*, **35**, 657.

Benzer, S., 1952, *J. Bact.*, **63**, 59.

Doermann, A. H., 1948, *Carnegie Institution of Washington Yearbook, No. 47*, 176.

Doermann, A. H., and Dissosway, C., 1949, *Carnegie Institution of Washington Yearbook, No. 48*, 170.

Dulbecco, R., 1952, *J. Bact.*, **63**, 209.

Herriott, R. M., 1951, *J. Bact.*, **61**, 752.

Hershey, A. D., 1946, *Genetics*, **31**, 620.

Hershey, A. D., Roesel, C., Chase, M., and Forman, S., 1951, *Carnegie Institution of Washington Yearbook, No. 50*, 195.

Lwoff, A., and Gutmann, A., 1950, *Ann. Inst. Pasteur*, **78**, 711.

Maaløe, O., and Watson, J. D., 1951, *Proc. Nat. Acad. Sc.*, **37**, 507.

Novick, A., and Szilard, L., 1951, *Science*, **113**, 34.

Prater, C. D., 1951, Thesis, University of Pennsylvania.

Price, W. H., 1952, *J. Gen. Physiol.*, **35**, 409.

Putnam, F. W., and Kozloff, L.,1950, *J. Biol. Chem.*, **182**, 243.

Rountree, P. M., 1951, *Brit. J. Exp. Path.*, **32**, 341.

Watson, J. D., and Maaløe, O., 1952, *Acta path. et microbiol. scand.*, in press.

A Structure for Deoxyribose Nucleic Acid

4

J. D. Watson und F. H. C. Crick

Die Originalversion des Kapitels wurde revidiert. Ein Erratum ist verfügbar unter:
DOI 10.1007/978-3-662-47150-0_8

J. D. Watson (✉) · F. H. C. Crick
München, Bayern, Deutschland
E-Mail: K.Nickelsen@lmu.de

© Springer-Verlag GmbH Deutschland 2017   141
K. Nickelsen (Hrsg.), *Die Entdeckung der Doppelhelix*, Klassische Texte der Wissenschaft,
DOI 10.1007/978-3-662-47150-0_4

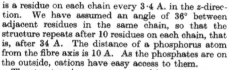

No. 4356 **April 25, 1953**   N A T U R E   737

equipment, and to Dr. G. E. R. Deacon and the captain and officers of R.R.S. *Discovery II* for their part in making the observations.

[1] Young, F. B., Gerrard, H., and Jevons, W., *Phil. Mag.*, **40**, 149 (1920).
[2] Longuet-Higgins, M. S., *Mon. Not. Roy. Astro. Soc., Geophys. Supp.*, **5**, 285 (1949).
[3] Von Arx, W. S., *Woods Hole Papers in Phys. Ocearog. Meteor.*, **11** (3) (1950).
[4] Ekman, V. W., *Arkiv. Mat. Astron. Fysik. (Stockholm)*, **2** (11) (1905).

MOLECULAR STRUCTURE OF NUCLEIC ACIDS

A Structure for Deoxyribose Nucleic Acid

WE wish to suggest a structure for the salt of deoxyribose nucleic acid (D.N.A.). This structure has novel features which are of considerable biological interest.

A structure for nucleic acid has already been proposed by Pauling and Corey[1]. They kindly made their manuscript available to us in advance of publication. Their model consists of three intertwined chains, with the phosphates near the fibre axis, and the bases on the outside. In our opinion, this structure is unsatisfactory for two reasons: (1) We believe that the material which gives the X-ray diagrams is the salt, not the free acid. Without the acidic hydrogen atoms it is not clear what forces would hold the structure together, especially as the negatively charged phosphates near the axis will repel each other. (2) Some of the van der Waals distances appear to be too small.

Another three-chain structure has also been suggested by Fraser (in the press). In his model the phosphates are on the outside and the bases on the inside, linked together by hydrogen bonds. This structure as described is rather ill-defined, and for this reason we shall not comment on it.

We wish to put forward a radically different structure for the salt of deoxyribose nucleic acid. This structure has two helical chains each coiled round the same axis (see diagram). We have made the usual chemical assumptions, namely, that each chain consists of phosphate diester groups joining β-D-deoxyribofuranose residues with 3',5' linkages. The two chains (but not their bases) are related by a dyad perpendicular to the fibre axis. Both chains follow right-handed helices, but owing to the dyad the sequences of the atoms in the two chains run in opposite directions. Each chain loosely resembles Furberg's[2] model No. 1; that is, the bases are on the inside of the helix and the phosphates on the outside. The configuration of the sugar and the atoms near it is close to Furberg's 'standard configuration', the sugar being roughly perpendicular to the attached base. There

This figure is purely diagrammatic. The two ribbons symbolize the two phosphate—sugar chains, and the horizontal rods the pairs of bases holding the chains together. The vertical line marks the fibre axis

is a residue on each chain every 3·4 A. in the z-direction. We have assumed an angle of 36° between adjacent residues in the same chain, so that the structure repeats after 10 residues on each chain, that is, after 34 A. The distance of a phosphorus atom from the fibre axis is 10 A. As the phosphates are on the outside, cations have easy access to them.

The structure is an open one, and its water content is rather high. At lower water contents we would expect the bases to tilt so that the structure could become more compact.

The novel feature of the structure is the manner in which the two chains are held together by the purine and pyrimidine bases. The planes of the bases are perpendicular to the fibre axis. They are joined together in pairs, a single base from one chain being hydrogen-bonded to a single base from the other chain, so that the two lie side by side with identical z-co-ordinates. One of the pair must be a purine and the other a pyrimidine for bonding to occur. The hydrogen bonds are made as follows: purine position 1 to pyrimidine position 1; purine position 6 to pyrimidine position 6.

If it is assumed that the bases only occur in the structure in the most plausible tautomeric forms (that is, with the keto rather than the enol configurations) it is found that only specific pairs of bases can bond together. These pairs are: adenine (purine) with thymine (pyrimidine), and guanine (purine) with cytosine (pyrimidine).

In other words, if an adenine forms one member of a pair, on either chain, then on these assumptions the other member must be thymine; similarly for guanine and cytosine. The sequence of bases on a single chain does not appear to be restricted in any way. However, if only specific pairs of bases can be formed, it follows that if the sequence of bases on one chain is given, then the sequence on the other chain is automatically determined.

It has been found experimentally[3,4] that the ratio of the amounts of adenine to thymine, and the ratio of guanine to cytosine, are always very close to unity for deoxyribose nucleic acid.

It is probably impossible to build this structure with a ribose sugar in place of the deoxyribose, as the extra oxygen atom would make too close a van der Waals contact.

The previously published X-ray data[5,6] on deoxyribose nucleic acid are insufficient for a rigorous test of our structure. So far as we can tell, it is roughly compatible with the experimental data, but it must be regarded as unproved until it has been checked against more exact results. Some of these are given in the following communications. We were not aware of the details of the results presented there when we devised our structure, which rests mainly though not entirely on published experimental data and stereochemical arguments.

It has not escaped our notice that the specific pairing we have postulated immediately suggests a possible copying mechanism for the genetic material.

Full details of the structure, including the conditions assumed in building it, together with a set of co-ordinates for the atoms, will be published elsewhere.

We are much indebted to Dr. Jerry Donohue for constant advice and criticism, especially on interatomic distances. We have also been stimulated by a knowledge of the general nature of the unpublished experimental results and ideas of Dr. M. H. F. Wilkins, Dr. R. E. Franklin and their co-workers at

738   **NATURE**   April 25, 1953 VOL. 171

King's College, London. One of us (J. D. W.) has been aided by a fellowship from the National Foundation for Infantile Paralysis.

J. D. WATSON
F. H. C. CRICK
Medical Research Council Unit for the
    Study of the Molecular Structure of
        Biological Systems,
    Cavendish Laboratory, Cambridge.
                April 2.

[1] Pauling, L., and Corey, R. B., *Nature*, **171**, 346 (1953); *Proc. U.S. Nat. Acad. Sci.*, **39**, 84 (1953).
[2] Furberg, S., *Acta Chem. Scand.*, **6**, 634 (1952).
[3] Chargaff, E., for references see Zamenhof, S., Brawerman, G., and Chargaff, E., *Biochim. et Biophys. Acta*, **9**, 402 (1952).
[4] Wyatt, G. R., *J. Gen. Physiol.*, **36**, 201 (1952).
[5] Astbury, W. T., *Symp. Soc. Exp. Biol.* 1, Nucleic Acid, 66 (Camb. Univ. Press, 1947).
[6] Wilkins, M. H. F., and Randall, J. T., *Biochim. et Biophys. Acta*, **10**, 192 (1953).

Molecular Structure of Deoxypentose Nucleic Acids

WHILE the biological properties of deoxypentose nucleic acid suggest a molecular structure containing great complexity, X-ray diffraction studies described here (cf. Astbury[1]) show the basic molecular configuration has great simplicity. The purpose of this communication is to describe, in a preliminary way, some of the experimental evidence for the polynucleotide chain configuration being helical, and existing in this form when in the natural state. A fuller account of the work will be published shortly.

The structure of deoxypentose nucleic acid is the same in all species (although the nitrogen base ratios alter considerably) in nucleoprotein, extracted or in cells, and in purified nucleate. The same linear group of polynucleotide chains may pack together parallel in different ways to give crystalline[1-3], semi-crystalline or paracrystalline material. In all cases the X-ray diffraction photograph consists of two regions, one determined largely by the regular spacing of nucleotides along the chain, and the other by the longer spacings of the chain configuration. The sequence of different nitrogen bases along the chain is not made visible.

Oriented paracrystalline deoxypentose nucleic acid ('structure B' in the following communication by Franklin and Gosling) gives a fibre diagram as shown in Fig. 1 (cf. ref. 4). Astbury suggested that the strong 3·4-A. reflexion corresponded to the internucleotide repeat along the fibre axis. The ~ 34 A. layer lines, however, are not due to a repeat of a polynucleotide composition, but to the chain configuration repeat, which causes strong diffraction as the nucleotide chains have higher density than the interstitial water. The absence of reflexions on or near the meridian immediately suggests a helical structure with axis parallel to fibre length.

Diffraction by Helices

It may be shown[5] (also Stokes, unpublished) that the intensity distribution in the diffraction pattern of a series of points equally spaced along a helix is given by the squares of Bessel functions. A uniform continuous helix gives a series of layer lines of spacing corresponding to the helix pitch, the intensity distribution along the nth layer line being proportional to the square of J_n, the nth order Bessel function. A straight line may be drawn approximately through

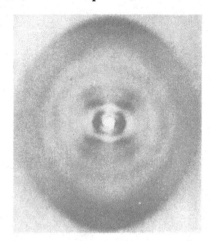

Fig. 1. Fibre diagram of deoxypentose nucleic acid from *B. coli*. Fibre axis vertical

the innermost maxima of each Bessel function and the origin. The angle this line makes with the equator is roughly equal to the angle between an element of the helix and the helix axis. If a unit repeats n times along the helix there will be a meridional reflexion $(J_0{}^2)$ on the nth layer line. The helical configuration produces side-bands on this fundamental frequency, the effect[5] being to reproduce the intensity distribution about the origin around the new origin, on the nth layer line, corresponding to C in Fig. 2.

We will now briefly analyse in physical terms some of the effects of the shape and size of the repeat unit or nucleotide on the diffraction pattern. First, if the nucleotide consists of a unit having circular symmetry about an axis parallel to the helix axis, the whole diffraction pattern is modified by the form factor of the nucleotide. Second, if the nucleotide consists of a series of points on a radius at right-angles to the helix axis, the phases of radiation scattered by the helices of different diameter passing through each point are the same. Summation of the corresponding Bessel functions gives reinforcement for the inner-

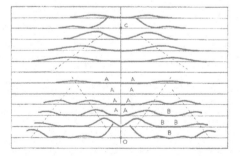

Fig. 2. Diffraction pattern of system of helices corresponding to structure of deoxypentose nucleic acid. The squares of Bessel functions are plotted about 0 on the equator and on the first, second, third and fifth layer lines for half of the nucleotide mass at 20 A. diameter and remainder distributed along a radius, the mass at a given radius being proportional to the radius. About C on the tenth layer line similar functions are plotted for an outer diameter of 12 A.

Genetical Implications of the Structure of Deoxyribonucleic Acid

J. D. Watson und F. H. C. Crick

Die Originalversion des Kapitels wurde revidiert. Ein Erratum ist verfügbar unter:
DOI 10.1007/978-3-662-47150-0_8

J. D. Watson (✉) · F. H. C. Crick
München, Bayern, Deutschland
E-Mail: K.Nickelsen@lmu.de

© Springer-Verlag GmbH Deutschland 2017   145
K. Nickelsen (Hrsg.), *Die Entdeckung der Doppelhelix*, Klassische Texte der Wissenschaft,
DOI 10.1007/978-3-662-47150-0_5

964   N A T U R E   May 30, 1953   VOL. 171

which has never been since surpassed. Dr. Schonland expressed disappointment that the membership in recent years has been but a little more than a thousand, for South Africa has expanded enormously since 1906 and with this expansion the need for, and potential value of, such a body as the Association. The general aims of the Association have not changed at all with the passing of years : "We exist," he said, "primarily to create and foster a scientific fraternity in South Africa, not to publish original work.   We exist to provide a common meeting-ground for South African scientists and a forum for general discussion of the problems of this country from the scientific angle." He defended the use of Afrikaans by those who preferred it, for "we were intended by our founders to be parochial, and we should pride ourselves on being parochial. I would suggest that if we try to be anything else we will have mistaken our real aim".

Having thus firmly and, most people would agree, wisely placed the Association in its proper perspective, Dr. Schonland went on to make some concrete suggestions. The *South African Journal of Science* should have a series of semi-popular articles reviewing and surveying the new ideas of science and so bridge the gap between those who teach and do advanced research work and those who pay for it. This, he thought, is the proper function of the *Journal*, and it is but one aspect of the Association's duty, as representative of all sections of scientific opinion in South Africa, "to take a stronger, a more continuing and a more active interest in all scientific developments, national and university, in South Africa and to study carefully what is being done in other countries".

Besides his plea that the Association needs to form a standing committee to watch over scientific education in schools, Dr. Schonland suggested that the Association might consider taking a part in the formation of a body on the lines of the British Parliamentary and Scientific Committee and also help in the creation of better facilities for advanced research in South Africa. On this last-named point, he cited the instances of the National University in Canberra and the Institute for Advanced Studies in Dublin, but he made the interesting suggestion that a more acceptable solution might be the creation of a number of specialized institutes for advanced study, attached to and forming part of those universities which for one reason or another are best suited for them.

BASIS OF TECHNICAL EDUCATION

GENERAL education to-day should be planned so as to enable the ordinary citizen to adapt himself to the needs of technological society and to understand what is happening and what is required of him.   This was the theme of an international conference convened by the United Nations Educational, Cultural and Scientific Organization at Unesco House in June 1950*.

Broadly, the Conference found that organized social foresight is essential to enable the educational system of a country to prepare children for the type of life and work they are likely to encounter, and that a substantial development of technical education

* Education in a Technological Society : a Preliminary International Survey of the Nature and Efficacy of Technical Education. (Tensions and Technology Series.) Pp. 76. (Paris : Unesco ; London : H.M.S.O., 1952.) 200 francs; 4s. ; 75 cents.

is required at all levels : at present it is wholly inadequate for future needs, while the practical content of general education is also inadequate for the needs of future citizens of a technological society. The cultural content of technical education is also generally inadequate ; technical education requires special consideration, and training for adaptability is an outstanding requirement in an age of ultra-rapid technological change. The education of women and girls also demands particular attention in view of their dual role as workers and home-makers, and improved administrative arrangements are essential if education is to fulfil its true function in such a society.

The report does not suggest that all these propositions apply equally to every country, though the Conference considered that, so far as its knowledge extended, they are generally valid for the world as a whole. The stress is laid on the need for adapting technology to man, not man to technology.   The questions formulated in this report—and which merit attention in current discussions on the expansion of both technical and technological education in Great Britain—are raised in the belief that mastery of the machine by man is not an end in itself : it is a means to the development of man and of the whole society.

The distinction between technician and technologist is not always kept clear in this report, particularly in the chapter on the content of technical education. Nevertheless, the report directs attention to some fundamental issues which no sound policy for either type of education can disregard.   In both fields it must be recognized that we are concerned not simply with the efficiency of production, but also with the fundamental attitude which the men and women of to-morrow will adopt in facing the problems of a technological society. Both, too, in seeking to foster flexibility, must recognize that flexibility is determined not only by education and training but also by social, economic and technical conditions ; and the administrative measures required to ensure that education becomes more adapted to the needs of a changing technological society are themselves likely to be most effective when they are informal and varied rather than concentrated and uniform. The administrator, no less than the teacher and student, has need of frequent opportunities of contact with the industrial world, and requires experience of the difficulties and problems created by technological development in society ; just as the teacher and student should keep abreast of developments in research and of practical applications in industry.

GENETICAL IMPLICATIONS OF THE STRUCTURE OF DEOXYRIBONUCLEIC ACID

By J. D. WATSON and F. H. C. CRICK

Medical Research Council Unit for the Study of the Molecular Structure of Biological Systems, Cavendish Laboratory, Cambridge

THE importance of deoxyribonucleic acid (DNA) within living cells is undisputed. It is found in all dividing cells, largely if not entirely in the nucleus, where it is an essential constituent of the chromosomes. Many lines of evidence indicate that it is the carrier of a part of (if not all) the genetic specificity of the chromosomes and thus of the gene itself.

No. 4361   **May 30, 1953**   N A T U R E   965

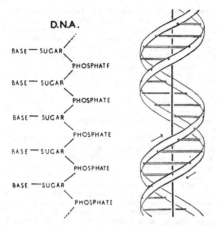

Fig. 1. Chemical formula of a single chain of deoxyribonucleic acid

Fig. 2. This figure is purely diagrammatic. The two ribbons symbolize the two phosphate-sugar chains, and the horizontal rods the pairs of bases holding the chains together. The vertical line marks the fibre axis

Until now, however, no evidence has been presented to show how it might carry out the essential operation required of a genetic material, that of exact self-duplication.

We have recently proposed a structure[1] for the salt of deoxyribonucleic acid which, if correct, immediately suggests a mechanism for its self-duplication. X-ray evidence obtained by the workers at King's College, London[2], and presented at the same time, gives qualitative support to our structure and is incompatible with all previously proposed structures[3]. Though the structure will not be completely proved until a more extensive comparison has been made with the X-ray data, we now feel sufficient confidence in its general correctness to discuss its genetical implications. In doing so we are assuming that fibres of the salt of deoxyribonucleic acid are not artefacts arising in the method of preparation, since it has been shown by Wilkins and his co-workers that similar X-ray patterns are obtained from both the isolated fibres and certain intact biological materials such as sperm head and bacteriophage particles[3,4].

The chemical formula of deoxyribonucleic acid is now well established. The molecule is a very long chain, the backbone of which consists of a regular alternation of sugar and phosphate groups, as shown in Fig. 1. To each sugar is attached a nitrogenous base, which can be of four different types. (We have considered 5-methyl cytosine to be equivalent to cytosine, since either can fit equally well into our structure.) Two of the possible bases—adenine and guanine—are purines, and the other two—thymine and cytosine—are pyrimidines. So far as is known, the sequence of bases along the chain is irregular. The monomer unit, consisting of phosphate, sugar and base, is known as a nucleotide.

The first feature of our structure which is of biological interest is that it consists not of one chain, but of two. These two chains are both coiled around

a common fibre axis, as is shown diagrammatically in Fig. 2. It has often been assumed that since there was only one chain in the chemical formula there would only be one in the structural unit. However, the density, taken with the X-ray evidence[2], suggests very strongly that there are two.

The other biologically important feature is the manner in which the two chains are held together. This is done by hydrogen bonds between the bases, as shown schematically in Fig. 3. The bases are joined together in pairs, a single base from one chain being hydrogen-bonded to a single base from the other. The important point is that only certain pairs of bases will fit into the structure. One member of a pair must be a purine and the other a pyrimidine in order to bridge between the two chains. If a pair consisted of two purines, for example, there would not be room for it.

We believe that the bases will be present almost entirely in their most probable tautomeric forms. If this is true, the conditions for forming hydrogen bonds are more restrictive, and the only pairs of bases possible are :

adenine with thymine ;
guanine with cytosine.

The way in which these are joined together is shown in Figs. 4 and 5. A given pair can be either way round. Adenine, for example, can occur on either chain ; but when it does, its partner on the other chain must always be thymine.

This pairing is strongly supported by the recent analytical results[5], which show that for all sources of deoxyribonucleic acid examined the amount of adenine is close to the amount of thymine, and the amount of guanine close to the amount of cytosine, although the cross-ratio (the ratio of adenine to guanine) can vary from one source to another. Indeed, if the sequence of bases on one chain is irregular, it is difficult to explain these analytical results except by the sort of pairing we have suggested.

The phosphate-sugar backbone of our model is completely regular, but any sequence of the pairs of bases can fit into the structure. It follows that in a long molecule many different permutations are possible, and it therefore seems likely that the precise sequence of the bases is the code which carries the genetical information. If the actual order of the

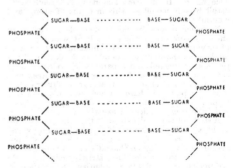

Fig. 3.   Chemical formula of a pair of deoxyribonucleic acid chains. The hydrogen bonding is symbolized by dotted lines

966   N A T U R E   May 30, 1953   VOL. 171

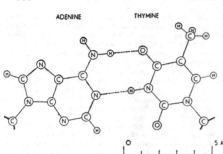

ADENINE   THYMINE

Fig. 4. Pairing of adenine and thymine. Hydrogen bonds are shown dotted. One carbon atom of each sugar is shown

GUANINE   CYTOSINE

Fig. 5. Pairing of guanine and cytosine. Hydrogen bonds are shown dotted. One carbon atom of each sugar is shown

bases on one of the pair of chains were given, one could write down the exact order of the bases on the other one, because of the specific pairing. Thus one chain is, as it were, the complement of the other, and it is this feature which suggests how the deoxyribonucleic acid molecule might duplicate itself.

Previous discussions of self-duplication have usually involved the concept of a template, or mould. Either the template was supposed to copy itself directly or it was to produce a 'negative', which in its turn was to act as a template and produce the original 'positive' once again. In no case has it been explained in detail how it would do this in terms of atoms and molecules.

Now our model for deoxyribonucleic acid is, in effect, a *pair* of templates, each of which is complementary to the other. We imagine that prior to duplication the hydrogen bonds are broken, and the two chains unwind and separate. Each chain then acts as a template for the formation on to itself of a new companion chain, so that eventually we shall have *two* pairs of chains, where we only had one before. Moreover, the sequence of the pairs of bases will have been duplicated exactly.

A study of our model suggests that this duplication could be done most simply if the single chain (or the relevant portion of it) takes up the helical configuration. We imagine that at this stage in the life of the cell, free nucleotides, strictly polynucleotide precursors, are available in quantity. From time to time the base of a free nucleotide will join up by

hydrogen bonds to one of the bases on the chain already formed. We now postulate that the polymerization of these monomers to form a new chain is only possible if the resulting chain can form the proposed structure. This is plausible, because steric reasons would not allow nucleotides 'crystallized' on to the first chain to approach one another in such a way that they could be joined together into a new chain, unless they were those nucleotides which were necessary to form our structure. Whether a special enzyme is required to carry out the polymerization, or whether the single helical chain already formed acts effectively as an enzyme, remains to be seen.

Since the two chains in our model are intertwined, it is essential for them to untwist if they are to separate. As they make one complete turn around each other in 34 A., there will be about 150 turns per million molecular weight, so that whatever the precise structure of the chromosome a considerable amount of uncoiling would be necessary. It is well known from microscopic observation that much coiling and uncoiling occurs during mitosis, and though this is on a much larger scale it probably reflects similar processes on a molecular level. Although it is difficult at the moment to see how these processes occur without everything getting tangled, we do not feel that this objection will be insuperable.

Our structure, as described[1], is an open one. There is room between the pair of polynucleotide chains (see Fig. 2) for a polypeptide chain to wind around the same helical axis. It may be significant that the distance between adjacent phosphorus atoms, 7·1 A., is close to the repeat of a fully extended polypeptide chain. We think it probable that in the sperm head, and in artificial nucleoproteins, the polypeptide chain occupies this position. The relative weakness of the second layer-line in the published X-ray pictures[3a,4] is crudely compatible with such an idea. The function of the protein might well be to control the coiling and uncoiling, to assist in holding a single polynucleotide chain in a helical configuration, or some other non-specific function.

Our model suggests possible explanations for a number of other phenomena. For example, spontaneous mutation may be due to a base occasionally occurring in one of its less likely tautomeric forms. Again, the pairing between homologous chromosomes at meiosis may depend on pairing between specific bases. We shall discuss these ideas in detail elsewhere.

For the moment, the general scheme we have proposed for the reproduction of deoxyribonucleic acid must be regarded as speculative. Even if it is correct, it is clear from what we have said that much remains to be discovered before the picture of genetic duplication can be described in detail. What are the polynucleotide precursors ? What makes the pair of chains unwind and separate ? What is the precise role of the protein ? Is the chromosome one long pair of deoxyribonucleic acid chains, or does it consist of patches of the acid joined together by protein ?

Despite these uncertainties we feel that our proposed structure for deoxyribonucleic acid may help to solve one of the fundamental biological problems— the molecular basis of the template needed for genetic replication. The hypothesis we are suggesting is that the template is the pattern of bases formed by one chain of the deoxyribonucleic acid and that the gene contains a complementary pair of such templates.

No. 4361   **May 30, 1953**   N A T U R E   967

One of us (J. D. W.) has been aided by a fellowship from the National Foundation for Infantile Paralysis (U.S.A.).

[1] Watson, J. D., and Crick, F. H. C., *Nature*, 171, 737 (1953).

[2] Wilkins, M. H. F., Stokes, A. R., and Wilson, H. R., *Nature*, 171, 738 (1953). Franklin, R. E., and Gosling, R. G., *Nature*, 171, 740 (1953).

[3] (a) Astbury, W. T., Symp. No. 1 Soc. Exp. Biol., 66 (1947). (b) Furberg, S., *Acta Chem. Scand.*, 6, 634 (1952). (c) Pauling, L., and Corey, R. B., *Nature*, 171, 346 (1953); *Proc. U.S. Nat. Acad. Sci.*, 39, 84 (1953). (d) Fraser, R. D. B. (in preparation).

[4] Wilkins, M. H. F., and Randall, J. T., *Biochim. et Biophys. Acta*, 10, 192 (1953).

[5] Chargaff, E., for references see Zamenhof, S., Brawerman, G., and Chargaff, E., *Biochim. et Biophys. Acta*, 9, 402 (1952). Wyatt, G. R., *J. Gen. Physiol.*, 36, 201 (1952).

GEOPHYSICAL AND METEOROLOGICAL CHANGES IN THE PERIOD JANUARY–APRIL 1949

IN a recent article[1] Lewis and McIntosh have considered the geophysical data for the period January–April 1949, which we presented in an earlier communication[2]. On the basis of certain probability criteria they appear to show that the apparent regular variations in ionospheric and meteorological phenomena which occurred in that period were not significant. We have studied their article and made a separate statistical analysis of the *unsmoothed* data, and conclude that in all respects our original suggestions seem to be valid.

In our original article we presented graphs showing five-day moving averages in four parameters: (a) ground pressure, p; (b) E-layer critical frequency, fE; (c) F-layer critical frequency, $fF2$; and (d) K-index of geomagnetic activity. The connexion between ionospheric and geomagnetic phenomena is well known. Thus, Appleton and Ingram[3] in 1935 established the correlation between geomagnetic activity and depressions in $fF2$. It is worthy of note that in the period under discussion the inverse correlation between K and $\Delta fF2$ is, as Lewis and McIntosh point out, considerably less striking than that between p and ΔfE (cf. Figs. 1 and 2 in our original article). It would seem, then, that if statistical analysis can be successfully applied to show that there is no significance between the variations in p and ΔfE, it is, *a fortiori*, evident that a similar analysis might, in the present instance, be used for discrediting the established relationship between K and $\Delta fF2$. Conversely, of course, the fact that a phenomenon appears to be statistically significant over a short period must likewise be treated with reserve. The need for the utmost care in the application and interpretation of statistical analyses to such a limited time series is thus clear.

From inspection of our graphs it seemed to us that, so far as p and ΔfE were concerned, the period was unusual in three respects: (i) there appeared to be four oscillations in ground pressure showing a progressive diminution of amplitude, with an average period of about 27 days; (ii) in like manner there appeared to be four marked oscillations of period about 27 days in ΔfE; (iii) oscillations (i) and (ii) appeared to be almost exactly out of phase. In addition, we noted that the period was characterized by an unusual 27-day recurrence of great sudden commencement (S.C.) magnetic storms.

In our original communication we merely directed attention to these matters, and suggested that there might be some connexion between them. We did not then suggest, nor do we now suggest, that from a period of length only four months any conclusions can be drawn regarding the general behaviour over a long period of any of the geophysical parameters considered. The severely limited number of observations available, together with the fact that there is considerable uncertainty about the correct statistical approach to time series analysis, seemed to us sufficient reason for not entering-into an extended statistical analysis.

However, the contrary conclusions reached by Lewis and McIntosh (see below) have prompted us to re-examine the data. Briefly, their conclusions are: (i) the 27-day oscillation in ground pressure is of no significance, since the amplitude is no more than would be expected from mere chance considerations; (ii) the 27-day oscillation in ΔfE is probably significant; (iii) oscillations (i) and (ii) are exactly in anti-phase; (iv) there is no significant correlation coefficient between the p and ΔfE data; (v) our conclusions arise from smoothing of the data.

We shall now outline our own analysis. In various communications[4-6], Kendall has made it abundantly clear that most of the methods generally used for studying periodicities in time series (for example, periodograms, Fourier analysis, etc.) may yield very misleading results when applied to the kind of time series with which we are here concerned. He has also questioned the reliability of the usual significance tests for periodicities when applied in time series analysis. Kendall has shown that the most reliable approach is that of serial correlation coefficients as exhibited in the correlogram. He points out that although the correlogram may be insensitive, it does give a lower limit to the oscillatory effects, and that if it oscillates there is almost certainly some systematic oscillation in the primary series explored. Figs. 1 and 2 show the correlograms for Δp and ΔfE respectively for the period under consideration. In both of these the original *unsmoothed* data have been used.

It is important to note that there is a marked trend in the pressure data, and to eliminate this we have dealt with values of pressure departures, Δp (as with the fE data), rather than with the absolute magnitudes p. The oscillations in both correlograms are clear, with a maximum at 26–27 days in each case. These correlograms provide strong support for our original deductions (based, as they were, on simple inspection of graphs), and make it essential for us to repeat Lewis and McIntosh's calculations.

At the outset we must again stress that the pressure data exhibit a marked downward trend (approximately linear), and it is imperative initially to eliminate this before proceeding with any numerical analysis. It appears that Lewis and McIntosh have overlooked this point, and as a result have arrived at quite contrary conclusions. This will be clear from an examination of Table 1, in which we present the results of calculations made by us using (i) pressure, p, (ii) pressure departures, Δp, and (iii) fE departures, ΔfE. The nomenclature employed (c, φ, σ, etc.) is that used by Lewis and McIntosh.

Without going into details, it can be stated that there is little significant difference between the present results *using pressure*, p, and those given by Lewis and McIntosh. The slight differences in the values of amplitude c and first serial correlation coefficient r_1 are of no significance and can be ascribed to different ways of deducing the amplitude and phase

Molecular Structure of Deoxypentose Nucleic Acids

M. H. F. Wilkins, H. R. Wilson und A. R. Stokes

Die Originalversion des Kapitels wurde revidiert. Ein Erratum ist verfügbar unter:
DOI 10.1007/978-3-662-47150-0_8

M. H. F. Wilkins (✉) · H. R. Wilson · A. R. Stokes
München, Bayern, Deutschland
E-Mail: K.Nickelsen@lmu.de

© Springer-Verlag GmbH Deutschland 2017
K. Nickelsen (Hrsg.), *Die Entdeckung der Doppelhelix*, Klassische Texte der Wissenschaft,
DOI 10.1007/978-3-662-47150-0_6

738   **NATURE**   April 25, 1953   VOL. 171

King's College, London. One of us (J. D. W.) has been aided by a fellowship from the National Foundation for Infantile Paralysis.

J. D. WATSON
F. H. C. CRICK
Medical Research Council Unit for the
Study of the Molecular Structure of
Biological Systems,
Cavendish Laboratory, Cambridge.
April 2.

[1] Pauling, L., and Corey, R. B., *Nature*, 171, 346 (1953) ; *Proc. U.S. Nat. Acad. Sci.*, 39, 84 (1953).
[2] Furberg, S., *Acta Chem. Scand.*, 6, 634 (1952).
[3] Chargaff, E., for references see Zamenhof, S., Brawerman, G., and Chargaff, E., *Biochim. et Biophys. Acta*, 9, 402 (1952).
[4] Wyatt, G. R., *J. Gen. Physiol.*, 36, 201 (1952).
[5] Astbury, W. T., Symp. Soc. Exp. Biol. 1, Nucleic Acid, 66 (Camb. Univ. Press, 1947).
[6] Wilkins, M. H. F., and Randall, J. T., *Biochim. et Biophys. Acta*, 10, 192 (1953).

Molecular Structure of Deoxypentose Nucleic Acids

WHILE the biological properties of deoxypentose nucleic acid suggest a molecular structure containing great complexity, X-ray diffraction studies described here (cf. Astbury[1]) show the basic molecular configuration has great simplicity. The purpose of this communication is to describe, in a preliminary way, some of the experimental evidence for the polynucleotide chain configuration being helical, and existing in this form when in the natural state. A fuller account of the work will be published shortly.

The structure of deoxypentose nucleic acid is the same in all species (although the nitrogen base ratios alter considerably) in nucleoprotein, extracted or in cells, and in purified nucleate. The same linear group of polynucleotide chains may pack together parallel in different ways to give crystalline[1-3], semi-crystalline or paracrystalline material. In all cases the X-ray diffraction photograph consists of two regions, one determined largely by the regular spacing of nucleotides along the chain, and the other by the longer spacings of the chain configuration. The sequence of different nitrogen bases along the chain is not made visible.

Oriented paracrystalline deoxypentose nucleic acid ('structure B' in the following communication by Franklin and Gosling) gives a fibre diagram as shown in Fig. 1 (cf. ref. 4). Astbury suggested that the strong 3·4-A. reflexion corresponded to the internucleotide repeat along the fibre axis. The ∼ 34 A. layer lines, however, are not due to a repeat of a polynucleotide composition, but to the chain configuration repeat, which causes strong diffraction as the nucleotide chains have higher density than the interstitial water. The absence of reflexions on or near the meridian immediately suggests a helical structure with axis parallel to fibre length.

Diffraction by Helices

It may be shown[5] (also Stokes, unpublished) that the intensity distribution in the diffraction pattern of a series of points equally spaced along a helix is given by the squares of Bessel functions. A uniform continuous helix gives a series of layer lines of spacing corresponding to the helix pitch, the intensity distribution along the nth layer line being proportional to the square of J_n, the nth order Bessel function. A straight line may be drawn approximately through

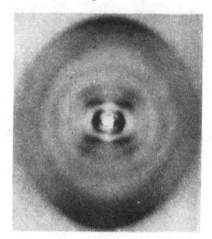

Fig. 1. Fibre diagram of deoxypentose nucleic acid from *B. coli.* Fibre axis vertical

the innermost maxima of each Bessel function and the origin. The angle this line makes with the equator is roughly equal to the angle between an element of the helix and the helix axis. If a unit repeats n times along the helix there will be a meridional reflexion (J_0^2) on the nth layer line. The helical configuration produces side-bands on this fundamental frequency, the effect[5] being to reproduce the intensity distribution about the origin around the new origin, on the nth layer line, corresponding to C in Fig. 2.

We will now briefly analyse in physical terms some of the effects of the shape and size of the repeat unit or nucleotide on the diffraction pattern. First, if the nucleotide consists of a unit having circular symmetry about an axis parallel to the helix axis, the whole diffraction pattern is modified by the form factor of the nucleotide. Second, if the nucleotide consists of a series of points on a radius at right-angles to the helix axis, the phases of radiation scattered by the helices of different diameter passing through each point are the same. Summation of the corresponding Bessel functions gives reinforcement for the inner-

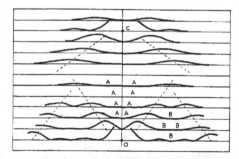

Fig. 2. Diffraction pattern of system of helices corresponding to structure of deoxypentose nucleic acid. The squares of Bessel functions are plotted about 0 on the equator and on the first, second, third and fifth layer lines for half of the nucleotide mass at 20 A. diameter and remainder distributed along a radius, the mass at a given radius being proportional to the radius. About C on the tenth layer line similar functions are plotted for an outer diameter of 12 A.

No. 4356   **April 25, 1953**   N A T U R E   739

most maxima and, in general, owing to phase difference, cancellation of all other maxima. Such a system of helices (corresponding to a spiral staircase with the core removed) diffracts mainly over a limited angular range, behaving, in fact, like a periodic arrangement of flat plates inclined at a fixed angle to the axis. Third, if the nucleotide is extended as an arc of a circle in a plane at right-angles to the helix axis, and with centre at the axis, the intensity of the system of Bessel function layer-line streaks emanating from the origin is modified owing to the phase differences of radiation from the helices drawn through each point on the nucleotide. The form factor is that of the series of points in which the helices intersect a plane drawn through the helix axis. This part of the diffraction pattern is then repeated as a whole with origin at C (Fig. 2). Hence this aspect of nucleotide shape affects the central and peripheral regions of each layer line differently.

Interpretation of the X-Ray Photograph

It must first be decided whether the structure consists of essentially one helix giving an intensity distribution along the layer lines corresponding to $J_1, J_2, J_3 \ldots$, or two similar co-axial helices of twice the above size and relatively displaced along the axis a distance equal to half the pitch giving $J_2, J_4, J_6 \ldots$, or three helices, etc. Examination of the width of the layer-line streaks suggests the intensities correspond more closely to $J_1{}^2, J_2{}^2, J_3{}^2$ than to $J_2{}^2, J_4{}^2, J_6{}^2 \ldots$ Hence the dominant helix has a pitch of ~ 34 A., and, from the angle of the helix, its diameter is found to be ~ 20 A. The strong equatorial reflexion at ~ 17 A. suggests that the helices have a maximum diameter of ~ 20 A. and are hexagonally packed with little interpenetration. Apart from the width of the Bessel function streaks, the possibility of the helices having twice the above dimensions is also made unlikely by the absence of an equatorial reflexion at ~ 34 A. To obtain a reasonable number of nucleotides per unit volume in the fibre, two or three intertwined coaxial helices are required, there being ten nucleotides on one turn of each helix.

The absence of reflexions on or near the meridian (an empty region AAA on Fig. 2) is a direct consequence of the helical structure. On the photograph there is also a relatively empty region on and near the equator, corresponding to region BBB on Fig. 2. As discussed above, this absence of secondary Bessel function maxima can be produced by a radial distribution of the nucleotide shape. To make the layer-line streaks sufficiently narrow, it is necessary to place a large fraction of the nucleotide mass at ~ 20 A. diameter. In Fig. 2 the squares of Bessel functions are plotted for half the mass at 20 A. diameter, and the rest distributed along a radius, the mass at a given radius being proportional to the radius.

On the zero layer line there appears to be a marked $J_{10}{}^2$, and on the first, second and third layer lines, $J_9{}^2 + J_{11}{}^2$, $J_2{}^2 + J_{12}{}^2$, etc., respectively. This means that, in projection on a plane at right-angles to the fibre axis, the outer part of the nucleotide is relatively concentrated, giving rise to high-density regions spaced c. 6 A. apart around the circumference of a circle of 20 A. diameter. On the fifth layer line two J_5 functions overlap and produce a strong reflexion. On the sixth, seventh and eighth layer lines the maxima correspond to a helix of diameter ~ 12 A. Apparently it is only the central region of the helix structure which is well divided by the 3·4-A. spacing, the outer

parts of the nucleotide overlapping to form a continuous helix. This suggests the presence of nitrogen bases arranged like a pile of pennies[1] in the central regions of the helical system.

There is a marked absence of reflexions on layer lines beyond the tenth. Disorientation in the specimen will cause more extension along the layer lines of the Bessel function streaks on the eleventh, twelfth and thirteenth layer lines than on the ninth, eighth and seventh. For this reason the reflexions on the higher-order layer lines will be less readily visible. The form factor of the nucleotide is also probably causing diminution of intensity in this region. Tilting of the nitrogen bases could have such an effect.

Reflexions on the equator are rather inadequate for determination of the radial distribution of density in the helical system. There are, however, indications that a high-density shell, as suggested above, occurs at diameter ~ 20 A.

The material is apparently not completely paracrystalline, as sharp spots appear in the central region of the second layer line, indicating a partial degree of order of the helical units relative to one another in the direction of the helix axis. Photographs similar to Fig. 1 have been obtained from sodium nucleate from calf and pig thymus, wheat germ, herring sperm, human tissue and T_2 bacteriophage. The most marked correspondence with Fig. 2 is shown by the exceptional photograph obtained by our colleagues, R. E. Franklin and R. G. Gosling, from calf thymus deoxypentose nucleate (see following communication).

It must be stressed that some of the above discussion is not without ambiguity, but in general there appears to be reasonable agreement between the experimental data and the kind of model described by Watson and Crick (see also preceding communication).

It is interesting to note that if there are ten phosphate groups arranged on each helix of diameter 20 A. and pitch 34 A., the phosphate ester backbone chain is in an almost fully extended state. Hence, when sodium nucleate fibres are stretched[2], the helix is evidently extended in length like a spiral spring in tension.

Structure *in vivo*

The biological significance of a two-chain nucleic acid unit has been noted (see preceding communication). The evidence that the helical structure discussed above does, in fact, exist in intact biological systems is briefly as follows :

Sperm heads. It may be shown that the intensity of the X-ray spectra from crystalline sperm heads is determined by the helical form-function in Fig. 2. Centrifuged trout semen give the same pattern as the dried and rehydrated or washed sperm heads used previously[4]. The sperm head fibre diagram is also given by extracted or synthetic[1] nucleoprotamine or extracted calf thymus nucleohistone.

Bacteriophage. Centrifuged wet pellets of T_2 phage photographed with X-rays while sealed in a cell with mica windows give a diffraction pattern containing the main features of paracrystalline sodium nucleate as distinct from that of crystalline nucleoprotein. This confirms current ideas of phage structure.

Transforming principle (in collaboration with H. Ephrussi-Taylor). Active deoxypentose nucleate allowed to dry at ~ 60 per cent humidity has the same crystalline structure as certain samples[3] of sodium thymonucleate.

740   **NATURE**   April 25, 1953 VOL. 171

We wish to thank Prof. J. T. Randall for encouragement ; Profs. E. Chargaff, R. Signer, J. A. V. Butler and Drs. J. D. Watson, J. D. Smith, L. Hamilton, J. C. White and G. R. Wyatt for supplying material without which this work would have been impossible; also Drs. J. D. Watson and Mr. F. H. C. Crick for stimulation, and our colleagues R. E. Franklin, R. G. Gosling, G. L. Brown and W. E. Seeds for discussion. One of us (H. R. W.) wishes to acknowledge the award of a University of Wales Fellowship.

M. H. F. WILKINS
Medical Research Council Biophysics
Research Unit,

A. R. STOKES
H. R. WILSON
Wheatstone Physics Laboratory,
King's College, London.
April 2.

[1] Astbury, W. T., Symp. Soc. Exp. Biol., 1, Nucleic Acid (Cambridge Univ. Press, 1947).
[2] Riley, D. P., and Oster, G., Biochim. et Biophys. Acta, 7, 526 (1951).
[3] Wilkins, M. H. F., Gosling, R. G., and Seeds, W. E., Nature, 167, 759 (1951).
[4] Astbury, W. T., and Bell, F. O., Cold Spring Harb. Symp. Quant. Biol., 6, 109 (1938).
[5] Cochran, W., Crick, F. H. C., and Vand, V., Acta Cryst., 5, 581 (1952).
[6] Wilkins, M. H. F., and Randall, J. T., Biochim. et Biophys. Acta, 10, 192 (1953).

Molecular Configuration in Sodium Thymonucleate

SODIUM thymonucleate fibres give two distinct types of X-ray diagram. The first corresponds to a crystalline form, structure A, obtained at about 75 per cent relative humidity ; a study of this is described in detail elsewhere[1]. At higher humidities a different structure, structure B, showing a lower degree of order, appears and persists over a wide range of ambient humidity. The change from A to B is reversible. The water content of structure B fibres which undergo this reversible change may vary from 40-50 per cent to several hundred per cent of the dry weight. Moreover, some fibres never show structure A, and in these structure B can be obtained with an even lower water content.

The X-ray diagram of structure B (see photograph) shows in striking manner the features characteristic of helical structures, first worked out in this laboratory by Stokes (unpublished) and by Crick, Cochran and Vand[2]. Stokes and Wilkins were the first to propose such structures for nucleic acid as a result of direct studies of nucleic acid fibres, although a helical structure had been previously suggested by Furberg (thesis, London, 1949) on the basis of X-ray studies of nucleosides and nucleotides.

While the X-ray evidence cannot, at present, be taken as direct proof that the structure is helical, other considerations discussed below make the existence of a helical structure highly probable.

Structure B is derived from the crystalline structure A when the sodium thymonucleate fibres take up quantities of water in excess of about 40 per cent of their weight. The change is accompanied by an increase of about 30 per cent in the length of the fibre, and by a substantial re-arrangement of the molecule. It therefore seems reasonable to suppose that in structure B the structural units of sodium thymonucleate (molecules on groups of molecules) are relatively free from the influence of neighbouring

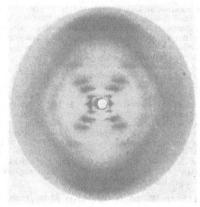

Sodium deoxyribose nucleate from calf thymus. Structure B

molecules, each unit being shielded by a sheath of water. Each unit is then free to take up its least-energy configuration independently of its neighbours and, in view of the nature of the long-chain molecules involved, it is highly likely that the general form will be helical[3]. If we adopt the hypothesis of a helical structure, it is immediately possible, from the X-ray diagram of structure B, to make certain deductions as to the nature and dimensions of the helix.

The innermost maxima on the first, second, third and fifth layer lines lie approximately on straight lines radiating from the origin. For a smooth single-strand helix the structure factor on the nth layer line is given by :

$$F_n = J_n(2\pi rR) \exp i\, n(\psi + \tfrac{1}{2}\pi),$$

where $J_n(u)$ is the nth-order Bessel function of u, r is the radius of the helix, and R and ψ are the radial and azimuthal co-ordinates in reciprocal space[2]; this expression leads to an approximately linear array of intensity maxima of the type observed, corresponding to the first maxima in the functions J_1, J_2, J_3, etc.

If, instead of a smooth helix, we consider a series of residues equally spaced along the helix, the transform in the general case treated by Crick, Cochran and Vand is more complicated. But if there is a whole number, m, of residues per turn, the form of the transform is as for a smooth helix with the addition, only, of the same pattern repeated with its origin at heights mc^*, $2mc^*$ ... etc. (c is the fibre-axis period).

In the present case the fibre-axis period is 34 A. and the very strong reflexion at 3·4 A. lies on the tenth layer line. Moreover, lines of maxima radiating from the 3·4-A. reflexion as from the origin are visible on the fifth and lower layer lines, having a J_5 maximum coincident with that of the origin series on the fifth layer line. (The strong outer streaks which apparently radiate from the 3·4-A. maximum are not, however, so easily explained.) This suggests strongly that there are exactly 10 residues per turn of the helix. If this is so, then from a measurement of R_n the position of the first maximum on the nth layer line (for n 5≮), the radius of the helix, can be obtained. In the present instance, measurements of R_1, R_2, R_3 and R_5 all lead to values of r of about 10 A.

Molecular Configuration in Sodium Thymonucleate

7

Rosalind E. Franklin und R. G. Gosling

Die Originalversion des Kapitels wurde revidiert. Ein Erratum ist verfügbar unter:
DOI 10.1007/978-3-662-47150-0_8

R. E. Franklin (✉) · R. G. Gosling
München, Bayern, Deutschland
E-Mail: K.Nickelsen@lmu.de

© Springer-Verlag GmbH Deutschland 2017
K. Nickelsen (Hrsg.), *Die Entdeckung der Doppelhelix*, Klassische Texte der Wissenschaft,
DOI 10.1007/978-3-662-47150-0_7

740   **NATURE**   April 25, 1953   VOL. 171

We wish to thank Prof. J. T. Randall for encouragement ; Profs. E. Chargaff, R. Signer, J. A. V. Butler and Drs. J. D. Watson, J. D. Smith, L. Hamilton, J. C. White and G. R. Wyatt for supplying material without which this work would have been impossible; also Drs. J. D. Watson and Mr. F. H. C. Crick for stimulation, and our colleagues R. E. Franklin, R. G. Gosling, G. L. Brown and W. E. Seeds for discussion. One of us (H. R. W.) wishes to acknowledge the award of a University of Wales Fellowship.

M. H. F. WILKINS
Medical Research Council Biophysics
          Research Unit,

                              A. R. STOKES
                              H. R. WILSON
Wheatstone Physics Laboratory,
      King's College, London.
          April 2.

[1] Astbury, W. T., Symp. Soc. Exp. Biol., 1, Nucleic Acid (Cambridge Univ. Press, 1947).
[2] Riley, D. P., and Oster, G., Biochim. et Biophys. Acta, 7, 526 (1951).
[3] Wilkins, M. H. F., Gosling, R. G., and Seeds, W. E., Nature, 167, 759 (1951).
[4] Astbury, W. T., and Bell, F. O., Cold Spring Harb. Symp. Quant. Biol., 6, 109 (1938).
[5] Cochran, W., Crick, F. H. C., and Vand, V., Acta Cryst., 5, 581 (1952).
[6] Wilkins, M. H. F., and Randall, J. T., Biochim. et Biophys. Acta, 10, 192 (1953).

Molecular Configuration in Sodium Thymonucleate

SODIUM thymonucleate fibres give two distinct types of X-ray diagram. The first corresponds to a crystalline form, structure A, obtained at about 75 per cent relative humidity ; a study of this is described in detail elsewhere[1]. At higher humidities a different structure, structure B, showing a lower degree of order, appears and persists over a wide range of ambient humidity. The change from A to B is reversible. The water content of structure B fibres which undergo this reversible change may vary from 40–50 per cent to several hundred per cent of the dry weight. Moreover, some fibres never show structure A, and in these structure B can be obtained with an even lower water content.

The X-ray diagram of structure B (see photograph) shows in striking manner the features characteristic of helical structures, first worked out in this laboratory by Stokes (unpublished) and by Crick, Cochran and Vand[2]. Stokes and Wilkins were the first to propose such structures for nucleic acid as a result of direct studies of nucleic acid fibres, although a helical structure had been previously suggested by Furberg (thesis, London, 1949) on the basis of X-ray studies of nucleosides and nucleotides.

While the X-ray evidence cannot, at present, be taken as direct proof that the structure is helical, other considerations discussed below make the existence of a helical structure highly probable.

Structure B is derived from the crystalline structure A when the sodium thymonucleate fibres take up quantities of water in excess of about 40 per cent of their weight. The change is accompanied by an increase of about 30 per cent in the length of the fibre, and by a substantial re-arrangement of the molecule. It therefore seems reasonable to suppose that in structure B the structural units of sodium thymonucleate (molecules on groups of molecules) are relatively free from the influence of neighbouring

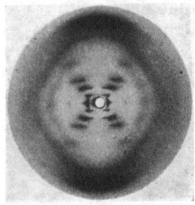

Sodium deoxyribose nucleate from calf thymus. Structure B

molecules, each unit being shielded by a sheath of water. Each unit is then free to take up its least-energy configuration independently of its neighbours and, in view of the nature of the long-chain molecules involved, it is highly likely that the general form will be helical[3]. If we adopt the hypothesis of a helical structure, it is immediately possible, from the X-ray diagram of structure B, to make certain deductions as to the nature and dimensions of the helix.

The innermost maxima on the first, second, third and fifth layer lines lie approximately on straight lines radiating from the origin. For a smooth single-strand helix the structure factor on the nth layer line is given by :

$$F_n = J_n(2\pi rR) \exp i\, n(\psi + \tfrac{1}{2}\pi),$$

where $J_n(u)$ is the nth-order Bessel function of u, r is the radius of the helix, and R and ψ are the radial and azimuthal co-ordinates in reciprocal space[2]; this expression leads to an approximately linear array of intensity maxima of the type observed, corresponding to the first maxima in the functions J_1, J_2, J_3, etc.

If, instead of a smooth helix, we consider a series of residues equally spaced along the helix, the transform in the general case treated by Crick, Cochran and Vand is more complicated. But if there is a whole number, m, of residues per turn, the form of the transform is as for a smooth helix with the addition, only, of the same pattern repeated with its origin at heights mc^*, $2mc^*$ . . . etc. (c is the fibre-axis period).

In the present case the fibre-axis period is 34 A. and the very strong reflexion at 3·4 A. lies on the tenth layer line. Moreover, lines of maxima radiating from the 3·4-A. reflexion as from the origin are visible on the fifth and lower layer lines, having a J_5 maximum coincident with that of the origin series on the fifth layer line. (The strong outer streaks which apparently radiate from the 3·4-A. maximum are not, however, so easily explained.) This suggests strongly that there are exactly 10 residues per turn of the helix. If this is so, then from a measurement of R_n the position of the first maximum on the nth layer line (for $n \ngtr 5$), the radius of the helix, can be obtained. In the present instance, measurements of R_1, R_2, R_3 and R_5 all lead to values of r of about 10 A.

No. 4356   **April 25, 1953**   NATURE   741

Since this linear array of maxima is one of the strongest features of the X-ray diagram, we must conclude that a crystallographically important part of the molecule lies on a helix of this diameter. This can only be the phosphate groups or phosphorus atoms.

If ten phosphorus atoms lie on one turn of a helix of radius 10 Å., the distance between neighbouring phosphorus atoms in a molecule is 7·1 Å. This corresponds to the P . . . P distance in a fully extended molecule, and therefore provides a further indication that the phosphates lie on the outside of the structural unit.

Thus, our conclusions differ from those of Pauling and Corey[4], who proposed for the nucleic acids a helical structure in which the phosphate groups form a dense core.

We must now consider briefly the equatorial reflexions. For a single helix the series of equatorial maxima should correspond to the maxima in $J_0(2\pi r R)$. The maxima on our photograph do not, however, fit this function for the value of r deduced above. There is a very strong reflexion at about 24 Å. and then only a faint sharp reflexion at 9·0 Å. and two diffuse bands around 5·5 Å. and 4·0 Å. This lack of agreement is, however, to be expected, for we know that the helix so far considered can only be the most important member of a series of coaxial helices of different radii ; the non-phosphate parts of the molecule will lie on inner co-axial helices, and it can be shown that, whereas these will not appreciably influence the innermost maxima on the layer lines, they may have the effect of destroying or shifting both the equatorial maxima and the outer maxima on other layer lines.

Thus, if the structure is helical, we find that the phosphate groups or phosphorus atoms lie on a helix of diameter about 20 Å., and the sugar and base groups must accordingly be turned inwards towards the helical axis.

Considerations of density show, however, that a cylindrical repeat unit of height 34 Å. and diameter 20 Å. must contain many more than ten nucleotides.

Since structure B often exists in fibres with low water content, it seems that the density of the helical unit cannot differ greatly from that of dry sodium thymonucleate, 1·63 gm./cm.^{3} [1,5], the water in fibres of high water-content being situated outside the structural unit. On this basis we find that a cylinder of radius 10 Å. and height 34 Å. would contain thirty-two nucleotides. However, there might possibly be some slight inter-penetration of the cylindrical units in the dry state making their effective radius rather less. It is therefore difficult to decide, on the basis of density measurements alone, whether one repeating unit contains ten nucleotides on each of two or on each of three co-axial molecules. (If the effective radius were 8 Å. the cylinder would contain twenty nucleotides.) Two other arguments, however, make it highly probable that there are only two co-axial molecules.

First, a study of the Patterson function of structure A, using superposition methods, has indicated[6] that there are only two chains passing through a primitive unit cell in this structure. Since the $A \rightleftharpoons B$ transformation is readily reversible, it seems very unlikely that the molecules would be grouped in threes in structure B. Secondly, from measurements on the X-ray diagram of structure B it can readily be shown that, whether the number of chains per unit is two or three, the chains are not equally spaced along the

fibre axis. For example, three equally spaced chains would mean that the nth layer line depended on J_{3n}, and would lead to a helix of diameter about 60 Å. This is many times larger than the primitive unit cell in structure A, and absurdly large in relation to the dimensions of nucleotides. Three unequally spaced chains, on the other hand, would be crystallographically non-equivalent, and this, again, seems unlikely. It therefore seems probable that there are only two co-axial molecules and that these are unequally spaced along the fibre axis.

Thus, while we do not attempt to offer a complete interpretation of the fibre-diagram of structure B, we may state the following conclusions. The structure is probably helical. The phosphate groups lie on the outside of the structural unit, on a helix of diameter about 20 Å. The structural unit probably consists of two co-axial molecules which are not equally spaced along the fibre axis, their mutual displacement being such as to account for the variation of observed intensities of the innermost maxima on the layer lines ; if one molecule is displaced from the other by about three-eighths of the fibre-axis period, this would account for the absence of the fourth layer line maxima and the weakness of the sixth. Thus our general ideas are not inconsistent with the model proposed by Watson and Crick in the preceding communication.

The conclusion that the phosphate groups lie on the outside of the structural unit has been reached previously by quite other reasoning[1]. Two principal lines of argument were invoked. The first derives from the work of Gulland and his collaborators[7], who showed that even in aqueous solution the —CO and —NH$_2$ groups of the bases are inaccessible and cannot be titrated, whereas the phosphate groups are fully accessible. The second is based on our own observations[1] on the way in which the structural units in structures A and B are progressively separated by an excess of water, the process being a continuous one which leads to the formation first of a gel and ultimately to a solution. The hygroscopic part of the molecule may be presumed to lie in the phosphate groups ((C$_2$H$_6$O)$_3$PO$_2$Na and (C$_2$H$_7$O)$_2$PO$_4$Na are highly hygroscopic[8]), and the simplest explanation of the above process is that these groups lie on the outside of the structural units. Moreover, the ready availability of the phosphate groups for interaction with proteins can most easily be explained in this way.

We are grateful to Prof. J. T. Randall for his interest and to Drs. F. H. C. Crick, A. R. Stokes and M. H. F. Wilkins for discussion. One of us (R. E. F.) acknowledges the award of a Turner and Newall Fellowship.

ROSALIND E. FRANKLIN*
R. G. GOSLING

Wheatstone Physics Laboratory,
   King's College, London.
      April 2.

* Now at Birkbeck College Research Laboratories, 21 Torrington Square, London, W.C.1.

[1] Franklin, R. E., and Gosling, R. G. (in the press).

[2] Cochran, W., Crick, F. H. C., and Vand, V., *Acta Cryst.*, **5**, 501 (1952).

[3] Pauling, L., Corey, R. B., and Bransom, H. R., *Proc. U.S. Nat. Acad. Sci.*, **37**, 205 (1951).

[4] Pauling, L., and Corey, R. B., *Proc. U.S. Nat. Acad. Sci.*, **39**, 84 (1953).

[5] Astbury, W. T., Cold Spring Harbor Symp. on Quant. Biol., **12**, 56 (1947).

[6] Franklin, R. E., and Gosling, R. G. (to be published).

[7] Gulland, J. M., and Jordan, D. O., Cold Spring Harbor Symp. on Quant. Biol., **12**, 5 (1947).

[8] Drushel, W. A., and Felty, A. R., *Chem. Zent.*, **89**, 1016 (1918).

Erratum zu: Die Entdeckung der Doppelhelix

Kärin Nickelsen

Erratum zu:
K. Nickelsen (Hrsg.), Die Entdeckung der Doppelhelix, Klassische Texte der Wissenschaft,
DOI 10.1007/978-3-662-47150-0

Folgende Änderungen wurden ausgeführt:

- Die jetzige Abb. 1.8 ist neu (siehe Folgeseite). Die ursprüngliche Abb. 1.8 ist jetzt Abb. 1.9.
- In den Kap. 4 bis 7 wurden die Texte, die keine Relevanz haben, mit einem 50 %-igen Schwarz versehen.
- Überschrift Kap. 7: Die Autorennamen wurden gestrichen.

Die aktualisierten Versionen dieser Kapitel können hier abgerufen werden:
DOI 10.1007/978-3-662-47150-0_1
DOI 10.1007/978-3-662-47150-0_4
DOI 10.1007/978-3-662-47150-0_5
DOI 10.1007/978-3-662-47150-0_6
DOI 10.1007/978-3-662-47150-0_7

Abb 1.8 Matthew Meselson und Franklin Stahl. Im Vordergrund: Mary Stahl. Mit freundlicher Genehmigung von Prof. Dr. Matthew S. Meselson

Literatur

Abir-Am P (1981) From biochemistry to molecular biology: DNA and the acculturated journey of the critic of science, Erwin Chargaff. History and Philosophy of the Life Sciences 2:3–60

Abir-Am P (1985) Themes, genres and orders of legitimation in the consolidation of new scientific disciplines: Deconstructing the historiography of molecular biology. History of Science 23:73–117

Abir-Am P (1992) The politics of macromolecules: Molecular biologists, biochemists, and rhetoric. Osiris 7:164–191

Alloway JL (1932) The transformation in vitro of R pneumococci into S forms of different specific types by the use of filtered pneumococcus extracts in effecting transformation of type in vitro. Journal of Experimental Medicine 55:91–99

Anderson TF (1949) The reactions of bacterial viruses with their host cells. The Botanical Review 15:464–505

Arkwright JA (1921) Variation in bacteria in relation to agglutination both by salts and by specific serum. Journal of Pathology and Bacteriology 24:36–60

Astbury WT (1947) X-ray studies of nucleic acids. Symposia of the Society for Experimental Biology 1:66–76

Astbury WT, Bell O Florence (1938) Some recent developments in the X-ray study of proteins and related structures. Cold Spring Harbor Symposia on Quantitative Biology 6:109–118

Avery OT, MacLeod CM, McCarty M (1944) Studies on the chemical nature of the substance inducing transformation of pneumococcal types: Induction of transformation by a desoxyribonucleic acid fraction isolated from Pneumococcus type III. Journal of Experimental Medicine 79:137–158

Baltimore D (1970) Viral RNA-dependent DNA polymerase in virions of RNA tumor viruses. Nature 226:1209–1211

Bashford A, Levine P (Hrsg) (2010) The Oxford Handbook of the History of Eugenics. Oxford University Press

Beadle GW (1945) Genetics and metabolism in Neurospora. Physiological Reviews 25:643–663

Beadle GW (1957) The genetic basis of biological specificity. Journal of Allergy 28:392–400

Beadle GW, Tatum EL (1941) Genetic control of biochemical reactions in Neurospora. Proceedings of the National Academy of Sciences 27:499–506

Berg P, Baltimore D, Brenner S, Roblin RO, Singer MF (1975) Summary statement of the asilomar conference on recombinant dna molecules. Proceedings of the National Academy of Sciences 72:1981–1984

Bloch DP (1955) A possible mechanism for the replication of the helical structure of desoxyribonucleic acid. Proceedings of the National Academy of Sciences 41:1058–1064

Bohr N (1933) Licht und Leben. Die Naturwissenschaften 21:245–250

© Springer-Verlag GmbH Deutschland 2017

K. Nickelsen (Hrsg.), *Die Entdeckung der Doppelhelix*, Klassische Texte der Wissenschaft,

DOI 10.1007/978-3-662-47150-0

Born M, Heisenberg W, Jordan P (1926) Zur Quantenmechanik. II. Zeitschrift für Physik 35:557–615

Boveri TH (1904) Ergebnisse über die Konstitution der chromatischen Substanz des Zelkerns. Fischer, Jena

Brandt C (2004) Metapher und Experiment. Von der Virusforschung zum genetischen Code. Wallstein, Göttingen

Brownlee GG (2014) Fred Sanger, Double Nobel Laureate. A Biography. Cambridge University Press

Brownlee GG, Sanger F, Barrell B (1968) The sequence of 5s ribosomal ribonucleic acid. Journal of Molecular Biology 34:379–412

Cairns JD, Stent GS, Watson JD (1992) Phage and the Origins of Molecular Biology (Expanded Edition). Cold Spring Harbor

Canini M (Hrsg) (2006) Genetic Engineering. Greenhaven Press, Detroit etc.

Carlson EA (1971) An unacknowledged founding of molecular biology: H. J. Muller's contributions to gene theory, 1910–1936. Journal of the History of Biology 4:149–170

Caspersson T, Hammarsten E, Hammarsten H (1935) Interactions of proteins and nucleic acids. Transactions of the Faraday Society 31:367–389

de Chadarevian S (1996) Sequences, conformation, information: Biochemists and molecular biologists in the 1950s. Journal of the History of Biology 29:361–386

de Chadarevian S (2002) Designs for Life: Molecular Biology after World War II. Cambridge University Press

de Chadarevian S (2003) Portrait of a discovery: Watson, Crick, and the double helix. Isis 94:90–105

de Chadarevian S, Gaudilliére JP (1996) The tools of the discipline: Biochemists and molecular biologists. Journal of the History of Biology 29:327–330

Chambers DA (Hrsg) (1995) DNA: The Double Helix. Perspective and Prospective at Forty Years. New York Academy of Sciences

Chargaff E (1950) Chemical specificity of nucleic acids and mechanism of their enzymatic degradation. Experientia 6:201–209

Chargaff E (1968) A quick climb up Mount Olympus. Science 159:1448–1449

Chargaff E (1970) A fever of reason the early way. Annual Review of Biochemistry 44:1–18

Chargaff E (1989) Das Feuer des Heraklit. Skizzen aus einem Leben vor der Natur. Luchterhand

Correns C (1900) Gregor Mendels Regel über das Verhalten der Nachkommenschaft der Rassenbastarde. Berichte der Deutschen Botanischen Gesellschaft 18:158–168

Correns C (1924) Die Ergebnisse der neuesten Bastardforschungen für die Vererbungslehre (1901). In: Gesammelte Abhandlungen zur Vererbungswissenschaft aus periodischen Schriften 1899–1924, Springer, Berlin, S 264–314

Creager A (2009) Phosphorus-32 in the phage group: Radioisotopes as historical tracers of molecular biology. Studies in History and Philosophy of Biological and Biomedical Sciences 40:29–42

Creager A, Morgan GJ (2008) After the double helix: Rosalind Franklin's research on tobacco mosaic virus. Isis 99:239–272

Creager AN (2002) The life of a virus: tobacco mosaic virus as an experimental model, 1930–1965. University of Chicago Press., Chicago

Creager AN (2013) Life Atomic. A History of Radioisotopes in Science and Medicine. University of Chicago Press

Crick F (1958) On protein synthesis. Symposia of the Society for Experimental Biology 12:138–163

Crick F (1962) On the genetic code. http://www.nobelprize.org/nobel_prizes/medicine/laureates/1962/crick-lecture.html

Crick F (1970) Central dogma of molecular biology. Nature 227:561–563

Crick F (1974) The double helix: A personal view. Nature 248:766–769

Crick F (1995) DNA: A cooperative discovery. In: Chambers DA (Hrsg) DNA: The Double Helix. Perspective and Prospective at Forty Years, New York Academy of Sciences, S 198–199

Crick FHC (1988) What Mad Pursuit: A Personal View of Scientific Discovery. Basic Books, New York

Crick FHC (1990) Ein irres Unternehmen. Die Doppelhelix und das Abenteuer Molekularbiologie

Crick FHC, Watson JD (1953) Genetical implications of the structure of deoxyribonucleic acid. Nature 171:964

Dahm R (2005) Friedrich Miescher and the discovery of DNA. Developmental Biology 278:274–288

Dahm R (2008) Discovering DNA: Friedrich Miescher and the early years of nucleic acid research. Human Genetics 122:565–581

Dawson MH (1928) The interconvertability of *R* and *S* forms of Pneumococcus. Journal of Experimental Medicine 47:577–591

Dawson MH, Sia RHP (1931) In vitro transformation of pneumococcal types. parts I & II. Journal of Experimental Medicine 54:681–699, 701–710

Deichmann U (2004) Early responses to Avery et al.'s paper on DNA as hereditary material. Historical Studies in the Physical and Biological Sciences 34:207–232

Delbrück M (1942) Bacterial viruses (bacteriophages). Advances in Enzymology 2:1–32

Delbrück M (1945/46) Experiments with bacterial viruses (bacteriophages). The Harvey Lectures Series 41:161–187

Delbrück M (1949) A physicist looks at biology. Transactions of the Connecticut Academy of Science 38:173–190

Delbrück M (1954) On the replication of deoxyribonucleic acid (DNA). Proceedings of the National Academy of Sciences 40:783–788

Delbrück M (1970) A physicist's renewed look at biology: Twenty years later. Science 168:1312–1315

Delbrück M (1971) Homo scientificus according to Beckett. Chemistry and Society Lectures Series at the Caltech, Pasadena

Delbrück M (1978) Oral History Interview with Carolyn Harding. http://resolver.caltech.edu/CaltechOH:OH_Delbruck_M, zugriff: August 2015

Delbrück M, Stent GS (1957) On the mechanism of DNA replication. In: McElroy WD, Glass B (Hrsg) A Symposium on the Chemical Basis of Heredity, Johns Hopkins University Press, S 699–736

Dubos RJ (1976) The Professor, the Institute and DNA. Rockefeller Univ. Press, New York

Eckert M (2012) Disputed discovery: The beginnings of X-ray diffraction in crystals in 1912 and its repercussions. Acta Crystallographica A68:30–39

Eckhart W (2012) Renato dulbecco: Viruses, genes, and cancer. Proceedings of the National Academy of Sciences 109:4713–4714

Edman PV, Högfeldt E, Sillén LG, Kinell PO (1950) Method for determination of the amino acid sequence in peptides. Acta Chemica Scandinavica 4:283–293

Eichmann K, Krause RM (2013) Fred Neufeld and pneumococcal serotypes: Foundations for the discovery of the transforming principle. Cellular & Molecular Life Sciences 70:2225–2236

Ellis EL, Delbrück M (1939) The growth of bacteriophage. The Journal of General Physiology 22:365–384

Finch J (2008) A Nobel Fellow On Every Floor: A History of the Medical Research Council Laboratory of Molecular Biology. Medical Research Council, London

Fleming D (1969) Émigré physicists and the biological revolution. In: Fleming D, Bailyn B (Hrsg) The Intellectual Migration: Europe and America, 1930-1960, Harvard University Press, Cambridge, Mass., S 152–189

Fox Keller E (2001a) The Century of the Gene. Harvard University Press, Cambridge, Mass.

Fox Keller E (2001b) Das Jahrhundert des Gens. Campus, Frankfurt a.M./New York

Franklin R, Gosling R (1953) Molecular configuration in sodium thymonucleate. Nature 171:740–741

Friedberg EC (2005) The Writing Life of James D. Watson. Cold Spring Harbor Laboratory Press

Friedmann HC (2004) From „Butyribacterium" to „E. coli": An essay on unity in biochemistry. Perspectives in Biology and Medicine 47:47–66

Furberg S (1952) On the structure of nucleic acids. Acta Chemica Scandinavica 6:634–640

Galton F (1869) Hereditary Genius. Macmillan, London

Galton F (1883) Inquiries into Human Faculty and Its Development. J. M. Dent & Co., London

Gamow G (1954) Possible relation between deoxyribonucleic acid and protein structures. Nature 173:318–318

Gann A, Witkowski J (Hrsg) (2012) The Annotated and Illustrated Double Helix. Simon & Schuster

Gannett L (2014) The human genome project. http://plato.stanford.edu/archives/win2014/entries/human-genome/, edward N. Zalta (Ed.)

García-Sancho M (2010) A new insight into Sanger's development of sequencing: From proteins to DNA, 1943–1977. Journal of the History of Biology 43:265–323

García-Sancho M (2012) Biology, Computing, and the History of Molecular Sequencing: From Proteins to DNA, 1945–2000, vol 43. Palgrave Macmillan

Gardner RS, Wahba AJ, Basilio C, S MR, Lengyel P, F SJ (1962) Synthetic polynucleotides and the amino acid code. vii. Proceedings of the National Academy of Sciences 48:2087–2094

Gingras Y (2010) Revisiting the 'quiet debut' of the double helix: A bibliometric and methodological note on the 'impact' of scientific publications. Journal of the History of Biology 43:159–181

Griffith F (1922) Types of pneumococci obtained from cases of lobar pneumonia. Reports on Public Health and Medical Subjects 13:20–45

Griffith F (1923) The influence of immune serum on the biological properties of pneumococci. Reports on Public Health and Medical Subjects 18:1–13

Griffith F (1928) The significance of pneumococcal types. Journal of Hygiene 27:135–159

Griffiths PE, Stotz K (2013) Genetics and Philosophy. An Introduction. Cambridge University Press

Grolle J (2012) Des Ganzen Wirklichkeit. Der Spiegel 1:128–130

Gross AG (1990) The Rhetoric of Science. Harvard University Press, Cambridge, Mass.

Hagemann R (2007) Das watson-crick modell – die dna-doppelhelix. die vorgeschichte der entdeckung und die rolle des protein-paradigmas. Acta Historica Leopoldina 48:113–158

Hager T (1995) Force of Nature: The Life of Linus Pauling. Simon & Schuster, New York

Haldane JBS (1941) New Paths in Genetics. Allen and Unwin, London

Herriott R (1951) Nucleic-acid-free T2 virus „ghosts" with specific biological action. Journal of Bacteriology 61:752–754

Hershey A (1953) Functional differentiation within particles of bacteriophage T2. Cold Spring Harbor Symposia on Quantitative Biology 18:135–139

Hershey A, Chase M (1952) Independent functions of viral protein and nucleic acid in growth of bacteriophage. Journal of General Physiology 36:39–56

Hoagland MB, Zamecnik PC (1957) Intermediate reactions in protein biosynthesis. Federation Proceedings 16:197–197

Holmes FL (1998) The DNA replication problem, 1953–1958. Trends in Biochemical Sciences 23:117–120

Holmes FL (2001) Meselson, Stahl and the Replication of DNA. A History of 'The Most Beautiful Experiment in Biology'. Yale University Press, New Haven/London

Hoppe-Seyler F (1871) Ueber die chemische Zusammensetzung des Eiters. Medizinisch-Chemische Untersuchungen aus dem Laboratorium für angewandte Chemie zu Tübingen 4:486–501

Jablonka E (2013) Some problems with genetic horoscopes. In: Krimsky S, Gruber J (Hrsg) Genetic Explanations. Sense and Nonsense, Harvard University Press, Cambridge, Mass., S 71–81

Jackson MW (2015) The Genealogy of a Gene: Patents, HIV/AIDS, and Race. MIT Press, Cambridge, Mass.

Jacob F, Monod J (1961) Genetic regulatory mechanisms in the synthesis of proteins. Journal of Molecular Biology 3:318–356

Jaroff L (1993) Happy birthday, double helix: Forty years after their discovery of DNA's secret, Watson and Crick celebrate its impact on the world. Time (15 March 1993) S 56–59

Johannsen W (1909) Elemente der exakten Erblichkeitslehre: Mit Grundzügen der biologischen Variationsstatistik. Gustav Fischer, Jena

Judson HF (1996) The Eighth Day of Creation: Makers of the Revolution in Biology. Cold Spring Harbor Laboratory Press, New York

Kay LE (1993) The Molecular Vision of Life: Caltech, the Rockefeller Foundation, and the Rise of the New Biology. Oxford University Press, Oxford/New York

Kay LE (2000a) Das Buch des Lebens. Wer schrieb den genetischen Code? Hanser, München

Kay LE (2000b) Who Wrote the Book of Life? A History of the Genetic Code. Stanford University Press, Stanford

Kevles DJ (1998) In the Name of Eugenics: Genetics and the Uses of Human Heredity. Harvard University Press

Kevles DJ (2008) Howard Temin: Rebel of evidence and reason. In: Harman O, Dietrich MR (Hrsg) Rebels, Mavericks and Heretics in Biology, Yale University Press, New Haven/London, S 248–264

Klug A (1968) Rosalind Franklin and the discovery of the structure of DNA. Nature 219:808–810; 843–844

KnaS E, Reuss A, Risse O, Schreiber H (1939) Quantitative Analyse der mutationsauslösenden Wirkung monochromatischen UV-Lichtes. Die Naturwissenschaften 27:304–304

Kossel A (1879) Ueber das Nuclein in der Hefe. Zeitschrift für Physiologische Chemie 3:284–291

Kossel A (1891) Ueber die chemische Zusammensetzung der Zelle. Archiv für Anatomie, Physiologie und Wissenschaftliche Medicin 181:181–186

Krimsky S (1982) Genetic Alchemy: The Social History of the Recombinant DNA Controversy. MIT Press, Cambridge, Mass.

Lear J (1981) Hereditary transactions. In: Watson JD, Stent GS (Hrsg) The Double Helix: A Personal Account of the Discovery of the Structure of DNA (Norton Critical Edition), Norton & Co.

Levene PAT (1919) The structure of yeast nucleic acid. Journal of Biological Chemistry 40:415–424

Levene PAT, Bass LW (1931) Nucleic Acids. American Chemical Society, New York

Levene PAT, London ES (1929) The structure of thymonucleic acid. Journal of Biological Chemistry 83:793–802

Lewontin RC (1981) „Honest Jim": Watson's big thriller about DNA (1968). In: Watson JD, Stent GS (Hrsg) The Double Helix: A Personal Account of the Discovery of the Structure of DNA (Norton Critical Edition), Norton & Co., S 185–187

Luria SE (1984) A Slot Machine, A Broken Test Tube. An Autobiography. Harper and Row

Luria SE, Delbrück M (1943) Mutations of bacteria from virus sensitivity to virus resistance. Genetics 28:491–511

Lwoff A (1981) Truth, truth, what is truth? (about how the structure of dna was discovered). In: Watson JD, Stent GS (Hrsg) The Double Helix: A Personal Account of the Discovery of the Structure of DNA (Norton Critical Edition), Norton & Co., S 224–234

Maaløe O, Watson JD (1951) The transfer of radioactive phosphorus from parental to progeny phage. Proceedings of the National Academy of Sciences 37:507–513

Maddox B (2002) Rosalind Franklin: The Dark Lady of DNA. Harper Collins, London

Maddox B (2003a) The double helix and the 'wronged heroine'. Nature 421:407–408

Maddox B (2003b) Rosalind Franklin: Die Entdeckung der DNA oder der Kampf einer Frau um wissenschaftliche Anerkennung. Campus, Frankfurt/New York

Matthaei JH, Jones OW, Martin RG, Nirenberg MW (1962) Characteristics and composition of rna coding units. Proceedings of the National Academy of Sciences 48:666–677

Maxam AM, Gilbert W (1977) A new method for sequencing DNA. Proceedings of the National Academy of Sciences 74:560–564

Mayr E (1982) The Growth of Biological Thought. Diversity, Evolution and Inheritance. Belknap Press

McCarty M (1985) The Transforming Principle. Discovering that genes are made of DNA. Norton, New York

McElheny VK (2004) Watson & DNA. Making a Scientific Revolution. Basic Books

McKaughan DJ (2005) The influence of Niels Bohr on Max Delbrück: Revisiting the hopes inspired by „Light and Life". Isis 96:507–529

Mendel G (1865) Versuche über Pflanzen-Hybriden. Verhandlungen des naturforschenden Vereines in Brünn 4:3–47

Merton RK (1981) Making it scientifically. In: Watson JD, Stent GS (Hrsg) The Double Helix: A Personal Account of the Discovery of the Structure of DNA (Norton Critical Edition), Norton & Co., S 213–218

Meselson M, Stahl FW (1958) The replication of DNA in *Escherichia coli*. Proceedings of the National Academy of Sciences 44:671–682

Meunier R (2016) The many lives of experiments: Wilhelm Johannsen, selection, hybridization, and the complex relations of genes and characters. History and Philosophy of the Life Sciences 38:42–64

Miescher F (1871) Ueber die chemische Zusammensetzung der Eiterzellen. Medizinisch-Chemische Untersuchungen aus dem Laboratorium für angewandte Chemie zu Tübingen 4:441–460

Mirsky A (1947) Contribution to the discussion of Boivin's paper. Cold Spring Harbor Symposia on Quantitative Biology 12:15–16

von Mohl H (1846) Über die Saftbewegungen im Innern der Zelle. Botanische Zeitung 4:73–78; 89–94

Monaghan F, Corcos A (1986) Tschermak: A non-discoverer of mendelism I. Journal of Heredity 77:468–469

Monaghan F, Corcos A (1987) Tschermak: A non-discoverer of mendelism II. Journal of Heredity 78:208–210

Morange M (1998) A History of Molecular Biology. Harvard University Press, Cambridge, Mass.

Morgan TH (1909) What are 'factors' in Mendelian explanations? Proceedings of the American Breeders' Association 5:365–368

Morgan TH (1928) Research and study in biology. Bulletin of the California Institute of Technology 37

Morgan TH (1977) The relation of genetics to physiology and medicine (Nobel Lecture, 1934). In: Nobel Lectures in Molecular Biology, Elsevier, pp 5–13, New York

Moss L (2002) What Genes Can't Do. MIT Press, Cambridge Mass.

Muller HJ (1947) The gene (Pilgrim Trust Lecture). Proceedings of the Royal Society of London B 134:1–37

Müller-Wille S, Orel V (2007) From Linnaean species to Mendelian factors: Elements of hybridism, 1751–1870. Annals of Science 64:171–215

Müller-Wille S, Rheinberger HJ (2009) Das Gen im Zeitalter der Postgenomik. Eine wissenschaftshistorische Bestandsaufnahme. Suhrkamp, Frankfurt/Main

Müller-Wille S, Rheinberger HJ (2012) A Cultural History of Heredity. Chicago University Press, Chicago/London

Nelkin D, Lindee MS (1995) The DNA Mystique. The Gene as a Cultural Icon. Freeman and Company, New York

Neufeld F, Levinthal W (1928) Beiträge zur Variabilität der Pneumokokken. Zeitschrift für Immunitätsforschung und experimentelle Therapie 55:324–340

Nickelsen K (2015) Explaining Photosynthesis: Models of Biochemical Mechanisms, 1840–1960. Springer

Nirenberg MW (2004) Deciphering the genetic code – a personal account. Trends in Biochemical Sciences 29:46–54

Nirenberg MW, Jones OW, Leder P, Clark BFC, Sly WS, Pestka S (1963) On the coding of genetic information. Cold Spring Harbor Symposia on Quantitative Biology 28:549–557

Olby R (1986) Biochemical origins of molecular biology. Trends in Biochemical Sciences 11:303–305

Olby R (1994) The Path to the Double Helix: The Discovery of DNA, 2nd edn. Dover Publications, Toronto/London

Olby R (2003) Quiet debut for the double helix. Nature 421:402–405

Orel V (1995) Gregor Mendel: The First Geneticist. Oxford University Press, Oxford/New York

Pardee AB, Jacob F, Monod J (1959) The genetic control and cytoplasmic expression of 'inducibility' in the synthesis of β-galactosidasse by E. coli. Journal of Molecular Biology 1:165–178

Pauling L, Corey RB (1953) A proposed structure for the nucleic acids. Proceedings of the National Academy of Sciences 39:84–97

Pauling L, Schomaker V (1952) On a phospho-tri-anhydride formula for the nucleic acids. Journal of the American Chemical Society 74:1111–1111

Pauling L, Corey RB, Branson HR (1951) The structure of proteins: Two hydrogen-bonded helical configurations of the polypeptide chain. Proceedings of the National Academy of Sciences 37:205–211

Pauly PJ (1987) Controlling Life. Jacques Loeb and the Engineering Ideal in Biology. Oxford University Press

Perutz M (1969) DNA helix. Science 164:1537–1538

Perutz M (1990) Physics and the riddle of life. In: Semenza G, Jaenicke R (Hrsg) Selected Topics in the History of Biochemistry: Personal Recollections III, Comprehensive Biochemistry, Vol. 37, Elsevier, S 1–20

Rasmussen N (2014) Gene Jockeys: Life Sciences and the Rise of Biotech Enterprise. Johns Hopkins University Press, Baltimore

Rheinberger HJ (1997) Toward a History of Epistemic Things: Synthesizing Proteins in the Test Tube. Stanford: Stanford University Press

Rheinberger HJ (2000a) Carl Correns' experiments with Pisum, 1896–1899. History and Philosophy of the Life Sciences 22:187–218

Rheinberger HJ (2000b) Eine kurze Geschichte der Molekularbiologie. In: Jahn I (Hrsg) Geschichte der Biologe, 3rd edn, Springer, Berlin, S 642–663

Rheinberger HJ (2000c) Mendelian inheritance in Germany between 1900–1910: The case of Carl Correns. Comptes rendus de l'Académie des Sciences; Serie III, Sciences de la vie 323:1089–1096

Rheinberger HJ (2007) What happened to molecular biology? BIF Futura 22:218–223

Rheinberger HJ (2015) Re-discovering Mendel: The case of Carl Correns. Science & Education 24:51–60

Rheinberger HJ, Müller-Wille S (2009) Vererbung. Geschichte und Kultur eines biologischen Konzepts. Fischer, Frankfurt a. M.

Rheinberger HJ, Müller-Wille S, Meunier R (2015) Gene. Edward N. Zalta (Ed.) http://plato.stanford.edu/archives/spr2015/entries/gene/,

Rich A, Watson JD (1954) Some relations between DNA and RNA. Proceedings of the National Academy of Sciences 40:759–763

Rifkin J (1998) The Biotech Century: Harnessing the Gene and Remaking the World. Tarcher, Putnam, New York

Roe BA (2014) Frederick Sanger (1918–2013). Genome Research 24:xi–xii

Ronwin E (1951) A phospho-tri-anhydride formula for the nucleic acids. Journal of the American Chemical Society 73:5141–5144

Rubin H, Temin HM (1958) Infection with the Rous sarcoma virus. Federation Proceedings 17:994–1003

Ryle AP, Sanger F, Smith LF, Kitai R (1955) The disulphide bonds of insulin. Biochemical Journal 60:541–556

Sanger F (1952) The arrangement of amino acids in proteins. Advances in Protein Chemistry 7:1–66

Sanger F, Coulson A (1975) A rapid method for determining sequences in DNA by primed synthesis with DNA polymerase. Journal of Molecular Biology 94:441–446

Sanger F, Dowding M (Hrsg) (1996) Selected Papers of Frederick Sanger (with Commentaries). World Scientific, Singapore etc.

Sanger F, Nicklen S, Coulson A (1977) DNA sequencing with chain-terminating inhibitors. Proceedings of the National Academy of Sciences 74:5463–5467

Sayre A (1975) Rosalind Franklin and DNA. Norton, New York

Schmidt K (2014) Was sind Gene nicht? Über die Grenzen des biologischen Essentialismus. Transcript, Bielefeld

Schrödinger E (1944) What is Life? The Physical Aspect of the Living Cell. Cambridge University Press, Cambridge

Schrödinger E (1989) Was ist Leben? Die lebende Zelle mit den Augen des Physikers betrachtet. Piper, München

Schultze M (1861) Über Muskelkörperchen und das, was man eine Zelle zu nennen habe. Archiv für Anatomie, Physiologie und Wissenschaftliche Medicin S 1–27

Schurmann RA, Takahashi D (Hrsg) (2003) Engineering Trouble: Biotechnology and its Discontents. University of California Press, Berkeley etc.

Sloan PR, Fogel B (Hrsg) (2009) Creating a Physical Biology: The Three-Man Paper and the Origins of Molecular Biology. University of Chicago Press, Chicago

Stanley WM (1935) Isolation of crystalline protein possessing the properties of tobacco-mosaic virus. Science 81:644–645

Stent GS (1966) Waiting for the paradox. In: Cairns JD, Stent GS, Watson JD (Hrsg) Phage and the Origins of Molecular Biology, Cold Spring Harbor, S 3–8

Stent GS (1981) A review of the reviews. In: Watson JD, Stent GS (Hrsg) The Double Helix: A Personal Account of the Discovery of the Structure of DNA (Norton Critical Edition), Norton & Co., S 161–175

Stent GS (1995) The aperiodic crystal of heredity. In: Chambers DA (Hrsg) DNA: The Double Helix. Perspective and Prospective at Forty Years, New York Academy of Sciences, S 25–31

Stent GS, Jerne NK (1955) The distribution of parental phophorus atoms among bacteriophage progeny. Proceedings of the National Academy of Sciences 41:704–709

Stoltzenberg D (1994) Fritz Haber. Chemiker, Nobelpreisträger, Deutscher, Jude. VCH, Weinheim u.a.

Strasser B (2003) Who cares about the double helix? Collective memory links the past to the future in science as well as in history. Nature 422:803–804

Strasser B (2006) Collecting and experimenting: The moral economies of biological research, 1960s-1980s. In: History and Epistemology of Molecular Biology and Beyond: Problems and Perspectives, vol (Preprint 310), Max Planck Institute for the History of Science, S 105–123

Summers WC (1993) How bacteriophage came to be used by the Phage Group. Journal of the History of Biology 26:255–267

Sutton WS (1903) The chromosomes in heredity. Biological Bulletin 4:231–251

Temin HM (1960) The interaction of Rous sarcoma virus and cells in vitro. PhD thesis, California Institute of Technology

Temin HM (1964) Homology between RNA from Rous sarcoma virus and DNA from Rous sarcoma virus-infected cells. Proceedings of the National Academy of Sciences 52:323–329

Temin HM, Mizutani S (1970) RNA-dependent DNA polymerase in virions of Rous sarcoma virus. Nature 226:1211–1213

Temin HM, Rubin H (1959) A kinetic study of infection of chick embryo cells in vitro by Rous sarcoma virus. Virology 8:209–222

Thackray A (Hrsg) (1998) Private Science: Biotechnology and the Rise of the Molecular Sciences. University of Pennsylvania Press, Philadelphia

Timofeeff-Ressovsky NW, Zimmer KG, Delbrück M (1935) Über die Natur der Genmutation und der Genstruktur. Nachrichten der Gesellschaft der Wissenschaften zu Göttingen, Mathematisch-Physikalische Klasse 1:189–245

Vettel E (2006) Biotech. The Countercultural Origins of an Industry. University of Pennsylvania Press

Vischer E, Chargaff E (1948) The separation and quantitative estimation of purines and pyrimidines in minute amounts. Journal of Biological Chemistry 176:703–734

de Vries H (1900) Sur la loi de disjonction des hybrides. Comptes rendus de l'Académie des Sciences 130:845–847

Wahba AJ, Gardner RS, Basilio C, Miller RS, Speyer JF, Lengyel P (1963) Synthetic polynucleotides and the amino acid code. viii. Proceedings of the National Academy of Sciences 49:116–122

Watson EL (1991) Houses for Science. A Pictorial History of Cold Spring Harbor Laboratory. Cold Spring Harbor Laboratory Press

Watson JD (1953) Contributions to the discussion. In: The Nature of Virus Multiplication. 2nd Symposium of the Society for General Microbiology, Cambridge University Press

Watson JD (1962) The involvement of RNA in the synthesis of proteins. http://www.nobelprize.org/nobel_prizes/medicine/laureates/1962/watson-lecture.pdf

Watson JD (1968) The Double Helix: A Personal Account of the Discovery of the Structure of DNA. Weidenfeld & Nicolson, London

Watson JD (1969) Die Doppelhelix. Rowohlt Taschenbuch, Hamburg

Watson JD (2001) Genes, Girls, and Gamow: After the Double Helix. Vintage Books, New York

Watson JD, Crick F (1953) A structure for deoxyribose nucleic acid. Nature 171:737–738

Weindling P (1989) Health, Race and German Politics between National Unification and Nazism, 1870–1945. Cambridge University Press

Weingart P, Bayertz K, Kroll J (1988) Rasse, Blut und Gene: Geschichte der Eugenik und Rassenhygiene in Deutschland. Suhrkamp, Frankfurt/Main

Weiss SF (1987) Race Hygiene and National Efficiency: The Eugenics of Wilhelm Schallmeyer. University of California Press

Weiss SF (2010) The Nazi Symbiosis: Human Genetics and Politics in the Third Reich. University of Chicago Press

Weitze MD (2011) Vor 50 Jahren geknackt: Der genetische Code. Nachrichten aus der Chemie 59:521–524

Wieland T (2004) „Wir beherrschen den pflanzlichen Organismus besser…" Wissenschaftliche Pflanzenzüchtung in Deutschland 1889–1945. Deutsches Museum, München

Wilkins MHF (1962) The molecular configuration of nucleic acids. http://www.nobelprize.org/nobel_prizes/medicine/laureates/1962/wilkins-lecture.html

Wilkins MHF (2003) The Third Man of the Double Helix. The Autobiography of Maurice Wilkins. Oxford University Press, Oxford/New York

Wilkins MHF, Stokes AR, Wilson H (1953) Molecular structure of deoxypentose nucleic acids. Nature 171:738–740

Wood RJ, Orel V (2006) Scientific breeding in central Europe during the early nineteenth century: Background to Mendel's later work. Journal of the History of Biology 39:309–343

Yi D (2008) Cancer, viruses, and mass migration: Paul Berg's venture into eukaryotic biology and the advent of recombinant DNA research and technology, 1967–1980. Journal of the History of Biology 41:589–636

Yi D (2015) The Recombinant University: Genetic Engineering and the Emergence of Stanford Biotechnology. University of Chicago Press, Chicago etc.

Yoxen E (1985) Speaking out about competition: An essay on 'The Double Helix' as popularisation. In: Shinn T, Whitley R (Hrsg) Expository Science. Forms and Functions of Popularisation, Reidel, S 163–182

Printed in the United States
By Bookmasters